독일 근현대 주거건축

독일 근현대 주거건축

초판 1쇄 발행 2016년 3월 25일
초판 2쇄 발행 2017년 10월 15일

지은이 전남일
펴낸이 성낙인
펴낸곳 성낙인서울대학교출판문화원

출판등록 제15-3호

주소 08826 서울 관악구 관악로 1
대표전화 02-880-5252 | 팩스 02-888-4148
전략기획팀(출판상담 및 홍보) 02-880-5217
출판관리팀(주문상담) 02-889-4424, 02-880-7995
이메일 snubook@snu.ac.kr
홈페이지 www.snupress.com

ISBN 978-89-521-1738-0 93540

이 저서는 2011년 정부(교육과학기술부)의 재원으로 한국연구재단의 지원을 받아 수행된 연구임(NRF-2011-812-G00001).

This work was supported by the National Research Foundation of Korea Grant funded by the Korean Government(NRF-2011-812-G00001).

MODERN AND CONTEMPORARY HOUSING ARCHITECTURE IN GERMANY

독일 근현대 주거건축

W. Gropius와 L. Mies van der Rohe 이후
독일 근현대 주거건축의 양식과 미학적 전통

전남일

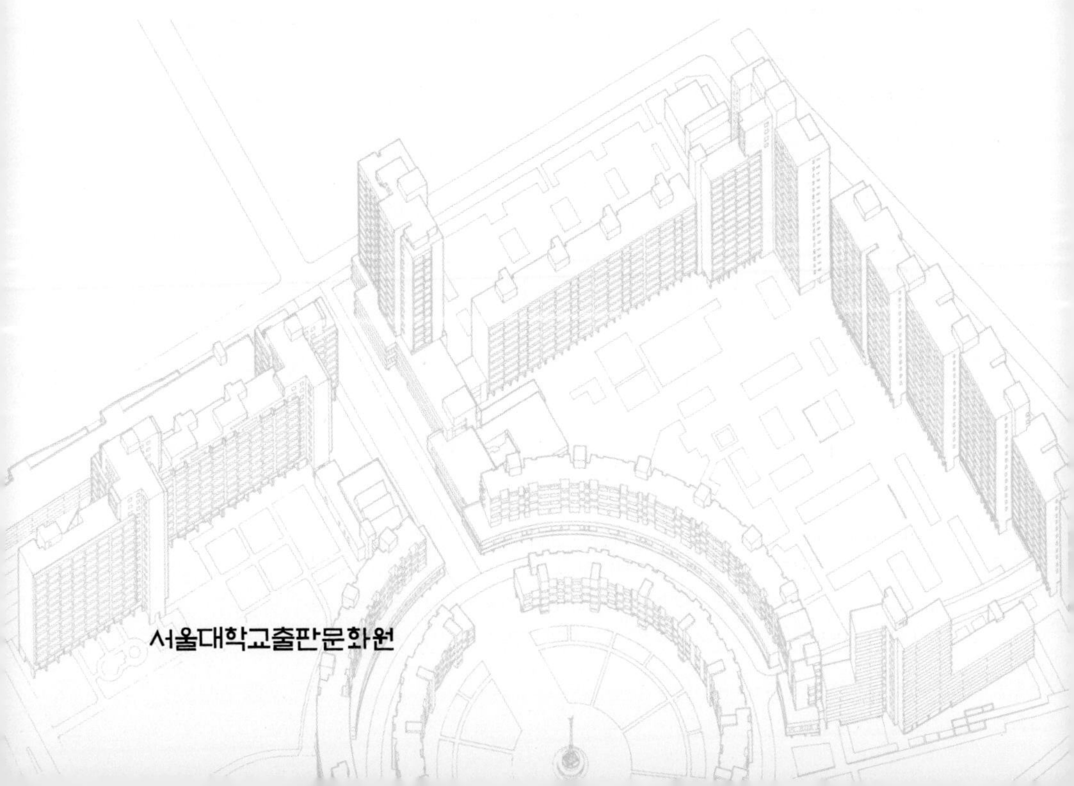

서울대학교출판문화원

Modern and Contemporary Housing Architecture in Germany

Nam-Il Jun

Seoul National University Press

건축사의 시작은
인류가 살기 위한 집을 짓기 시작한 때부터
시작되었다고 볼 수 있다.

건축사의 시작은 인류가 살기 위한 집을 짓기 시작한 때부터 시작되었다고 볼 수 있다. 그러나 언제부터인가 공공건축, 종교건축 등 기념비적 건축물(grand design architecture)이 등장한 이후 주거 건축물은 소위 건축가 없는 건축(vernacular architecture)으로서 건축사의 대상에서 소외되기 시작했다.

"주거건축은 건축사를 서술하는 양식의 대상이 될 수 없는 것인가?"라는 물음에서 이 책의 저술은 시작되었다. 그리고 오랜 기간의 탐색을 거듭해 온 결과, 근대 이후 독일의 사례들에서 양식 변화의 흐름을 어렴풋하게나마 관찰할 수 있게 되었다. 그것은 건축가들이 대중의 주거에 관심을 갖고 주거건축에 개입하기 시작한 때부터라고 생각되었고, 이를 한번 정리해 보고자 하는 욕심을 계속 갖고 있었다. 그러다가 마침 2011년 한국연구재단의 '저술출판 지원사업'의 지원을 받아 집필에 박차를 가하게 되었다.

독일 근대 건축운동의 뿌리는 독일공작연맹(Deutscher Werkbund)으로부터 찾을 수 있으며, 근대적 혁신이 발터 그로피우스(Walter Gropius)와 루트비히 미스 반 데어 로에(Ludwig Mies van der Rohe)에 이르러 그 정점에 이르렀다는 것은 주지의 사실이다. 그리고 근대건축의 중요한 대상은 주거건축이었다. 그들이 단지 기능주의와 국제주의 건축의 파급에 영향력을 미쳤다는 사실 외에도, 그 이후 비로소 집합주택에 이르기까지 주거건축에 대해 양식을 설명할 수 있다는 사실이 필자에게는 매우 중요한 의미로 다가오게 되었다.

이 책은 주거건축에 있어서의 '양식의 의미'와 '미학의 대상'에 대한 논의로부터 시작되며, 이것이 이론적 배경인 1부를 이룬다. 그리고 2부는 편의상 연대기적으로 서술되어 있다. 하지만 주거라는 분야의 특성상 그것을 가능하게 하는 다양한 배경에도 관심을 두지 않을 수 없었기 때문에, 때로는 사회적 요구, 때로는 가족의 요구, 때로는 기술의 요구, 때로는 도시의 요구에 초점을 맞추어 기술하였다. 이를테면 각각의 시기마다 중요시되는 패러다임의 변화가 함께 기술되어 있다고 볼 수 있다.

물론 '시기'라는 개념은 기계적으로 구분될 수 있는 문제가 아니기 때문에 각 서술의 장마다 많은 부분은 시대가 중첩된다. 각 시기 중에서 역점을 둔 부분은 제2차 세계대전 이후 독일의 주거건축이다. 많은 건축가들의 근대 초기 작업이 잘 알려져 있는 데 비해서, 그 이후부터 현재까지의 다변화된 건축적 성과물들에 대한 소개 및 이해가 매우 미미하다고 보았기 때문이다.

조사와 연구를 진행하면서 이제까지 잘 알려지지 않은, 그렇지만 충분히 의미있는 주거 건축물들을 새로이 발견한 것은 매우 뜻깊은 성과였다. 그렇지만 각각의 사례들을 충분한 설명과 논의 없이 단순히 나열하지는 않았나 하는 우려도 크다. 이것은 전적으로 필자의 역량 부족을 탓할 수밖에 없을 것이다.

또 한 가지 아쉬운 부분은 분단 독일 시기의 동독, 특히 동베를린의 주거에 대한 부분을 다루지 못했다는 점이다. 아무래도 서독을 중심으로 하는 큰 줄기와는 다른 시각이 필요할 것 같았기 때문에 선불리 손대지 못하였다. 이것은 후일의 연구과제로 남겨 두었다. 그럼에도 불구하고 이 책에는 필자가 독일에서 공부를 시작한 때부터, 그리고 그 후에도 지속적으로 틈틈이 독일의 주거건축에 관심을 갖고 연구자료를 축적해 온 다양한 성과들이 사이사이 녹아들어 집약되어 있다고 자평한다.

독일 사회가 겪은 전쟁과 경제개발 등의 과정은 우리 사회와 많은 부분 닮아 있다. 주거건축이 사회의 변화를 반영하고 있음에도 불구하고 그 전개 과정은 두 나라에서 매우 다르게 나타나는데, 그것은 주거를 부동산으로 바라본 결과와 시대의 정신인 건축으로 바라본 결과의 차이라고 감히 결론 내릴 수 있었다. 그리고 독일의 경우 시대의 정신은 역량 있는 건축가들의 적극적인 참여로 구현되었음을 알 수 있었다. 또한 개개의 빛나는 좋은 주거 건축물들이 과거와 현재를 아우르며 조화로운 주거환경을 만들어 왔고, 이러한 전통이 현재와 미래에도 지속 가능하다는 것이 매우 부러웠다. 이것이 바로 독일 건축이 갖는 강건한 힘이라 생각된다. 인간환경의 창조에 있어서 예술적이며 정신적인 것에 대한 중요성을 독일의 사례에서 찾을 수 있을 것이며, 이는 우리의 주거건축이 처한 현실에 많은 점을 시사해 줄 수 있을 것이다.

최근 주거건축에 있어서 현장에서의 디자인이 강조되고 있다. 그러나 실천적 대안으로서의 '디자인'은 정신적·철학적 탐구의 결과인 '양식과 미학'의 전통에 대한 이해 없이는 공허한 기술일 뿐이다. 결국 예술과 건축의 사회적 존재 의미에 대한 깊은 성찰의 기회를 갖고자 하는 것이 본 저술의 의의가 될 것이다.

이 책의 대부분의 사례는 수년에 걸쳐 독일의 주요 도시들을 중심으로 현장을 직접 답사하고 사진을 찍은 것들이다. 그리고 각각의 사례에 대해 많은 참고문헌을 동원하여 객관적 내용을 보충하였다. 이처럼 많은 노력을 기울여 원고를 완성하였음에도 불구하고 독자층이 넓지 못하고 너무 전문적이라는 이유로 여러 출판사에서 출간을 꺼려하여 큰 어려움을 겪었다. 그러던 차에 서울대학교출판문화원의 출간 결정은 무엇보다도 기쁜 일이었다. 서울대학교출판문화원에 추천서를 써 주신 서울대학교 건축학과의 전봉희 교수께 심심한 감사를 전한다. 또한 출판 과정에서 애써주신 출판문화원의 관계자 여러분에게도 고마운 마음을 전한다.

이 책을 완성해 가는 과정에서 힘들었던 점은 이 책에 수록된 많은 사진들의 저작권 확보였다. 직접 찍은 사진들을 제외하고 모든 사진에 대해 독일 저작권자들의 허락을 받고자 하나하나 원작자를 찾아 연락을 취했다. 아카이브 등에서 관리하는 사진들은 적법한 절차를 거쳐 비용을 지불했고, 개인 소장의 사진들은 대부분 흔쾌히 대가 없이 사용을 허락해 주어 사용할 수 있게 되었다. 그러나 이 과정에서 연락처를 알 수 없었거나 저작권 문의에 대한 답이 없어 해결하지 못한 몇몇 사진들은 출처 표기로 대신했다. 이에 대해서는 추후 합당한 절차를 밟을 것임을 밝힌다. 사진 사용을 허락해 주신 모든 분들께 감사드리며, 덕성여자대학교 문은미 교수와 인하공업전문대학 박혜선 교수에게도 감사드린다.

이 성과물이 나올 수 있었던 것은 무엇보다도 한국연구재단의 연구비 지원 덕이었다. 이에 마땅히 감사를 드려야 할 것이다. 아울러 독일 답사 때마다 동행해 주고 아내의 작업을 응원해 준 남편 이상용 교수에게 감사드린다.

2016년 3월
오스트리아 빈에서 연구년을 보내며
전남일

Danksagung
Ich habe für die Übergabe der wertvollen Bilder ohne Honorar vielen zu danken, insbesondere Landesmedienzentrum BW, Alexander Koch Verlag, Architekturbüro Otto Steidle, Architekturbüro Szyszkowitz & Kowalski, Liselotte Ungers, DW Dreysse, Petra Steiner, Rob Kier und Wolfgang Döring. Mein weiterer Dank gilt auch Bauhaus Archiv Berlin, Akademie der Künste Berlin und Dieter Leistner für ihre wertvolle Unterstützung.

차례

2부 독일 근현대 주거건축의 양식과 시대정신

3부 독일 근현대 주거건축의 정신적 전통

일러두기

1. 건축물의 연도는 단일 건축물인 경우 준공연도를 기준으로 했으며, 지역사업일 경우 사업 시행기간 전체를 표시하였다.

2. 원어가 필요하다고 판단될 때는 괄호 안에 독일어 또는 영문으로 표기하였다. 관용에 따라 일반명사일 경우 독일어는 대문자로, 영어는 소문자로 표기했다. 독일어의 한글 표기는 되도록 국립국어원의 외래어 표기 용례에 따랐고, 여의치 않는 경우 최대한 원어 발음에 가깝도록 표기했다.

3. 여러 주거동이 있을 경우 '주거단지', 한 동의 다층주택일 경우 '주거블록', 기존 주거지와 연계되어 구성된 경우 '주거지', 복합형일 경우 '집합주택'으로 표기하였다. 그 외 다양한 유형에 대해서는 각 사례별로 적절한 하위 유형으로 지칭하였다.

4. 각 사진과 도판 하단에 사진의 저작권자 혹은 출처를 표기하였다.

5. 인명 찾아보기에서는 편의상 성을 뒤로 쓰고 한글 가나다 순으로 하였다.

1부

근현대 주거건축의 양식과 미학

주거건축에 있어서의
양식과 미학 논의

예술과 건축

주거건축에 있어서 양식과 미학의 문제를 논의하고자 한다면, "건축은 미학을 논하는 예술의 대상이 될 수 있는가?"라는 물음으로까지 거슬러 올라가지 않을 수 없다. 또한 "실용과 기능이 강조되는 주거건축의 경우 양식과 미학의 존재 의미는 어느 정도가 될 것인가?"라는 물음에 대해서도 답을 요구한다.

15세기 이래 건축은 회화·조각 등과 함께 학문과는 별도로 하나의 예술 그룹을 형성하면서 수세기 동안 '예술'이라는 공통된 명칭을 가져왔다. 지오바니 바티스타 비코(Giovanni Battista Vico)는 이러한 예술들에 대해 '즐거움을 주는 예술'이라는 명칭을 제안했으며, 샤를 바퇴(Charles Batteux)는 이들을 순수예술(fine art)이라 칭했다. 순수예술은 회화·조각·음악·시·무용 다섯 종류이며, 여기에 건축과 웅변이 관계 있는 범주에 포함된 것이다.

허버트 리드(Herbert Read)는 건축 역시 예술이라 강조했는데, 이는 건축이 단순히 인간의 어떤 기능의 활동으로서의 '건물(building)'에 불과한 것이 아니기 때문이라는 것이다. 그것은 예술이라고 부르는 어떤 '탁월함'의 기준에 도달하는 한, 그러한 활동의 산물이기 때문이다.[1] 예술을 다른 것과 구별짓는 특징은 미를 창출한다는 것이며, 특히 건축에 있어서는 미(美)와 효용(效用), 상징과 구조, 의미와 실제적 기능이 어떠한 형식적 분석으로도 거의 분리될 수 없다.[2]

건축 및 주거에 있어서도 미적 요소는 매우 중요한 창조의 결과이다. 건축물의 외관은 도시 환경을 조성하고 시각적 안정감과 즐거움을 주는 것이다. 모든 건물은 임무를 수행하는 동시에, 그것이 세워져 있는 한 이를 사용하고 바라보는 사람에게 어떠한 시각적 인상을 남긴다. 즉 의식적이든 무의식적이든, 그것은 관조자에게 무엇인가를 말해주며, 그

사람의 유기적 반응에 수정을 가한다.[3]

예술이 다른 것과 구분되는 특징은 예술이 형식의 창조라는 점이다. 그것은 형식(form), 형체(shape), 구성(construction), 때로는 구조(structure)가 될 수 있다. 이때 형식은 기능적 형식이나 재현적 형식일 수도 있는 것이다.[4] 사물을 축조하고 물질에 형식을 부여하는 것은 예술의 정의 중 가장 현대적이다.[5] 예술에 대한 이러한 정의는 건축을 예술의 범주에 포함시키는 데 가장 근접한 시각이다. 다시 말해 '건축물의 축조와 관계된 미'라는 범주가 분명 존재한다고 할 수 있는 것이다.

건축은 소재와 관련이 있으며, 그 어떤 예술보다도 정확성과 엄격성을 지녀야 하고, 그를 위해 척도와 도구를 사용하기 때문에, 그 어떤 예술보다도 속임수를 쓰지 않는 분야라고 파나요티스 A. 미헬리스(Panayotis A. Michelis)[6]는 강조한다. 또한 건축은 진정한 현상으로서의 이상 도시를 창조하고 현실을 창조한다는 의미에서 다분히 교육적이며 계몽적인 측면이 있는 동시에, 가장 합리적인 예술일 것이다. 건축가들은 하나의 관념을 감각적이고 구체적인 형태로 표출할 때 아름다운 작품을 보여주며 사람들로 하여금 감정이입을 하도록 한다. 건축은 무엇보다도 소재의 구성과 구조의 법칙에 대한 인식 위에서 가능하지만, 한편으로는 회화와 같이 하나의 이미지가 된다.[7]

건축이 예술의 대상이 된다는 점은 매우 근원적인 뿌리를 갖고 있다고 할 수 있다. 건축사의 시작은 인류가 살기 위한 집을 짓기 시작한 때부터 시작되었다. 그러나 언제부터인가 공공건축·종교건축 등 기념비적 건축물(grand design architecture)이 등장한 이후 주거 건축물은 소위 건축가 없는 건축(vernacular architecture)으로서 건축사의 대상에서 소외되기 시작했다. 주거 건축물이 건축사에 다시 등장한 것은 고급 건축물로서의 개인주택을 설계한 르네상스 시대 건축가들의 활약 이후이다. 하지만 여기서 예술의 범주를 둘러싼 논의는 계속될 수밖에 없다. 예를 들어 산업

©전남일

(위) 건축가 없는 건축(프랑스 스트라스부르 중세 도시주거)
(가운데) 건축가에 의해 설계된 고급 단독주택(이탈리아 피렌체 필라조 피티)
(아래) 건축가에 의해 설계된 현대 집합주택(독일 베를린 체크포인트 찰리 집합주택)

용 건축이 예술의 범주에 드는가 하는 문제와 같이, 주거건축도 어느 정도 순수예술로부터는 거리가 있을 수 있기 때문이다.

주거건축이 순수한 예술적 대상(art work)은 아니지만, 르네상스 이후 다양하게 전개되어 온 주거건축은 그 양식(style)과 미학(aesthetic)에 있어서 어느 정도 전통을 구축해 왔다고 볼 수 있다. 다만, 건축이 다른 예술 분야와 다른 방식으로 창조된 미적 창조물이라는 점을 고려해 보면, 이러한 맥락에서 주거건축은 오히려 건축의 그 어떤 다른 대상보다 더 실용적인 측면이 강하기 때문에 '예술로서의 미학'이 가장 미미하게 남아 있다고 볼 수 있다.

그러나 이때 건축가들의 창작행위에 대한 태도가 시대에 따라 변화하는 데 주목할 필요가 있다. '고급 건축물'을 창조할 때 건축가들은 고전적 의미에서의 예술 창작을 했다. 구조와 구축 또한 많은 부분 그들의 감각에 의존하였고, 관조자로 하여금 완성된 작품에 감정이입이 되도록 하였다.

예를 들어 건축물은 조각품을 다루는 것과 크게 다르지 않았고, 때로는 조각 및 미술과 일체화되거나 또는 부분적으로 그 구분이 모호하기도 했다. 원래 예술 개념에서는 수작업 · 기술 등이 모두 테크네(technē)와 아르스(ars)로 이해된 예술 개념 속에 포함되어 있었고, '예술=순수예술'로 동일시하는 개념은 한참 뒤에 발전된 것이었다. 18세기가 되어서야 비로소 예술의 인식적 · 실천적 가치, 혹은 예술작품 및 미의 본질에 대한 질문이 철학의 한 분과가 되어 '미학'이라는 개념이 형이상학적 맥락에서 다루어졌다.[8]

그렇다면 이 시기부터 예술로부터 기술과 테크닉이 분리되었다고 볼 수 있을 것이다. 즉 이 시기부터 미학은 건축에서 그 힘을 잃게 되었는데, 그 시기가 건축가들의 작업이 대중건축으로 옮겨가기 시작했던 시기와 비슷하다는 사실은 많은 시사점이 있다. 특히 주거건축과 같이 요구와 기능에의 대응이 중요시되고 정량화된 분석이 필요한 대상에 있어서는 '미학'이 얼마만큼의 의미와 효력이 있는가를 판단하기가 쉽지는 않다. 하지만 건축가가 창조행위에 관여한 이상, 창조행위의 흔적은 여전히 존재한다고 볼 수 있다. 따라서 근대 이후의 건축에 대해서는 '미학'에 대한 새로운 관점과 해석이 필요하다.

건축에 있어서 '미학'의 해석과 대상이 시대에 따라 차이가 있는 것과 달리, 건축에 있어서 '양식'의 해석과 대상은 보다 연속적이고 항구적으로 존재해 왔다. 양식은 변화하는 것이지만, 양식이 존재하지 않았던 때는 없었던 것이다. 양식이란 예술가가 시대와 환경을 보고 상상하고 사고하는 방법에 상응하기 때문에 필연적인 것인데, 이 양식들은 세대를 이어 전해지지 않으며 사회적·경제적·심리적 요인들의 영향하에 문화와 생활에 따라 변화하는 것이다. 이 양식들은 한쪽 극단에서 다른 극단으로 옮아가면서 급격히 변화한다.

양식 개념은 이원성을 갖고 있다. 한편으로 개개 예술가의 양식은 어느 정도 자기 나름으로 고유하고 독창적이며, 또 다른 한편으로 그 시대의 양식은 그 시대가 보편적으로 채택한 예술적 특질이기도 한 것이다. 즉 '한 시기의 공통된 언어'를 양식이라 정의할 수 있을 것이다.[9]

양식은 변화하는 것이고 반복되지 않으며 재창조되지 않는 것이라는 점을 상기한다면, 하나의 양식은 그 어떤 특정 '시기 내지는 시대'라는 시간적 범주 내에서 움직이는 것이라는 결론에 도달한다. 즉 양식의 변화는 시간적 변화와 함께하며, 때문에 양식을 연대기적으로 서술하는 것은 매우 타당한 방법론인 것이다. 요약하자면, 건축에 있어서 '미학은 철학'이고, '양식은 역사'라 할 수 있다.

또한 양식은 시대의 표현이고 변화하는 흐름이 있지만, 우리는 어떤 한 시대의 양식이 표현된 작품 가운데 시대를 초월하여 미적 감흥을 주고 예술적 가치를 지닌 사례들을 많이 만날 수 있다. 소위 '명작'이라고

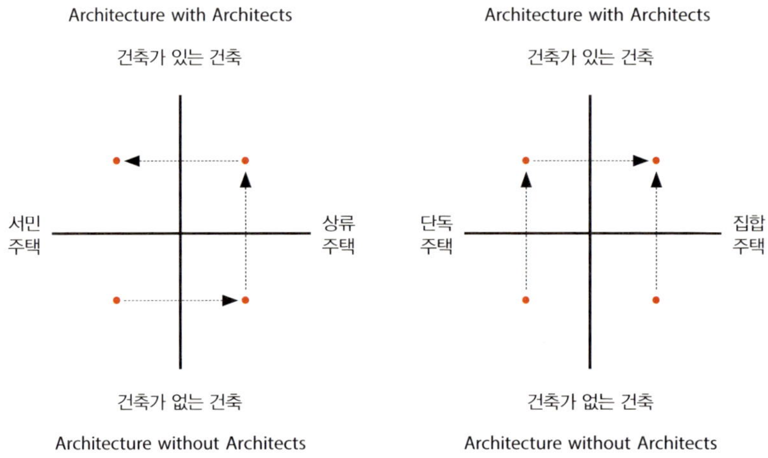

지칭되는 작품들이 그것이다. 양식이 예술가의 참여로 이루어진다는 것을 전제로 할 때, 주거건축에 있어서 양식의 문제는 과거에는 건축가가 개입했던 소수의 상류계층 주거, 즉 특별한 경우에만 해당되는 것이었고 보편적이고 보다 대중적이고 통속적인 주거건축의 양식 변화는 설명하지 못하였다. 그러나 이때 근대 이후 건축물의 양식과 미학을 창조하는 건축가들의 작업 대상이 주거건축으로 확대되는 경향을 주목할 필요가 있다. '명작'이라고 하는 작품들이 주거건축에서도 심심치 않게 발견된다는 사실은 이러한 건축가의 작업 영역 확대와 무관하지 않을 것이다.

예전에는 한 시대의 문화가 항상 소수의 힘 있는 계급에게 속했고, 대중은 불완전한 문화에 만족해야 했었다. 그러나 근대 이후에는 대중에 의한 문화가 명백히 형성되고 있으며, 그 양상 또한 급격히 다변화되고 있다. 건축양식의 변화 역시 건축미에 대한 대중들의 미적 판단 기준에 의해 형성된 공감대에 바탕을 두고 있다.[10] 건축에 있어서의 '대중성'을 설명할 수 있는 대상은 일반적으로 '주거' 부문이라 할 수 있다. 주거건축의 범주는 계층 및 유형에 따라 크게 상류주택과 서민주택, 단독주택과 집합주택으로 나눌 수 있는데, 건축가들은 근대 이후 서민주택으로, 그리고 집합주택으로 그 창조의 영역을 확장해 왔다. 그렇다면 근대 이후의 주거건축에 대해서는 그 양식과 미학에 대한 고찰의 범주가 지금까지보다는 더욱 넓혀져야 하며, 그 대상 또한 달라져야 할 필요가 있다.

또 한 가지 주목해야 할 점은 '양식'이 갖는 힘과 영향력의 범위이다. 예를 들어 르네상스나 바로크 양식이라 하면, 그 시기 대부분의 건축가의 예술활동은 광범위하게 전파된 그 양식을 따랐다. 즉 르네상스 시기, 바로크 시기는 양식이 곧 시대를 지칭하는 시기였다. 그러나 19세기 이후가 되면 지역별, 예술가 그룹별로 다양하게 창조되는 새로운 양식들이 등장했다. 예를 들어 미술공예 양식, 아르 누보 양식, 더 스테일 양식, 아르 데코 양식 등 다양한 뿌리로부터 유래한 여러 갈래의 양식들이 있었으며, 그들 중 어떤 하나가 시대를 대표하지는 못하였다. 다만, 이후 더욱 분화된 양식들의 총체를 근대(modern)라는 총칭으로 부르게 되었을 뿐이다. 이 근대라는 말 속에 시간성과 함께 그 양식의 내용과 특질을 짐작할 수 있는 암시가 내포되어 있을 뿐이다.

최근에 와서는 양식의 분화가 더욱 심화된 현상을 목격할 수 있다. 건축예술 활동에 있어서 지역이나 그룹의 경계가 희미해지면서 건축가들은 개인화된 양식의 창조자가 되었다. '현대(contemporary)'라고 하는 시대 지칭 역시 단지 시간성만을 포함하고 있으며, 미니멀리즘과 해체주의에 이르기까지 오늘날의 수많은 파편화된 양식의 경향과 내용을 설명해 주지 못한다. 현대는 현대일 뿐, 어떠한 특정 양식이 대표적 양식으로서 시대를 대변할 수 없다는 사실 역시 자명하다.

한편, 근대사회로의 전환점이 된 산업혁명은 사회와 도시의 관계, 건축시장에서 주거의 위상, 주택 공급과 생산에 있어서의 건축가의 역할에서도 많은 변화를 가져왔다. 독일에서는 산업혁명으로 인한 도시화와 제1차 세계대전 등을 겪으면서 대중적 주거건축의 보급과 집합주택의 대량생산을 위한 다양한 실험이 이루어졌다. 특히 합리성, 기능성을 추구하는 근대 건축운동에 있어서 독일 건축가들은 가장 적극적인 역할을 했으며, 이때 발터 그로피우스(Walter Gropius)와 루트비히 미스 반 데어 로에(Ludwig Mies van der Rohe)는 그 중심에 선 건축가였다. 주거건축 설계의 영역이 서민들을 위한 주거건축의 영역으로까지 확장된 것은 이들을 위시한 독일 건축가들로부터 시작했다고 해도 과언이 아니다. 이전 시대 대중들의 주택이 이른바 '건축가 없는 건축'인 토속건축(architecture without architects; vernacular architecture)의 범주에 속해 있었다면, 이 시기부터는 대중들의 보편적 주거유형으로 등장한 집합주택이 건축양식과 미적 대상의 한 부분으로 편입되기 시작한 것이다.

특히 집합주택으로 대표되는 현대 주거건축의 경우 단위세대(unit)는 다양한 크기와 유형으로 개발되고, 각 단위세대는 수직·수평적으로 조합된다. 따라서 기본적으로 구축법과 형식이 시각적 요소와 괴리될 수 없는 속성을 지닌다. 즉 건물 내 단위세대를 나누고 조합할 때 적용되는 건축설계의 기술적 방식은 외관으로 표출되는 형식·형태·양식의 문제와 연동된다. 따라서 '건축물의 축조와 관계된 미'라는 관점에서 양식을 해석하는 것은 주거건축에 있어서 매우 유용한 접근방법이라 할 수 있다.

그러나 실제로 주거에 있어서 미학이나 양식의 문제는 거주자의 입장에서는 그리 중요하지 않을 수도 있다. 대부분의 거주자는 그들이 동원 가능한 경제적 능력에 따라 자신이 거주할 집의 유형과 규모를 선택하기 때문이다. 또한 개인의 취향은 시대를 아우르는 하나의 양식이나 미학과는 관계가 적기 때문이다. 그들은 거대 담론의 미학보다는 실생활의 설비 수준이나 기능적 평면 등에 더욱 관심을 갖는 것이 자연스러운 것이라고 항변할 수 있을 것이다. 그러나 이러한 입장에는 오류가 있을 수 있다. 왜냐하면 미학이란 어떠한 건축물에서든지 항상 추구하는 보편적인 불변의 가치가 있는 것이기 때문이다.[11]

또한 주거 건축물에 있어서는 그것들이 집합을 이루고 도시와 환경의 경관을 형성하는 중요 요소가 되기도 하며, 때로는 도시 속의 랜드마크(landmark)로서 역할를 하기도 한다. 특히 집합주택은 그 디자인에 건축가가 관여했을 때 도시 내의 '오브제로서의 건축'으로서의 성격이 강해질 수 있고, 한편으로는 '기념비적 성격' 또한 강해질 가능성이 높다.

더구나 19세기 후반에 이르러서 전통적인 수공예의 양식적인 힘에 지배되지 않는, 일상적인 용도를 위해 대량생산된 상품들이 미학적인 문제로서 가장 먼저 지각되는 대상이 되기에 이르렀다.[12] 다시 말해 근대 이후 기념비성과 일상의 건축 사이, 미학적 수준과 보편적 실용 사이에서 주거건축이 어떠한 위치에 있어야 하는가는 늘 논의의 대상이었다. 이로부터 출발하여 이 책에서는 근대 이후 독일의 주거건축, 특히 집합주택을 대상으로 그 양식과 미학적 문제를 연대기별로 탐구해 보고자 했다. 요약하면, 양식으로 시대를 구분하고 미학적으로 각 사례를 분석·고찰하였다.

사회와 인간

어떤 한 시대의 양식은 개별적이 아니라 집단적이다. 양식은 '공통의 언어'를 갖고 있으며 양적으로 '지배적'인 미적 감수성으로 나타난다. 미헬리스는 이에 대해 "예술은 모든 사람을 끌어들이는 매력적인 상징을 갖고 있으며, 이를 통해 특정한 감정을 불러일으키고 다른 사람과 소통하도록 해 준다"고 주장한다. 특히 건축작품은 사회적 통일을 실현할 뿐만 아니라 동시에 삶을 직접 고귀하게 해 주는데, 이는 건축의 성과이자 목적이기도 한 것이다.[13] 리드 역시 건물이 건축인 한, 즉 예술인 한, 건물 역시 사회적 패턴에 의존하고 있다고 말한다. 말하자면 건축의 미적 가치나 통합적 완성과 같은 건축의 진정한 성질은 특정 종류의 사회적 패턴에 직접 관련되어 있다는 것이다.

예를 들어 미에 대해 추상적이고 극단적인 입장의 바로크 주택들은 근대 기능주의자들로부터 종종 비기능적이라는 비판을 받을 수도 있다. 그렇지만 리드의 논리로는 이들 주택 또한 내부 배치는 가장 논리적이고 합리적으로 계산된 것이고, 그 계획은 그곳에서 살 특별한 중산층의 사회적·사적 생활의 필요조건들을 근거로 만들어진 것이었다. 즉 그것은 특별한 형태의 일상생활에 적합한 것이라는 점을 주목해야 한다는 것이다. 이때 그는 건물의 크기, 넓이, 평면 등이 그 내부의 용도 및 목적, 그리고 사회적 목적에 의존하고 있다는 점을 인정하면서도, 사회적 관습과 국가적 관습에 관한 사회과학적 지식과 '건축 자체의 가치' 사이에는 분명한 거리를 두고 있다.

이를테면 구조, 설비, 재료, 사회적 관습 등 여러 가지 요인은 건축가가 설계할 때 수용해야 하는 어떤 요소이며, 설계 자체는 미적 가치로서 전혀 다른 고려사항에 의해 결정된다는 것이다. 그것은 집단의지와 예술 형식의 상호작용이 반영된 것이며, 위대한 건축 자체가 바로 '보편적'이라는 점이다. 여기서 위대한 양식이 소위 '사회적 통일'이 상실된 순간부터 쇠퇴한다는 것 역시 명백하다. 특정 건축예술에서 예술가의 창조적 기능에 가장 알맞은 사회적 요인들은 분명 존재한다.[14]

산업혁명 이후 주거건축은 단독주택보다는 집합주택 건축이 대세로 정착해 왔다. 이는 제1차 세계대전 이후 급증하는 도시 인구에 따른 주택 부족, 그리고 이를 해결하기 위한 산업적·기술적 개발 노력의 필연적 결과이다. 건축이 산업화되면서 예술적·미적 논의는 생산 논리보다 덜 우선적인 것으로 여겨져 왔다. 특히 도시주택의 대표적 유형으로 정착한 집합주택은 제2차 세계대전 이후에도 많은 변화를 겪어 왔으나, 그 양식의 변화에 대한 논의는 한동안 중단된 것이 사실이다. 이러한 경향은

1920, 1930년대부터 유럽에서 급부상한 기능주의·국제주의 건축양식이 그 이후까지 미친 막강한 파급력에 기인한다. 불특정 다수를 대상으로 하고 사회적·정책적 변화에 크게 영향을 받는 집합주택의 특성상 디자인에 있어서 건축가의 자유로운 예술적 감성이 표출되기에는 많은 제약이 있어 왔기 때문이다.

또한 전쟁 후 재건의 시대에 절제적인 분위기는 표현의 제약으로 이어졌다. 그렇다고 양식이 존재하지 않았던 적은 한번도 없었으며, 다만 '주목받지 못하는 양식'의 시대가 있었을 뿐이다. 이에 대해 루이스 멈퍼드(Lewis Mumford)는 기능주의 건축에서 두 가지 수정해야 할 부분이 있다고 주장한다. 첫째, 기능을 건물의 물리적인 기능이나 기계적인 의미로만 받아들여서는 안 된다는 점이다. 새로운 기계적 편의·기능은 새로운 형식을 요구하지만, 이뿐만 아니라 새로운 사회적 목적이나 새로운 심리적 통찰도 새로운 형식을 요구한다. 건물에는 물리적 요소 외에 사용자의 건강이나 쾌적, 심리에 영향을 미치는 많은 요소들이 존재하기 때문이다. 둘째, 표현 자체를 건축의 1차적 기능 중 하나로 바라보아야 한다는 점이다. 앞서 언급한 사회적·심리적 목적을 고려하고 다양한 요소들을 종합한다면 표현 또는 상징성 역시 건축의 중대한 관심사 중 하나가 될 것이기 때문이다.[15]

특히 기능을 떠나서는 성립할 수 없는 것이 건축이며 또한 주거이다. 따라서 주거건축에 있어서 양식의 문제는 건축가의 태도에 대한 매우 흥미로운 질문들을 유발한다. 첫째, 건축가는 예술가로서의 창작 역량에 기반을 둔 '오브제로서의 건축'과 사회적 요구에 기반을 둔 '보편적 건축' 사이에서 어떻게 균형을 이루며 주택을 디자인해 왔는가 하는 문제이다. 둘째, 인간과 사회의 요구에 있어서 '기술적 목적'과 '표현 및 상징의 목적' 사이에서의 균형에 대한 문제이다.

마틴 하이데거(Martin Heidegger)는 우리가 어떤 집단적 목적에 의해

©전남일

(위) 보편적 건축(독일 프랑크푸르트 린덴바움 주거단지)
(아래) 오브제로서의 건축(네덜란드 위트레흐트 슈뢰더하우스)

예술을 생산하는 것은 아니지만, 한편으로 예술은 모든 사회적 삶이 근거하는 인간의 1차적 활동 중의 하나라고 말한다. '작품'은 자신과 세계가 조우하는 수단이 되는데, 그는 이러한 태도로서 예술의 공동체적 측면에 대해 강조한다. 이는 "예술작품이 종종 한 사람의 성과이기는 하나, 이것이 곧 예술작품의 원천이 개인이라는 것을 뜻하지는 않는다"라는 주장으로 연결된다. 이를테면 시(poem)의 경우에도 이는 시인이 말하는 것이 아니라, '역사적 민족의 언어'가 시인을 통해 말한다는 것이다.[16]

여기서 우리는 모든 예술작품의 성과가 사회적·역사적 산물이자 공동의 성과가 된다는 근거를 발견할 수 있으며, 건축은 다른 예술보다 더욱 그러한 특성이 강하다고 볼 수 있다. 위대한 건축에는 필수적으로 내포된 사회적 요인들이 있는데, 그것에 의해 이 성질들이 형식의 언어, 즉 조형적 대응물이나 공간적 대응물로 치환되는 그 실제 과정은 개인의 심리에 속해 있다고 리드 역시 설명한다.

중요한 것은 개인의 의식이 집단의식으로 녹아들 때 어떤 변형이 일어난다는 사실이다. 그것은 개인보다 훨씬 강력한 힘을 발휘하는 집단의식을 성취함으로써 구현되는 것이다. 즉 어떤 심리적인 의식의 통일이 어떤 집단에 의해 성취될 때 그 집단은 최상의 진화 수준에 도달하며, 그 집단의 예술가들은 집단의 생명력 넘치는 성취의 표현인 예술작품을 창조하도록 고무되는 것이다. 이것을 우리는 시대정신(Zeitgeist, 차이트가이스트)이라 부를 수 있다.[17] 건축가는 사회적 소통을 위한 통일을 얻기 위해서 지배적인 감정과 그 심오한 의미, 즉 사회에 확산된 그 시대의 정신을 통찰력으로 발견하고 표현해야 한다. 사회가 요구하지만 건축가는 사회의 희망을 넘어서 새 소식을 암시하는, 말하자면 예언자적인 숭고한 놀라운 말로써 답해야 한다.[18]

한편, '외형으로서의 양식'과 '내용으로서의 공간'은 건축의 본질을 이루는 가장 중요한 두 요소이다. 다시 말해, 좋은 건축물의 조건은 내용과 외형이 조화를 이루는 것이라 할 수 있다. 주거는 사회 변화와 거주자의 시대적 성향 및 요구에 따라 변화하는 실체이기 때문에 양식의 시대적 변화 또한 주거 내면의 속성 변화를 반영한다. 주거라는 보수적 속성으로 인해 다른 건축물의 양식 변화보다는 덜 다양하고 덜 급진적이지만, 분명한 양식의 조류와 변화가 있어 왔다. 특히 주거건축에 있어서의 양식은 시대와 사회의 지배를 더욱 뚜렷하게 받는 것이며, 이 점 때문에 주거건축은 한 시대의 시대정신을 읽는 데 매우 중요한 단서를 제공한다.

특히 집합주택은 '단위세대'라는 생활의 장(場), 건축적으로는 '유닛(unit) 평면'이라는 공간이 다수 모여 하나의 집합체 또는 건물군(建物群)을 이룬다. 생활공간은 시대에 따라 변화하는 가족의 형태, 거주자의 요구를 반영한다. 예컨대 전통적 의미에서 단위세대 내의 공간의 구획, 그리고 단위세대 간의 경계는 고정적이고 항구적이었다. 또한 근대 주거공간에서는 그 사용자의 관계를 보편적 틀 안에서 일률적으로 파악하고, 이를 합리화와 표준화의 이념하에 대량생산했다.

그러나 현대주거에서는 이러한 거주자와 주거 간의 1 대 1 등식 관계가 성립하지 않고 보다 유연한 대응을 요구한다. 예를 들어 산업화 시대 주거공간 내 가족 단위로 영위했던 휴식과 여가의 기능이 달라지고 있다. 특히 도시사회에서는 주거를 떠난 일상이 도시공간 내 소비공간으로 이양되고 있는 동시에, 거주자의 특성과 사용 시간에 따라 주거가 업무·교육·쇼핑·오락을 위한 장소로 전환되기도 한다.

따라서 현대 주거공간은 고정된 기능보다는 일어나는 행위에 초점을 맞추어 계획하는 것이 필요하며, 상이한 성격의 기능들을 복합적으로 수용하는 방향으로 변화하도록 요구된다. 이러한 관계는 사회와 인간이 필요로 하는 주거 건축물에 대한 새로운 양식으로 표현된다. 양식이 내용을 반영하고 내용(공간성)이 양식을 결정짓는 상호 개연성이 있기 때문이다.

한편, 주거건축은 사회적 산물이고 지역성에 기반을 두고 있는 것이므로, 외국 작가에 의해 지어진 건물이라도 독일 땅에 지어진 것은 독일적 전통을 계승하고 있다고 볼 수 있다. 독일이라는 사회가 그것을 수용하는 이상 그 주거는 독일적 상황을 반영하기 때문이다. 따라서 어떤 시대적 이슈가 되는 주거지에 포함될 경우 함께 고찰하여 시대별 패러다임을 살펴보아야 할 것이다.

본 저술의 시각은 '양식과 미학'이 인문사회적 배경 및 기술적·경제사회적 배경과 함께 영향을 주고받으며 연동한다는 것으로 요약할 수 있다. 이는 외형적으로 드러난 양식을 고찰함과 동시에 문화적 측면, 기술적 진보를 포함한 인간 환경에 대한 총체적 관찰을 필요로 한다. 주거건축은 특히 인간 삶의 가장 가까운 환경을 제공해 주는 공간으로서, 건축물로 이해되는 물리적 실체일 뿐만 아니라 인간생활 전반의 다양한 단면을 보여주는 하나의 '현상'이기 때문이다.

기술과 환경

현대사회에서 눈부시게 발달한 기술과 공법, 구축방법 등이 주거건축의 형식에 미친 영향들을 간과할 수는 없다.

산업화 이전의 주거건축은 그 지역에서 나는 재료를 기본으로 하여 그 당시 동원 가능한 기술을 투입하여 자연조건과 기후에 대처하도록 고안된 것이었다. 그러나 산업혁명기 석탄이 발견되어 운송수단에 획기적인 변화가 생긴 이후, 건축은 재료의 한계를 극복하게 되었다. 또 철이라는 강도 높은 재료가 발명되고 점차 값싸게 보급됨으로써 구조와 기술적으로도 커다란 혁신을 이루게 되었다. 즉 언제 어디서나 동일한 재료와 기술이 적용되어 지역적인 색채가 점차 적어지고, 건물의 형식은 구조와 기술이 파급된 한계 내에서 하나의 방향으로 수렴되는 현상이 목격되기 시작했다. 이것을 국제주의 양식의 시작이라 볼 수 있다.

멈퍼드는 현대라는 시대에 인간은 본성의 결정적 변화를 겪게 되었고, 그것은 바로 과학적 방법의 발견과 현대 기술의 발전에 기인한다고 말한다. 이로써 인간은 자연과 에너지를 지배함과 동시에, 인간 자신이 스스로 기계에 적응해야 하는 시대를 맞게 되었다.[19]

19세기까지의 건축 또는 건축가의 책무는 '예술적인 힘을 증명할 양식'[20]을 창조하는 것이라 여겨졌다. 즉 형식주의에 경도되어 있었던 것이다. 하지만 양식에 대한 강박이 항상 새로운 양식의 창출로 이어지지는 못했는데, 그 대신 과거의 다양한 양식들을 다시 모방하고 이들을 조합하고 재배치하는 과정을 반복하게 되었다. 그 결과 19세기 말 '절충주의'가 등장했다. 절충주의 시대의 기술은 단지 과거의 양식을 재현해 내는 데 있어서 부분적으로 동원되었다. 예를 들어 과거에 수공예로 만들어냈던 것들을 기계로 깎아서 더욱 정교하고 다양하게 대량생산할 수 있었는데, 역설적으로 이러한 기술들은 종종 장식적으로 치우쳐 '절충주의적 형식주의'를 더욱 공고히 할 뿐이었고 새로운 미학과 양식으로 이어지지는 못했다.

미헬리스는 그 결과로서 건축이 삶의 요구, 즉 일상의 필요라는 현실에 무감각하게 되었고, 용도와 목적이 있는 실용적 형태의 가치를 무시했으며, 또한 새로운 형태론에 협조하는 기술의 가치를 무시하게 되었다고 말한다. 건축가들 역시 기술과 사회의 요구를 보다 진지하게 받아들이고 삶의 필요를 기술적으로 완벽하게 만족시킴으로써 미를 강조할 수 있을 때 비로소 미가 건축적 가치를 갖는다는 점을 인식하게 되었다.[21]

결국 20세기 이후는 기술과 산업의 도움 없이는 양식도 미학도 창출되기 어려운 시대라 할 수 있으며, 이를 근대 시기라 규정할 수 있다. 기술은 예술 창작행위를 가능케 해 주는 수단이다. 이때 특정한 형태와 요소들은 특정한 생산방식을 통해서 만들어짐으로써 존재 가치를 갖게 된다. 예를 들어 현시대에 와서 표현주의 시대의 디테일을 재현하고자 한다면 기계 수단을 동원하여 당시보다도 더욱 정교한 형태로, 그리고 더욱 손쉽게 생산이 가능하다. 그렇지만 그 결과물은 당시대의 그것과는 존재 의미가 다를 수밖에 없다. 즉 어떠한 양식은 그것과 합당한 기술을 통해서 생산될 때만 진정성을 갖는 것이다.

또한 '시대의 눈', 즉 그 시대 대중이 원하고 공감하는 형태와 미학이 따로 있기 때문에, 설사 기술적으로 똑같이 재현 가능하다 하더라도 집단의 공감을 얻기는 어렵다. 과거의 양식은 현재의 눈으로 재해석되어 부분적 복제를 통해서만 계승될 수밖에 없다. 그리고 새로운 기술과 미학이 만나서 합일될 때 새로운 양식이 창조되는 것이다.

근대건축은 '공업화'로 대표되는 주택생산의 방식 변화와 함께 진행되었다고 해도 과언이 아니다. 구조와 기술이 건축물의 형태에 지대한

©전남일

(위) 수공예적 산물(네덜란드 암스테르담 에이흔하르트 집합주택)
(아래) 대량생산된 공업화 주택(독일 슈투트가르트 추펜하우젠 지구)

영향을 미치게 되었고, 공장생산의 패러다임 역시 장식과 미적 요소에 반영되는 현상을 볼 수 있다. 이 시기 창출된 건축물의 미학과 형태는 기술생산의 결과이기도 하지만, 이때 양식에 대한 시대적 공감이 우선되었다는 점을 간과할 수 없다. 또한 건축가는 어떤 양식이나 예술작품으로서의 건축물을 창조할 때 그것을 생산하는 것이 기술적으로 가능한가를 늘 염두에 둔다. 이를테면 기술은 필요조건으로서 작동하며, 건축예술과 기술은 불가분의 관계를 형성한다.

근대 건축운동의 선언인 1928년의 '라 사라즈(La Sarraz) 선언'은 현대생활이 기계의 진보로 인해 집단화되었다는 데 의미를 둔다. 즉 현대사회의 물질적 부와 이동수단의 발달은 거대한 상공업 중심의 사회로의 전환을 이루었고, 이는 곧 대도시의 출현으로 이어졌다. 이에 건축은 과거와 같은 미적 형태론을 만족시키는 데 머무를 수 없었고, 환경에서의 건축의 역할과 범주에 대한 생각이 달라지게 되었다. 즉 근대의 건축가들은 '전체로부터 출발하여 부분을 조정'하려고 했으며, '개인주택들은 집합주택에 종속'되었다.[22]

근대 시기 건축가들이 도시계획에 관여하고 다루는 스케일이 보다 확장된 경향이 이를 설명한다. 건축은 단일 건축보다는 도시환경 내에서의 맥락적 존재로서 다루어져야 했고, 기술적 측면뿐만 아니라 사회·경제적 측면까지도 고려해야 했다. 도시 스케일에의 요구는 기술적 뒷받침을 필요로 했는데, 근대 이후의 주거건축에서 기술력이 발달하면 할수록 개개 주택의 복제가 심화되고 건축이 포괄하는 공간적 범위가 광범위해지는 현상이 관찰된다. 그러나 역설적으로 이러한 경향이 심화될수록 건축은 건축 본연의 미학에서 멀어지기도 한다.

발터 베냐민(Walter Benjamin)은 예술작품의 역사가 제의(祭儀) 기능으로부터 전시 기능을 거쳐 현재의 기술복제 시대로 이행했다고 말한다. 또한 이 과정에서 예술작품은 구체적인 역사적 장소와 기능, 즉 아우라를 상실했으며, 다른 한편으로는 인간의 감각·지각 및 예술과의 관계 또한 변화했다고 설명한다. 예술작품의 아우라를 소멸시킨 것은 예술의 기술적 복제로 인한 것으로, 이는 역사 경험을 상실시키는 것임과 동시에 한편으로는 복제를 통해 많은 대중이 예술에 접근할 수 있다는 긍정적 의미도 수반한다고 했다.[23]

이러한 주장이 기능주의가 한창이던 1930년대의 논문에서 언급되었다는 사실은 매우 의미가 있다. 예술과 기술 또는 과학이 만나고 예술이 대중적 대상이 되는 과정은 현대 산업사회의 필연적 과정이고, 이때의 예술은 경외의 대상으로서의 관조와 감상을 넘어서서 실용과 사용의 문제와 결합되기 시작했다.

장 보들리야르(Jean Baudrillard)에 의하면 "기능주의의 신화는 기호들에 의거하는 테크놀로지 전체에 대한 단순한 가정이다."[24] 따라서 현대 사회에는 기본적으로 사물과 인간의 관계가 넓은 의미에서의 기능주의에 바탕을 두고 있다고 할 수 있다. 기능을 따르는 형태는 기술의 혁신에 조응해 진보의 시대를 끊임없이 재생하는 것이다. 좋은 디자인의 미학은 특정한 형태에 있지 않고 테크놀로지 스스로의 재현을 통해 현대성을 매혹적으로 그려낸다. 그것은 편리하고 강하며 효율적인 삶을 보장한다.[25]

한편, 주거건축을 예로 들자면 기술적·생산적 특성은 주거의 취득 및 배분에 관한 문제와 관련이 있다. 즉 건물 내 단위세대를 나누고 조합할 때 적용되는 구조와 건축설계의 기술적 방식은 단위세대 거주자를 설정하는 문제와 분리하여 고려될 수 없는 것이다.

테크놀로지가 자연에 대한 인간의 정복을 이룩함과 동시에, 그 자연의 힘을 지배논리로 삼아 인공물의 세계를 새로운 질서로 구축한다는 점은 기능주의 양식의 근간을 이룬다. 건축은 기술적 진보에 따라 기계의 가르침을 받아들이고 새로운 구조 형식에 숙달되어 가는 방법을 배우게 되었으나, 이 과정에서 인간적인 욕구·흥미·정감·가치 등도 낡아버린 상징들로서 배격되어 왔다.

그러나 멈퍼드는 이것이 기능주의가 부정되어야 할 이유는 아니라고 말한다. 오히려 객관적 기능들을 주관적 기능들과 종합하고, 기계적 설비들이 생물적인 욕구, 사회적인 약속, 개성적인 가치 등과 균형을 이루어야 할 때가 왔다고 설명한다. 과거의 경험으로 보면 위대한 시대의 건축의 표현적 효과는 대부분 순수한 건조물(pure building)로서 기술공학적 요소의 흡수와 숙달에 힘입은 결과이기 때문이다.[26]

또 한 가지 언급해야 할 점은 설계와 시공의 과정이다. 소위 '설계의 테크닉', '설계의 수단' 역시 과거와 오늘날의 차이는 매우 크다. 복제와 대량생산의 시대에는 건축물을 창조하는 데 많은 시간을 들이는 것을 원치 않는다. 즉 편리한 시공과 규격화된 치수를 요하는데, 이는 결과적으로 가장 간단한 선과 기하학으로 이루어진 설계도를 통해 실현될 수 있다. 또한 그 반대의 경우도 생각해 볼 수 있다. 즉 설계도의 복잡성의 정도는 시공과 건설의 합리성 및 시간 소모를 결정짓고, 나아가 복제의 정도와 생산의 규모를 결정짓는다. 또한 복잡하거나 단순한 형태, 또는 디테일을 갖는 건물을 설계할 때, 그것을 어떤 방식으로 그려낼 수 있는가 하는 문제는 설계 도구의 진보와 결부되어 있다.

예를 들어 수작업으로 설계도를 그릴 때 가능한 형태 및 디테일, 컴퓨터를 이용하여 2차원 도면을 그릴 때 가능한 형태 및 디테일, 그리고 3차원의 디지털 도구를 이용하여 도면을 그릴 때 가능한 형태 및 디테일은 달라질 수밖에 없다.

오늘날의 설계 도구는 과거에는 생각지 못한 새로운 도면을 창조 가능케 하고, 불가능했던 미적 상상력을 현실에 구현하는 데 있어서 건축가를 지원하는 필수 장치가 되었다. 오늘날의 미학을 지원하는 시공과 건설이 공학적·기술적 산물임을 부정할 수 없으며, 뿐만 아니라 설계 과정과 그 산물인 도면 역시 공학적·기술적 산물이다. 과거에는 평면·입면 · 단면, 즉 '3차원적 볼륨의 잘려진 모습'을 통해 건축의 내용과 형태를 전달하고 또 형태를 3차원적으로 구축하도록 지원했다면, 오늘날의 디지털 기술은 3차원적 볼륨과 관계를 자유롭게 창조하도록 도와준다. 이를 기반으로 형태는 점점 자유로운 변화를 시도하고 건축언어 역시 3차원으로 변화했다.[27]

그러나 집합주택 건축에서는 이러한 자유가 매우 제한된다. 우선 일정 볼륨 안에 포함해야 할 내용이 기본적으로 단위세대라는 셀(cell)로 이루어졌다는 데서 그 이유를 찾을 수 있고, 또한 집합주택은 대중적 건축으로서 여전히 생산성과 비용의 문제에서 자유로울 수 없기 때문이다. 또한 일상의 건축으로서 혁신적이기보다는 느린 변화를 선호하기 때문에 집합주택은 여전히 다른 건축물들에 비해 보수적이며, 따라서 동시에 합리적이다.

주

1 Read, Herbert, 김기주 역, 『예술의 뿌리』(현대미학사, 1998), p.59.
2 Mumford, Lewis, 김문환 역, 『예술과 기술』(민음사, 1999), p.135.
3 Tatarkiewicz, Wladyslaw, 손효주 역, 『미학의 기본개념사』(미술문화, 2001), p.46.
4 Mumford, Lewis, 김문환 역, 『예술과 기술』(민음사, 1999), p.137.
5 Tatarkiewicz, Wladyslaw, 손효주 역, 『미학의 기본개념사』(미술문화, 2001), p.36, 46.
6 Michelis, Panayotis, A., 김진현 역, 『건축미학』(까치, 2007), pp.367-369.
7 Michelis, Panayotis, A., 김진현 역, 『건축미학』(까치, 2007), p.369.
8 Hammermeister, Kai, 신혜경 역, 『독일 미학 전통: 바움가르텐부터 아도르노까지』(이학사, 2013), pp.11-12.
9 Tatarkiewicz, Wladyslaw, 손효주 역, 『미학의 기본개념사』(미술문화, 2001), p.219.
10 신문기, 『테크놀로지와 건축미학』(발언, 2004), pp.15-16에서 재구성.
11 Kähler, Gert(Ed.), *Geschichte des Wohnens* vol.4 (Stuttgart: DVA, 1996), p.351.
12 Hays, K. Michael, 봉일범 역, 『1968년 이후의 건축이론』(스페이스타임, 2003), p.555.
13 Michelis, Panayotis, A., 김진현 역, 『건축미학』(까치, 2007), pp.48-49.
14 Read, Herbert, 김기주 역, 『예술의 뿌리』(현대미학사, 1998), pp.59-81.
15 Mumford, Lewis, 김문환 역, 『예술과 기술』(민음사, 1999), p.150.
16 Hammermeister, Kai, 신혜경 역, 『독일 미학 전통: 바움가르텐부터 아도르노까지』(이학사, 2013), pp.312-313.
17 Read, Herbert, 김기주 역, 『예술의 뿌리』(현대미학사, 1998), pp.85-86.
18 Michelis, Panayotis, A., 김진현 역, 『건축미학』(까치, 2007), p.50.

19 Mumford, Lewis, 박홍규 역, 『인간의 전환』 (텍스트, 2011), p.180.

20 Michelis, Panayotis, A., 김진현 역, 『건축미학』 (까치, 2007), p.385.

21 Michelis, Panayotis, A., 김진현 역, 『건축미학』 (까치, 2007), pp.385-386.

22 Michelis, Panayotis, A., 김진현 역, 『건축미학』 (까치, 2007), p.390.

23 Hammermeister, Kai, 신혜경 역, 『독일 미학 전통: 바움가르텐부터 아도르노까지』 (이학사, 2013), pp.333-334.

24 강현주 외, 『열두 줄의 20세기 디자인사』 (디자인하우스, 2005), p.18에서 재인용.

25 강현주 외, 『열두 줄의 20세기 디자인사』 (디자인하우스, 2005), p.19.

26 Mumford, Lewis, 김문환 역, 『예술과 기술』 (민음사, 1999), pp.139-141.

27 장정제, 『예술로서의 건축, 형태, 공간, 시간 그리고 춤추는 감각과 자유로운 세계』 (스페이스타임, 2009), p.202.

주거건축에서의 양식과 미학의 구성 요소

건물의 유형과 형태

주거건축에서의 '양식과 미학'의 문제는 건축물의 외관에만 국한하여 고찰하기보다는 그 고찰의 범주를 다양화할 필요가 있다. 말하자면 '양식과 유형'에 영향을 미치는 내부공간의 구성 및 평면 구성의 차원, 그리고 건축물의 형태를 결정짓는 유형(typology)의 차원까지 그 고찰의 범주를 확장하는 것이 더욱 타당할 것이다.

건물의 디자인 요소가 전체와 부분의 조화에 있다는 것을 고려하면, 형태를 결정짓는 유형은 '전체'를 이룬다. 예를 들면 고층인가 저층인가 하는 문제는 스케일의 문제와 함께 형태의 비례감이 달라지는 데 있어서 큰 결정 요소이다. 집합주택에서는 건물의 유형과 형태에서 가장 먼저 양식적 특성이 드러난다. 건물의 유형이라는 것은 단위세대 공간이 주거동 내 공용공간이라는 중간적 전이공간의 구성을 매개체로 서로 집합하고 연계되는 시스템의 결과로 생성되는 것이다. 이는 외관상으로는 건물의 형태에 영향을 미치며, 내부적으로는 거주자의 이동 경로 및 건물 내 소도시(micro urban system)의 조직을 형성한다. 또한 주거동 내 단위세대와 공용공간이 접합하는 방식은 집합체의 조형을 구성하는 주요 요소가 된다.

같은 맥락으로, 구체적으로 단독주택, 일자형 저층 집합주택, 중정형 집합주택, 고층 플랫, 저층 고밀형, 테라스하우스, 파티오하우스, 타운하우스 등으로 분류되는 유형들은 각각의 독자적 형태와 시각적 효과를 구축하게 된다. 또한 형태와 외부공간이 만나면서 형성되는 공간적 특성은 거주자의 생활 양태와 근린관계에 대한 요구까지도 반영하는 것이다. 이는 결국 주거의 유형이 도시적 맥락과 어떻게 연동하는지에 대한 논의로까지 확장된다.

주거의 유형과 입지는 당시대의 도시 발달과 라이프스타일의 관점

©전남일

(위) 고층 플랫(독일 베를린 한자 지구 아파트)
(가운데) 테라스하우스(독일 슈투트가르트 타파흐가 집합주택)
(아래) 타운하우스(네덜란드 암스테르담 스포른뷰르흐 지구)

에서 파악할 수 있다. 바꾸어 말하면, 특정 시기의 필요에 의한 전형적인 주거유형이 탄생하는 데는 반드시 시대적 배경과 시대정신(Zeitgeist)이 함께하는 것이다. 도시화로 대표되는 현대사회에서 주거 건축물이 위치하는 장소성과 지역성은 주거형식을 결정짓는다.

한편, 집합주택은 다른 건물과 달리 하나의 단위세대, 즉 유닛(unit)이라는 원형(archetype) 요소의 집합으로 이루어진다는 독특한 특성이 있다. 이 유닛은 성장, 확장, 축소, 진화, 변형, 그리고 집합의 체계를 갖는데, 이는 건물 외부에는 반복성이라는 조형 원칙으로 나타난다. 따라서 단위세대는 기본적으로 외적으로는 분절과 분화의 요소가 된다. '분절'의 효과는 내용을 자연스럽게 외적으로 표출하기도 하고, 때로는 인위적으로 조절하기도 한다. 특히 반복성은 단위가 규격화되었을 때 더욱 뚜렷하게 나타나며, 이 반복성은 건물 전체에 리듬과 통일감을 부여한다. 이와 대비되는 원리로는 '다양성과 변화'를 들 수 있다.

또한 주거건물 유형들의 집합체는 도시환경을 이루는데, 이는 인간활동에 있어서 가장 친밀한 영역을 구성한다. 이들이 대지 위에 서 있을 때 요구되는 것은 시각적 안정감으로서, 이때 '균형'이라는 원리가 작동한다. 균형감은 대칭 균형 또는 비대칭 균형을 말하며, 어떤 한쪽으로 치우치지 않는 무게중심을 형성하도록 각각의 요소들을 시각적으로 조정하는 것이다. 주거건물을 구성하는 요소를 '종속적' 요소와 '부분적' 요소로 구분한다면, 어떠한 주거유형을 대상으로 그것이 지니는 공간구성상의 특징, 외관과 매스(mass)의 특징, 단위와 집합의 관계 등은 매우 중요한 분석의 대상이다.

라슬로 모호이-너지(Laszlo Moholy-Nagy)에 의하면, 건축에 있어서 '시각적'인 요소, 즉 '광학의 위생성, 건강함을 의미하는 가시성'은 모더니즘 사고에서 중심적 역할을 차지하게 된다.[1] 이것이 건축가가 주거건축에 영향력을 발휘하는 시기와 일치한다는 점은 시사하는 바가 크다. 발터 그로피우스(Walter Gropius)는 이를 과학적 사실에 의거한 객관적인 조형성을 추구하는 방식으로 구체화시켰으며, 그에게 있어서 조형이란 형태와 매스, 특히 물질성과 텍스처가 배제된 형태로 수렴된다. 특히 집합주택의 매스감과 그 매스들이 이루는 도시적 경관은 시각적 형태의 지배하에 놓이게 되며, 집합주택 단지는 이전까지 도시에서는 보지 못했던 조형감을 선사한다. 즉 근대 이후의 도시 및 주거지, 단위주거의 집합체는 '도식화된 시각적 작업'의 일부가 된다.[2] 이것이 시사하는 것은 스케

ⓒ전남일

(위) 내부공간의 분화에 따른 매스 및 입면의 분절과 반복(독일 베를린 IBA 지구)
(아래) 입면의 조작을 통한 다양성과 변화(네덜란드 아른헴 미네르바 주거단지)

일의 문제이다. 앞서 언급했듯이, 근대 이후 건축의 관심사는 도시 차원으로 확대되었고, 다루는 스케일이 점점 커졌다. 또한 건축은 도시 조직(urban fabric)을 떠나서는 존재하기 어렵게 되었다.

다시 미학적 관심사로 돌아와 보면, 물론 건축물은 도시 속에서 감상물의 역할을 하기는 하나, 미적 대상으로서의 건축물은 적절한 인간적 스케일 범주에서의 관조가 적절하다. 특히 주거건축에 있어서는 더욱 그러하다. 시각적으로 인지하는 대상은 원경(遠景)과 근경(近景)에 따라 달라지므로 '전체와 부분'은 시시각각으로 스케일이 달라지게 되는데, 이때 감정이입이 가능한 스케일은 어느 범주 이상을 넘어가면 더 이상 의미를 상실하게 된다.

한편, 근대적 기능주의가 극단으로 치달았던 시기, 오로지 조감(鳥瞰)의 차원에서 다루어졌던 주거건축은 미학의 대상에서 그만큼 멀어졌다고 할 수 있다. 즉 대상이 인간적 스케일을 벗어난 순간 그것은 '경관(cityscape)'이 되는데, 이는 미적 대상이 아니라 또 다른 차원의 시각적 해석을 필요로 하는 대상이 된다. 구체적으로 예를 들면, 주거건축에서의 미학의 관심사는 '형태와 유형'을 대상으로 하는 스케일, 즉 '주거동과 그것들의 도시 맥락 안에서의 조합' 차원을 넘지 않는 스케일이다.

평면과 내용

주거건축의 사회적 · 경제적 · 정치적 배경 안에서 어떤 요인들의 상호작용 속에 '양식과 미학'이 창조되었는지, 그렇게 형성된 주거환경의 사회적 존재의미는 무엇인지 알기 위해서는 거주자 측면을 파악하는 것이 중요하다. 주거는 거주자의 생활을 담는 그릇이므로 주거건축의 양식적 특성은 거주자의 생활양식과 직접 관련이 있고, 나아가 건축적 평면 형태에도 반영된다. 특히 평면에서 관찰되는 미학적 측면은 주요 고찰 대상이다. 공간구성을 결정짓는 평면은 기능적 요구를 충족시키는 것이 주요 역할이다. 그러나 여기서도 평면 형태의 조형성과 디테일에서 양식을 발견할 수 있다. 평면과 입면 및 외관은 상호 작용하기 때문이다.

또한 평면도는 그 자체로서 시각적 구성(composition)이라는 기본 속성을 갖고 있다. 구조, 생활의 내용, 주거동 및 건물의 형태가 평면에 영향을 미치기 때문이다. 현대 건축가들이 평면구성을 통해 추구하는 건축적 유희와 3차원적 공간 조형 작업에서는 평면과 유형과의 실험적 조화를 볼 수 있다.

이때 공간을 만드는 평면이 양식을 반영하는 것이 타당한가 하는 논란을 불러일으킬 수 있다. 르 코르뷔지에(Le Corbusier)는 "평면은 원동력이며, 평면이 없으면 무질서와 혼돈이 있을 뿐이다", "평면은 그 자체에 감각의 본질을 간직하고 있다", 그리고 "평면은 안에서 밖으로 전개된다. 외관은 내부의 결과다"[3]라고 주장함으로써 평면의 기능 외적 측면을 강조했다. 공간을 형성하는 평면 자체가 양식을 표현할 수 있는가 하는 문제는 논외로 치더라도, 건축에서 적어도 공간의 내용과 외형이 상통한다는 근본 원리가 여기서 통용될 수 있다.

집합주택에 있어서 단위세대의 규모와 수, 그리고 단위세대 내의 공간구성 등 거주자의 사용에 따른 공간적 프로그램이 대부분 미리 설정되어 있으며, 이들 내용을 변경하기는 매우 어렵고, 건축가의 자유로운 창작의 여지는 그만큼 제한적일 수 있다. 이러한 이유에서 특히 단위세대 유닛이 조합되어 전체를 이루는 하나의 '체계'로 이루어진 집합주택은 그 내용이 다른 어떤 건축물보다 진솔하고 객관적이다.

우리는 입면도와 평면도를 함께 놓고 보았을 때 그 둘이 매우 닮아 있다는 것을 관찰하게 된다. 입면과 외관에서의 다채로운 분절은 공간의 세세한 구획들을 반영한 것이다. 공간을 감싸는 외피로서의 입면은 자연

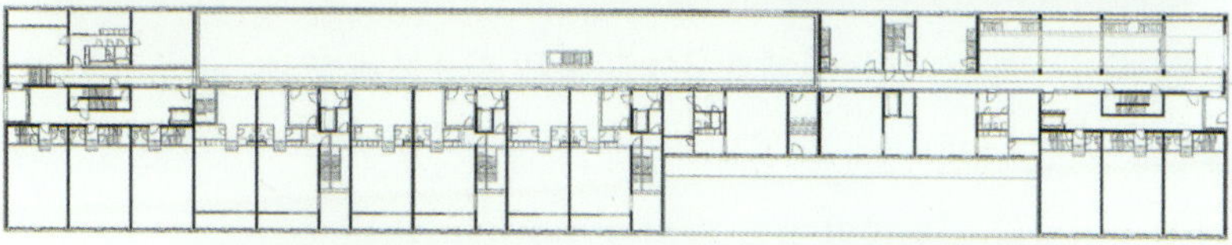

출처: a + t, *Densidad Density* 2, vol.20, 2002/autum, p.97(위), p.102(아래).

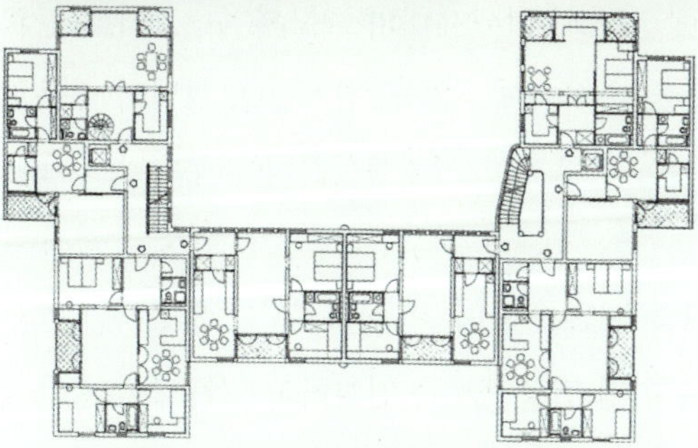

출처: *Architecture + Urbanism*, 1984년 1월호, p.110(위), p.114(아래).

(위) 밋밋한 입면 · 매스와 평면(네덜란드 암스테르담 랑하우스)
(아래) 복잡한 입면 · 매스와 평면(독일 베를린 IBA 지구 집합주택)

스럽게 그 볼륨을 표현하는데, 예를 들면 울퉁불퉁한 공간은 울퉁불퉁하게 건물 외피로 드러나기 때문이다. 또한 분절이 많이 생성된 입면을 갖는 공간은 많이 분절되어 있으며, 매끈한 입면을 갖는 공간은 평면상의 그림도 매끈한 구획을 이루는 선으로 구성되었음을 알 수 있다. 즉 평면의 논리는 외관의 양식에 그대로 투영되는 것이다.

건축가가 평면도와 입면도를 조형적으로 통일시켜 설계하고, 그 특수한 의미를 강조하며, 전체로서의 구조를 자유롭게 연출하는 데 충분한 수단을 가질 때만 건축은 건물이나 기술공학으로부터 벗어나는 것이다. 이는 상징미와 기능미의 통합을 의미한다.[4]

주거동 차원에서 단위세대 평면을 구성하는 논리는 크게 두 방향으로 나뉜다. 첫째 방식은 박스형과 같이 공간적 이상(理想) 안에 모두 집약시켜 배치하는 것이고, 둘째 방식은 소위 유기적 평면과 같이 각 공간 간의 연결과 동선을 강조하고 이들의 관계를 가장 적합하게 조정하는 방식이다.[5] 이를테면 단위세대의 공간이 건물 내 집적(集積)된 주거동 평면구성 방식은 공간을 덧붙이는 방식(additive process)과 나누는 방식(divided process)으로 크게 나눌 수 있다. 전자는 정해진 기하학적 형태 속에 단위세대, 주거동 공용공간, 주거동 진출입 공간, 발코니 등의 반외부 공간을 모두 함축하여 정형화시키는 방식이며, 후자는 하나하나의 요소를 유기적으로 연결함으로써 자연스럽게 주거동을 형성하는 방식이다. 따라서 이는 건물의 꺾임과 요철이 생성되는가의 여부를 결정짓는 주요 요소가 된다.

평면 자체를 놓고 본다면 평면은 시대가 요구하는 프로토타입(prototype)들을 보여준다. 예를 들어 가족주의 우선의 시대의 평면에서 각각의 개별 공간과 공동 생활공간이 동시에 강조되어 단위세대 공간들이 다양하게 분할되었다면, 오늘날의 개인화된 소규모 평면에서는 공간적 통합이 보다 적극적으로 이루어졌다는 것을 알 수 있다. 내용과 형식이

©전남일

(위) 돌출된 발코니(독일 뮌헨 테레지엔회에 집합주택)
(가운데) 가변적인 로지아(오스트리아 인스부르크 주거단지)
(아래) 함몰된 로지아(독일 베를린 슈판다우 지구)

라는 측면에서 보면, 이러한 차이 역시 외적으로도 비슷한 양상으로 나타난다.

한편으로 평면상 고려해야 할 부분은 발코니와 로지아(loggia)[6]로 대표되는 '내·외부 사이의 중간적 성격'을 갖는 공간 요소이다. 이 공간은 건물에 인접 또는 부속되어 거주자가 단위주거 내에서 시각적·경험적으로 외부와 소통하는 공간이다. 물리적인 측면에서 보면 이 공간은 한 면 이상이 외기에 면하는 개방된 공간으로, 개방적인 외기와 폐쇄적인 건물의 경계에 위치하며, 그 경계가 건물의 외피로 구성된다.[7]

창과 벽면, 발코니 및 로지아가 건물의 입면을 이루는 대표적 요소라 할 때, 이 중 발코니 및 로지아는 단순히 2차원적이지만은 않다. 입면 요소임과 동시에 평면상의 공간을 포함하는 이중적 성격을 갖고 있으며, 평면상 내부공간의 확장 공간으로서 어떤 다른 공간보다 적극적인 집합주택의 미적 요소가 된다. 또한 벽체에 부분적 돌출과 함몰을 형성하며 요철감을 부여한다.

입면과 외피

건축물은 동적인 내용, 즉 생활의 내용을 감싸는 정적인 외피라 할 수 있는데, 따라서 내용은 그 외피와 모순관계에 있으며 건축가는 이 모순을 건축적인 면과 예술적인 면에서 해결한다.[8] 구체적으로 양식과 미학을 결정짓는 요소들은 3차원적으로는 형태와 매스, 2차원적으로는 입면과 파사드를 구성하는 표피적 요소들이다. 시각적 효과를 염두에 두고 디자인되는 파사드는 발코니 및 로지아를 비롯하여 창문과 벽면, 스크린과 외피, 벽체, 주거동의 유형, 색채와 재료 등으로 이루어져 있으며, 이는 건축물의 외형을 구성하는 매우 중요한 요소들이다.

이 외에도 중요한 것은 모든 시각예술에서 두 축을 이루는 구조(construction)와 장식(ornament/decoration)의 문제이다. 어떤 양식이나 작품에서 이 둘은 평형을 이루기도 했으나, 장식이 없이 구조만으로 충분했던 때가 있었으며, 장식을 더 선호한 때도 있었다.[9] 구조가 자연스레 장식이 되곤 했던 근대 이전의 시기와 달리, 구조와 장식이 구분되기 시작한 근대건축에서 장식의 채택은 지속적으로 논란이 되어 왔다.

이러한 요소들을 통해 양식과 미학의 실체를 더욱 상세하게 파악할 수 있다. 미적 원리는 관찰자로 하여금 공감을 일으키도록 하는 공통적인 법칙 또는 규범이다. 통상적으로 입면이라 불리는 2차원의 외피는 내부적 요소를 밖으로 드러내어 형성되는 것임과 동시에, 시각적 만족을 위해 건축가에 의해 소위 디자인이라는 과정을 통해서 새로이 조작되고 완성된다. 즉 건축가의 디자인 과정은 리듬감과 통일성, 균형감을 추구하고, 다양한 건축적 요소들을 유기적으로 재배치하고 조화를 이루도록 질서를 부여하는 과정인 것이다. 이를 위해 어떠한 건축적 어휘들을 창조하거나 선택하고 이들을 조합한 결과가 '양식'으로 나타난다.

입면에 나타나는 대표적인 시각적 요소는 솔리드(solid)로 처리되는 벽과 보이드(void)로 처리되는 창, 그리고 앞서 설명했듯이 내·외부의 중간적 성격을 갖는 입체적 요소인 발코니 및 로지아가 대표적이다. 이들 중 벽과 창은 근본적으로 빛과 어둠이라는 '대비'의 속성을 갖고 있다. 빛과 어둠의 대조는 입면의 섬세한 비례 체계를 드러내며, 빛이 가지는 예술적 가치를 보여준다.[10]

우선 창은 독자적 형태를 갖는데, 그 고전적 형태는 보통 장방형이나 정방형이었고, 구조와 분리될 수 없이 벽체에 종속된 요소였다. 때문에 내부의 용도와 상관없이 창의 형태는 일정했고, 대개 반복적으로 구성되었다. 이때 건축가의 중요한 과제 중 하나는 이들 요소들을 기하학적 원칙에 따라 정확하고 아름다운 비례감을 갖도록 조정하는 일이었다.

그러나 창의 고전적 조형 원칙은 근대 기능주의 시대에 들어와서 깨지게 되었는데, 그 이유는 다음 두 가지를 들 수 있다.

첫째, 유리가 대량생산되고 값싸게 보급되기 시작하면서 대중적인 소재가 되었기 때문이다. 더구나 새로운 구조 개발에 힘입어 더 이상 창은 벽체에 종속된 요소가 아니라, 이로부터 분리되어 자유로운 크기와 자리를 부여받았다. 창은 혁신적인 구조를 나타내는 매개체가 되었으며, 근대 건축가들은 그 투명성과 가벼움에 열광했다. 소위 리본 윈도(ribbon window)라고 하는 창의 형태는 공간의 내·외부 구분을 일시에 허물어버렸다. 이에 대해 미헬리스는 "외부공간과 내부공간의 분리가 없어진 이후에 창은 예술적 특성을 상실했다. 즉 자연의 이미지를 닮는 액자로서의 역할을 상실했다"[11]라고 비판했다.

둘째, 기능에 대한 고려가 작용했기 때문이다. 기능주의 시대, 내부공간의 기능에 대한 정량적인 치수 산정의 결과, 공간의 규모는 사용자와 용도에 따라 각각 상이하게 계획되었다. 따라서 그에 필요한 창의 크기 또한 필요에 따라 크거나 작게 디자인하는 것이 합리적이라 생각되었다. 창은 기능에 따라 다양한 형태와 크기를 갖게 됨으로써 보다 적극적인 입면구성 요소가 되었다.

그럼에도 불구하고 집합주택의 경우 창의 배열은 일정 부분 반복성을 유지하는데, 이는 주거동 내에서 단위세대 및 단위공간의 반복이라는 집합주택의 속성 때문이다. 창들이 연속적으로 반복되는 형태를 취함으로써 전체 입면상에는 리듬감과 통일성이 부여된다. 이때 창의 배열은 시각적으로 표현되어 하나의 패턴을 이루기도 한다.

패턴은 일정한 형태가 반복되는 특정 부분의 양식이나 유형을 의미하는데, 집합주택의 입면에서 패턴은 크게 가로 패턴, 세로 패턴 그리고 격자형 패턴 등으로 나타난다. 가로 패턴의 경우는 주로 창, 발코니, 난간, 돌림띠 등으로, 세로 패턴의 경우는 코어와 돌출된 기둥 등으로 표현

©전남일

(위) 정돈된 창 및 로지아(독일 브레멘 노이에 바 아파트)
(가운데) 자유로운 창의 배치(네덜란드 마스트리히트 집합주택)
(아래) 창의 컴포지션(네덜란드 암스테르담 실로담)

©전남일

(위) 인위적으로 구성된 패턴(독일 베를린 한자 지구 아파트)
(가운데) 음영감을 형성하는 패턴(독일 베를린 위니테다비타시옹)
(아래) 수직선이 강조된 패턴(독일 뮌헨 테레지엔회에 주거블록)

된다. 격자형 패턴은 가로형 패턴과 세로형 패턴이 만나면서 교차될 때 규칙적 배열이 이루어지는 경우이다.

패턴은 창들이 벽체, 발코니 및 로지아와 조합되어 형성되며, 연속된 형태가 가지는 반복성에 의해 통일감을 주는 디자인 요소로 인지된다. 패턴은 이처럼 전체 입면에서 내부공간과 연계성을 가지는 창, 발코니, 벽체의 반복성으로 표현되는 방식이 기본이지만, 외적으로 장식적·미적 요소가 부가되어 나타나는 경우도 있다. 예를 들어 그래픽 또는 색채 및 입면의 소재가 가지는 특성들에 의하여 패턴으로 인지되는 경우이다.[12]

벽은 그 내부의 용도에 따라 다양한 볼륨감을 나타내며, 내·외부의 시야를 확장시키는 기능을 갖는 발코니는 다양한 형태로 입면상 변화를 주는 중요한 수단이 된다. 벽체는 구조적 안정감을 주는 역할을 하는데, 창과 대비되면서 사용되는 소재에 따라서 질감과 패턴 효과를 활용한 입면 디자인의 다양한 표현이 가능하다.

질감은 어떤 물체가 갖고 있는 표면상의 특징이나 성질을 의미한다. 또한 질감이란 시각적·촉각적 감각으로서, 이는 물질이 갖고 있는 생명력이자 건축의 재료를 통해 전달되는 감각이다.[13] 질감은 형태나 위치를 강조하고, 원근의 인상을 주며, 공간의 성격을 통일시키거나 분리시킬 수 있도록 해준다. 건축의 소재는 질감과 함께 재료의 물성을 그대로 나타내기도 한다. 소재 및 질감 등과 같은 요소는 색채 등 시각적 표현의 다른 요소들과 함께 사용되어 입면의 전체적인 표면 상태를 규정짓는다.[14]

한편, 색채는 인간이 형태나 공간을 경험할 때 풍부한 감정을 가지고 접근하게 만들어 주는 중요한 요소이며, 명암만으로는 부족할 때 사용되어 형태의 인지 효과를 높여 주고 공간을 풍요롭게 연출시켜 주는 시각적 표현 수단이다. 따라서 집합주택에서는 색채를 사용함으로써 디자인의 다양성을 추구하며, 색상의 대비와 보색 등의 효과를 활용하여 입면에서의 강조 부분을 더욱 강화시켜 줄 수 있다.[15]

색채 효과는 우선 건축재료 자체의 색상 효과를 그대로 드러내는 방법과, 인공적인 채색 작업을 통해 효과를 얻는 방법으로 구분할 수 있다. 집합주택을 예를 들면 아마도 후자의 방식은 근대 이후 비로소 등장했을 것이다. 대표적인 사례로 독일 근대 건축운동의 이벤트였던 슈투트가르트(Stuttgart)의 바이센호프 주거단지(Weiβenhof Siedlung)에서는 대부분의

©전남일

(위) 부드러운 질감의 입면(네덜란드 암스테르담 KNSM 지구)
(아래) 매끄러운 질감의 입면(독일 함부르크 팔켄리트 집합주택)

©전남일

(위) 백색의 근대 건축미학(독일 프랑크푸르트 뢰머슈타트 주거단지)
(가운데) 재료의 질감과 색감을 살린 입면(독일 프랑크푸르트 마인플라츠 레지던스 타워)
(아래) 다양한 색채가 사용된 파사드(스위스 취리히 주거단지)

건물들이 근대적 재료인 콘크리트 표면 위에 백색으로 채색되었다. 색채는 질감을 없애는 효과를 가져왔고, 매끈한 무위(無爲)의 색채인 백색은 근대적 미학의 표상이 되었다.

이와 대조적으로 포스트모던 시대에는 다양한 색채의 사용이 매우 중요한 표현 수단의 하나였다. 이후 건물의 외장에 색채가 다양하게 사용된 것은 단순한 채색 효과보다는 다양한 외장재 사용을 통해 더욱 풍부한 효과를 발휘하는 방향으로 변화했다.

주

1 Pallasma, Juhani, 김훈 역, 『건축과 감각』 (시공문화사, 2013), p.44.

2 Pallasma, Juhani, 김훈 역, 『건축과 감각』 (시공문화사, 2013), pp.44-45.

3 신태양, 『근대건축미학』 (태림문화사, 2012), p.154에서 재인용.

4 Mumford, Lewis, 김문환 역, 『예술과 기술』 (민음사, 1999). pp.145-146.

5 Schneider, Friederike, *Grundrißatlas — Floor Plan Atlas* (Basel: Birkhäuser, 1997), p.27.

6 발코니(balcony)는 건물의 파사드에 돌출된 외부공간으로, 지붕이 있거나 혹은 없는 경우 모두 해당된다. 한편, 로지아(loggia)는 건물의 파사드에 배치된 외부공간으로, 부분적으로 또는 완전히 건물의 경계 안쪽에 배치된 외부공간을 말한다.

7 전남일, 「집합주택의 개별적 외부공간의 계획에 대한 연구」, 『대한건축학회논문집』 24권 6호 (2008), p.139.

8 Michelis, Panayotis, A., 김진현 역, 『건축미학』 (까치, 2007), p.55.

9 Tatarkiewicz, Wladyslaw, 손효주 역, 『미학의 기본개념사』 (미술문화, 2001), p.205.

10 장정제, 『예술로서의 건축, 형태, 공간, 시간 그리고 춤추는 감각과 자유로운 세계』 (스페이스타임, 2009), p.75.

11 Michelis, Panayotis, A., 김진현 역, 『건축미학』 (까치, 2007), pp.424-425.

12 전남일 · 김준래, 「집합주택의 입면디자인 요소에 관한 연구」, 『한국주거학회논문집』 21권 5호 (2010), p.26.

13 장정제, 『예술로서의 건축, 형태, 공간, 시간 그리고 춤추는 감각과 자유로운 세계』 (스페이스타임, 2009), pp.98-99.

14 전남일 · 김준래, 「집합주택의 입면디자인 요소에 관한 연구」, 『한국주거학회논문집』 21권 5호 (2010), p.27에서 재인용.

15 전남일 · 김준래, 「집합주택의 입면디자인 요소에 관한 연구」, 『한국주거학회논문집』 21권 5호 (2010), p.27.

근대 두 거장의
건축미학

발터 그로피우스

1919년 발터 그로피우스(Walter Gropius, 1883~1969)는 앙리 반 데 벨데(Henry van de Velde)로부터 마이마르 예술공예학교 교장직을 물려받아 이를 예술아카데미와 통합하여 '국립 바우하우스(Staatliches Bauhaus)'라고 개명하고 초대 교장이 되었다. 바우하우스는 1925년 데사우로 이전하면서 '바우하우스 데사우(Bauhaus Dessau)'로 이름이 바뀌었다. 그는 바우하우스를 이끌면서 당시 근대기술이 사회의 모든 분야에 변혁을 초래하고 있고, 건축도 단순히 역사적 양식을 선택해 적용하는 것으로는 해결할 수 없는 문제에 직면했음을 간파했다. 이러한 문제의 해결은 종래의 전통적인 건축예술 범주와는 별개의 것으로, 구조물을 주체로 하는 공학적 건축 분야에서 가능한 것이었다.[1]

그로피우스에게 있어서 예술적 재능이란 '그 시대에 대한 최대한의 이념(Gedanken)'을 표현하는 것이었다. 또한 건축이란 그 시대의 기술에 대해 정직해야 하며, 그렇기 때문에 새로운 건축은 새로운 기술을 경험함으로써 도달할 수 있는 것이라 여겼다. 그는 새로운 건축에서 드러나는 형태는 그 시대의 정신적·사회적·기술적 조건에 따라 자연스럽게, 그리고 필연적으로 발전된 것이어야 한다고 주장했다.[2] 또한 그는 기술적 진보를 방해하는 종래의 아카데미적 미학(akademisches Ästhetentum)에 반대하는 입장이었고, 새로운 실체가 있는 건축 사조를 지향했다. 특히 그는 건축물의 '형태(Gestalt)'는 '본질(Wesen)'과 기능으로부터 도출되는 것이어야 한다는 입장을 취함으로써 기능주의의 핵심에 도달했다.

그렇지만 그로피우스는 순수한 기능주의자라기보다는 정신적 세계와의 균형을 도모하는 통합적 사고를 했다. 그는 기능과 구조를 결합하지만 단순히 사용의 측면만을 강조한 것은 아니며, 기능과 형태의 총체를 모색함으로써 예술가의 속성도 갖고 있었다.[3] 그의 통합적 건축

©전남일

데사우의 바우하우스 교사 모습

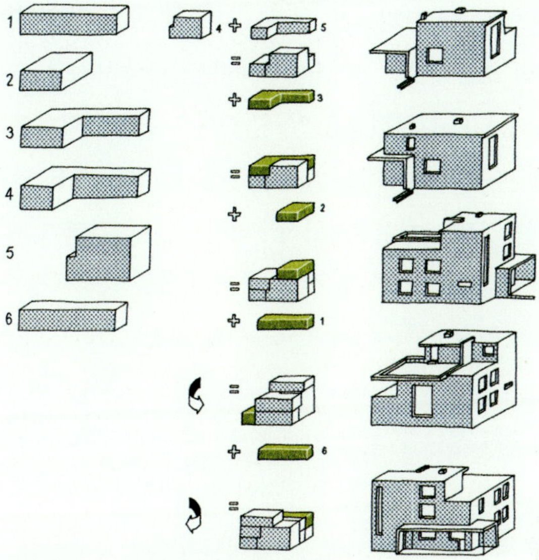

출처: Tatjana Schneider & Jeremy Till, *Flexible Housing*, Amsterdam: Architectural Press, 2007, p.22.

거주단위의 요소화

(integrated architecture)에서 새로운 형태들은 더 이상 개별적인 절대성이 아니라 공동체의 삶을 구성하기 위한 제안이었고, 그는 여기에 대중을 참여시킴으로써 공공의 이데올로기가 비약적으로 진보하도록 만들었다.[4] 이러한 인식의 주체가 되는 대상은 주거건축이었다.

그에게 새로운 건축은 '정확히 재단된 형태, 여러 가지의 단순함, 기능에 따른 구성, 전형적인 기본 형태로의 제한, 그리고 그것들의 연속과 반복'이라는 원칙을 갖는 것이었다. 그 실례로 1923년에는 기본 공간단위를 다양하게 조합함으로써 가장 전형적 유형이 되고 동시에 최대한의 가변성이 보장되는 기본 주거 타입들을 제시했다. 이는 부재와 요소들을 선택할 수 있는 가능성을 열어두는 것이 생산의 효율성을 보장해 줌과 동시에, 거주자에게는 개인의 취향에 따라 자신의 주거공간을 구성할 수 있게끔 한다는 인식으로부터 출발했다. 그로피우스가 주거공간을 단지 공업화 요소들의 조합체로만 본 것이 아니라, 거주의 내용을 수용하는 통합적인 총체적 생산물로 여겼음을 알 수 있다.[5] 그것이 현실적으로 구체화된 것은 그로피우스가 1922년 바우하우스의 교육과정을 합리적인 디자인을 강조하는 것으로 재구성하면서부터이다. 실제로 그의 초기 주택작품을 보면 처음부터 주거를 통해 근대건축의 이념을 실행한 것은 아니었다.

1921년 아돌프 마이어(Adolf Meyer)와 공동 설계한 베를린(Berlin)의 좀머펠트(Sommerfeld) 주택(1921)을 보면, 풍요로운 디테일이 적용된 다분히 표현주의적인 성향을 띠고 있음을 알 수 있다. 그로피우스의 바우하우스 철학을 엿볼 수 있는 초기 작품인 이 주택은 바우하우스에서 최초로 설계한 주택으로서 건축 · 공예 · 실내디자인의 총체적인 디자인을 지향한다. 또한 가구 및 실내 장식품, 그리고 미술품에 이르기까지 모든 디자인 영역에 다른 예술가들이 참여하였는데, 바우하우스의 초기 교육내용과 같이 조형적 원칙에 의한 리듬감, 형태미, 대비감 등을 공간에 부여했다. 또한 티크 목재로 된 조각적인 장식은 내 · 외부를 통틀어서 일관성 있게 하나의 건물에 결합되어 있다.[6]

이 건물은 표현주의적인 특성을 보이는데, 그것은 공예가와 장식가들이 합동으로 참여한 초기 작품이라는 것과 무관하지 않다. 그렇지만 그로피우스 자신은 나중에는 공예적 속성을 배제한 순수 산업화된 건축미를 지향하게 된다. 결국 표현주의는 그 후 등장한 신즉물주의에 밀려 혁신의 도구로서는 실패한 선례를 남기게 되었다. 표현적이고 몽상적인 관심사는 부르주아적 사치로 여겨졌고, 신즉물주의 지지자들에 의해서는 다시 정리할 필요가 있는 것으로 간주되었다.[7]

그로피우스 역시 이 작품 이후 표현주의를 배격하고 '대성당이 아니라 삶을 위한 기계'라는 슬로건을 내걸고 산업 시대의 대량생산을 위한 '참여예술'의 길을 걷기 시작했다.[8] 나아가 그는 1925년 바우하우

©Bauhaus-Archiv Berlin

©전남일

좀머펠트 주택

스 아카데미가 간행한 바우하우스 총서 1권의 표제로 '국제주의 건축(Internationale Architektur)'이라는 용어를 채택함과 동시에, 이를 자신의 건축활동의 강령으로 삼기에 이른다.

이후 그로피우스는 바우하우스의 교수들과 자신이 거주할 주택으로 1926년 데사우에 마이스터 주택(Meisterhäuser)을 설계하고 완공했다. 총 네 채로 이루어진 주택 중 세 채는 교수 여섯 가족을 위한 2호 연립이었고, 한 채는 자신이 거주할 주택이었다. 이 주택들은 소위 '거주의 기계로서의 즉물성(Wohnmaschinensachlichkeit)'을 보여주는 대표적 사례이며, 그로피우스는 하나의 시범주택 역할을 하는 이 주택들을 통해 바우하우스의 이상을 실현하고자 했다. 평지붕과 매끈한 벽체, 처마나 인방(引枋) 없이 벽체와 한 표면을 이루는 창은 조형적 순수주의의 정수를 보여준다.

그로피우스의 건축적 실험은 바우하우스의 전통으로부터 시작되었지만, 이 주택을 기점으로 그는 표현주의적 성향에서 완전히 탈피하였다. 건축에 있어서 회화적 접근이나 공예적 수단을 멀리하고 건축 자체의 미학에 집중하기 시작했다고 볼 수 있다. 근대주거로서 당시 최첨단 설비를 갖추고 가구 및 세세한 디테일에 이르기까지 세심하게 디자인하는 등 선견지명을 갖고 주거의 미래상에 대한 모델을 보여주었다.

이 주택들은 1년 뒤 바이센호프 주택전시회에서 선보일 백색 박스형 기능주의 주택의 선험적 모델이 되었다. 차갑고 깨끗한 이미지의 건물 조형은 빛과 그림자가 움직이는 배경이 되며, 이러한 주변 요소들과 함께 종합적인 예술적 구성미를 보여주도록 의도하였다.[9]

또한 건축 계획과 시공, 실내 인테리어에 이르기까지 완벽한 기술적 해결 과정을 거쳐 완성되었고, 특히 박스 형태와 디테일은 시공 과정에서의 비용 절감과 공기 단축을 염두에 둔 수학적 계산의 결과이다. 건물뿐만 아니라 그 안에서의 생활까지도 '근대적 삶'에 걸맞도록 조직되었다. 예컨대 생활하는 데 있어서 불필요한 부담에서 벗어나게끔 평면계획

©전남일 ©Bauhaus-Archiv Berlin

©전남일

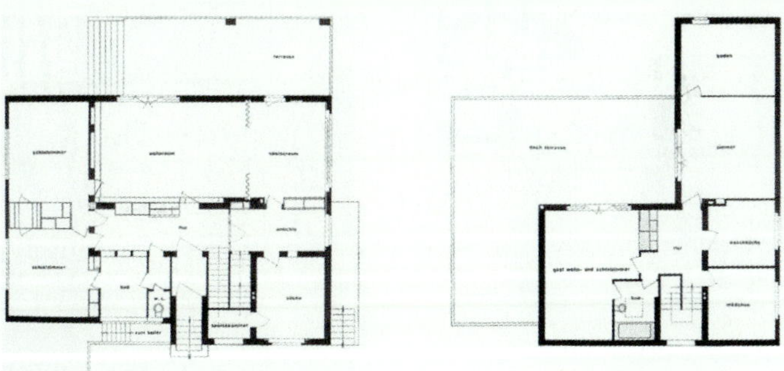

출처: Wolfgang Thöner, *Das Bauhaus Wohnt*, Berlin: Bauhaus-Archive, 2002, p.14.

바우하우스 교수들을 위한 마이스터 주택(그로피우스 자택)의 전경·실내
그리고 현재 모습과 그 평면도

©전남일

출처: Wolfgang Thöner, *Das Bauhaus Wohnt*, Berlin: Bauhaus-Archive, 2002, p.12.

바우하우스 교수들을 위한 마이스터 주택(클레와 칸딘스키를 위한 2호 연립주택)과 그 평면도과 기술적 디테일까지 신중하게 계획되었다. 그 안에서의 생활이 건강하고 충만하며 경제적이고 또 합리적으로 영위될 수 있도록 한 것인데, 이는 근대적 기능주의에서의 명제와 일치한다.

그로피우스에게 건축은 "삶의 과정을 형상화하는 것(Gestalten von Lebensvorgängen)"이었다. 이때 '게슈탈텐(Gestalten)'의 의미는 내용을 조직하고 구성하는 차원을 넘어서, 형태를 만들고 조형적으로 완성하는 의미를 분명히 내포하고 있다. 그는 공간의 목적과 의미는 건물의 매스와 기능적으로 명료하게 상호작용해야 한다고 했으며, "절대적 형상(absolutes Gestalt)"을 방해하는 어떠한 불필요한 요소도 제거하고자 했다. 또한 관습적인 규칙과 양식론으로부터 탈피하고자 했다.[10]

이 시대의 공학이 건축에서의 '구축법'을 의미하는 것이 아니라는 사례는 그가 1926년 건축한 데사우의 바우하우스 교사에서 극명하게 드러난다. 새로운 공학적 처리는 새로운 철과 유리라는 재료로부터 오는 투명함의 아름다움을 가져다주었다. 지그프리드 기디온(Sigfried Giedion)에 의하면, 이 건물의 유리 파사드는 건물 표면을 따라 걷게 함으로써 사용자에게 중첩된 뷰(view)를 제공하는데, 이를 건축에서의 진정한 시-공간(space-time) 적용 사례라 했다.[11] 또한 이를 '아쿠아리움' 효과라 했는데, 이는 미학적 측면이 종래의 기술적 한계와 구축법을 넘어선 사례임을 단적으로 말해준다. 여기서 건물의 하중을 처리하기 위한 기술은 결코 겉으로 드러나지 않는다. 유리 파사드는 마치 전체 건물을 거대하게 빛나는 '유리상자'처럼 보이게 하여, 외부의 관찰자의 입장에서 보면 그때까지 어떠한 건물에서도 경험하지 못한 경이로움을 선사한다.[12]

그로피우스가 설계한 바이센호프 주거단지 단독주택 17호(1929)는 단순한 정육면체 형태로, 그는 이를 통해 조립식 구조의 선구적 사례를 보여주고자 했다. 이 극단적 단순 형태는 공장생산되어 조립하는 건물 구조가 형태로 표출된 것이다. 이를 두고 평론가 에드가 베데폴(Edgar

©전남일

바우하우스 교사의 유리 파사드 내부와 외부(위, 가운데) 및 전경(아래)

Wedepohl)은 "바우하우스 정신의 독트린"이며 "무미건조하면서 현학적인 사조"라 평했다.

단독주택 16호는 1.06m×1.06m 그리드를 기본으로 하는 모듈화된 반건식 조립식 구조로, 큰 중공 콘크리트 블록 구조로 된 건물 외벽은 흰색 회벽칠로 마감되었다. 저렴한 재료를 저렴한 시공법으로 짓고자 한 의도는 결과적으로 단순하고 군더더기 없는 외관으로 드러난다. 큐빅 형태의 건물은 그리드를 포함하는 정사각형의 평면에 잘 부합되며, 소위 차가운 즉물성(Sachlichkeit)을 표현한다.[13] 그로피우스의 주택작품은 외적으로 즉물성을 표현한다면, 내적으로는 보편성을 추구한다. '보편성'을 내포한다는 것은 모듈화된 건축 재료를 바탕으로 생성된 공간의 규모와 구축의 질서를 통해 특수해가 아닌, 보편적인 기능과 생활을 담을 수 있는 '사용의 융통성'을 제공한다는 것을 의미한다. 실제로 내부에는 가변적으로 활용할 수 있는 벽체가 설치되었다.

또 하나의 특징은 날로 증대하는 큰 창에 대한 요구를 반영했다는 점이다. 거주자는 기술이 허락하는 한 햇빛, 환기, 전망을 위한 큰 창을 원하기 때문이다. 창은 모듈화된 치수를 적용하여 다양한 크기로 적용할 수 있도록 했다. 창에 대한 새로운 인식은 기밀성 확보, 개폐의 용이성, 프레임의 기능성 등을 확보할 수 있는 재료 및 기술의 개발과 함께 이루어졌다.[14] 즉 근대적 재료의 대표적 총아로서의 유리는 미학적으로 보았을 때는 투명성과 냉철함을, 기술적으로 보았을 때는 가벼움, 즉 경량성을 동시에 해결해 줄 수 있으며, 또한 거주자의 요구에도 부합할 수 있는 새로운 재료라는 점을 뚜렷하게 인식했던 것이다.

벽체에 대한 인식도 마찬가지였다. 그는 이제까지의 평범한 전통적 외벽 재료였던 조적식 구조나 그 위의 미장 등은 접합부를 가능한 최소화한, 즉 틈새 없는(nahtlos) 매끈한 재료, 예를 들면 프리패브 패널 등으로 대체되어야 한다고 주장했다. 이로써 습기나 기후에 견딜 수 있도

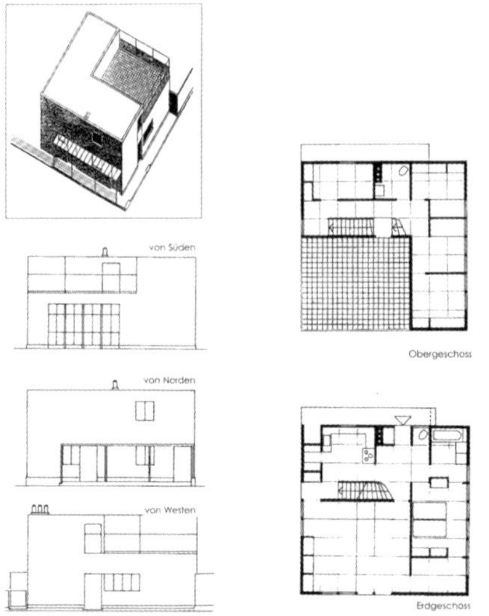

출처: Manfred Ulmer & Jörg Kurz, *Die Weißenhofsiedlung – Geschichte und Gegenwart*, Stuttgart: Hampp Verlag, 2009, p.104.

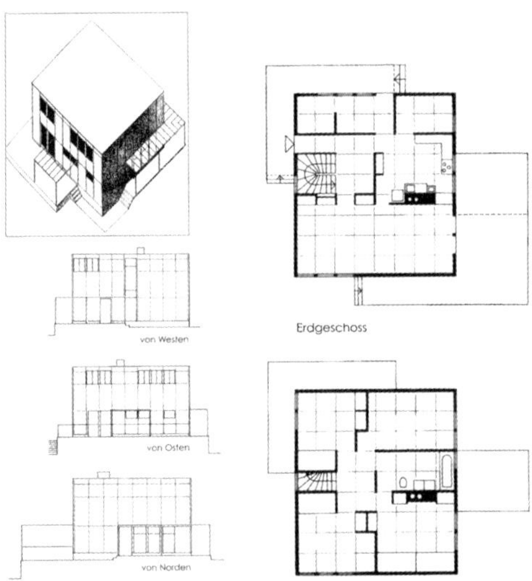

출처: Manfred Ulmer & Jörg Kurz, *Die Weißenhofsiedlung – Geschichte und Gegenwart*, Stuttgart: Hampp Verlag, 2009, p.107.

(위) 바이센호프 주거단지의 단독주택 16호
(아래) 바이센호프 주거단지의 단독주택 17호

출처: Deutscher Werkbund, *Bau und Wohnung*, Akad. Verlag, 1929, p.61(위 왼쪽), p.63(아래). p.65(위 오른쪽)

주택 16호와 17호의 전경 및 공사 과정

록 기능이 개선될 수 있다는 것이다. 매스 자체도 요철 없는 매끈한 형태가 건물의 물리적 성능을 담보하는 데 잘 부합된다. 즉 그로피우스의 주택에서 볼 수 있는 모던한 외관은 새로운 기능과 요구 및 그를 해결하기 위한 기술이 그 원천인 것이다. 기능과 요구가 곧 미학이 된다는 기능주의 원칙을 잘 보여준다.

그로피우스가 설계한 데사우의 퇴르텐(Törten) 주거단지(1927)는 그의 실용주의적 철학을 잘 보여주는 최초의 조립식 주택단지이다. 모든 주택은 박스형 단위로 이루어져 있고, 세대 간 설치된 콘크리트 내력벽을 구조의 기본으로 한다. 이를 바탕으로 여기에 부가되는 다른 모든 건축부재들은 규격화되어 디자인되었다. 구조체를 이루는 벽체는 외부에서 그대로 인식 가능한 건물의 분절 단위가 된다. 규격화와 표준화는 합

©Bauhaus-Archiv Berlin

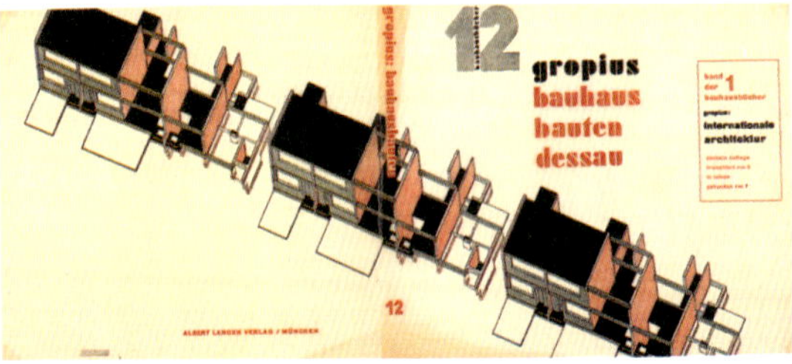

출처: Magdalena Droste, *Bauhaus*, Köln: Taschen, 1990, p.138.

퇴르텐 주거단지의 건설 직후 전경과 조립식 구조 개념

©전남일

퇴르텐 주거단지의 현재 모습

리적으로 저렴한 건물의 신속한 반복생산을 가능하게 해준다. 그래서 이러한 공업화 원칙을 가장 현실적으로 실현할 수 있는 대상은 단위세대가 반복적으로 배치되는 집합주택일 것이다. 더구나 전쟁 후 서민들에게 공급해야 할 주택을 생산하는 데는 이러한 패러다임이 더욱 필요했다.

그로피우스가 추구했던 것은 "기술과 공업이 건축적으로 실현되고, 그것을 통해 사회적 요구를 담아낸다"라는 근대사회의 이념이었으며, 이 주택단지를 통해 그 가능성을 타진해 보고자 했다.[15] 그렇지만 건축부재의 규격화는 반복되는 공간의 치수를 의미하며, 결국 그것이 구성하는 공간의 규격화를 동반한다. 박스형 상자가 일렬로 배치된 주거단지의 모습은 건물 자체로는 근대 국제주의 원칙에 가장 잘 부합되는 형태를, 그리고 그 안의 똑같은 단위세대 구성을 보여준다.

그는 건축부재의 표준화와 합리화를 주장했지만, 객관적인 기반으로서의 '조형 언어' 또한 중요시했다. 또한 "규격화는 각 개인을 불필요한 압박으로부터 개방하여 보다 고차원적인 데에서 자유롭게 조형력을 발휘할 수 있도록 한 것"이라고 했다. 실제로 그가 설계한 데사우의 퇴르텐 주거단지(1927), 칼스루에(Karlsruhe)의 담머스톡(Dammerstock) 주거단지(1928), 베를린 지멘스슈타트(Siemensstadt, 1929) 등에서는 규격과 기준에 충실하면서도 조형성이 풍부한 건축이 가능하다는 것을 증명했다.[16]

프랑크푸르트(Frankfurt)의 린덴바움(Lindenbaum) 주거단지(1929) 사례를 보면, 표현주의에 대한 미련이 남아 있음을 엿볼 수 있다. 매스는 부분적으로 분절되었고, 여기에 부가된 분홍빛이 감도는 스터코(stucco, 회벽) 마감의 외피는 서로 잘 조화되는 미적 조형미를 선사한다. 또한 개방형 돌출 발코니가 절제된 변화감을 부여하며, 일부 발코니의 곡면 처리에는 대중의 취향과 일상을 존중하는 의식이 반영되었다. 창과 발코니의 세련된 디테일은 이 주거단지에 적용된 기술의 기여를 숨기지 않는다.

그로피우스는 전통적 양식과는 다른 방법론을 취하는 태도를 가졌

©전남일

프랑크푸르트의 린덴바움 주거단지

지만, 또 다른 의미에서의 양식을 창출함으로써 건축사의 새로운 전기를 마련했다. 이를 구현하는 창구는 주거건축이었다. 여기서 '모방과 답습'을 통한 양식 창출이 아니라, 시대적 산물로서 '양식과 미학'을 창출하는 그의 주거건축의 철학과 전통을 볼 수 있다.

"전통적인 복장이 아니라 모던한 옷을 입는 근대적 인간은 이에 따라 시대에 맞는 근대적 집, 즉 일상생활을 위한 근대적 장치들이 장착된 집을 필요로 한다"라고 한 그로피우스의 주장[17]은 이를 대변한다. 이러한 바우하우스의 정신은 오늘날까지 면면히 이어지고 있다.

©전남일

베를린의 바우하우스 아카이브

루트비히 미스 반 데어 로에

그로피우스가 사회와 대중을 위한 건축에 눈을 돌려 기술적 해법에 집중함으로써 기능주의 및 국제주의 양식이라는 새로운 양식을 창출하고 기계적·기능적 해법에 부응하는 실용적 조형성을 추구했다면, 루트비히 미스 반 데어 로에(Ludwig Mies van der Rohe, 1886~1969, 이하 미스)는 모더니즘의 정수를 보여줄 수 있는 미학적 순수미에 더욱 집중했다고 볼 수 있다.

그의 건축에는 근대 건물들이 보여주는 "일관되게 적용된 자율적인 미학 법칙들의 결과"[18]로서의 건축 철학이 내재되어 있다. 그의 메시지 "적을수록 많다(Less is more)"는 20세기 초 건축과 디자인이 추구했던 기계미학의 정신을 가장 상징적으로 보여준다. 이는 "장식이 적을수록 그 의미는 풍부해진다", "형식을 절제할수록 본질에 가까워진다", "과거의 양식과 결별할수록 새로운 시대를 더 잘 맞이할 수 있다" 등으로 해석할 수 있는데, 여기에는 근대화·산업화 과정에서 새로운 시대에 부합하는 새로운 미학을 꿈꾸었던 미스의 아방가르드적 이상이 반영되어 있다.[19]

미스는 당시 등장한 새로운 근대적 재료인 철·유리 등에서 즉물적인 미학을 발견했고, 이를 예술적 작품으로 승화시켰다. 그는 일생의 작업에서 건축에 있어서의 정신적 가치를 추구했는데, 선험적 형태와 역사적인 것으로부터 탈피하여 새로운 시대의 가치를 발견하고 산업기술의 질서를 따르는 것을 철학으로 삼았다.

단독주택과 집합주택을 망라하여 미스의 건축에서 볼 수 있는 작품의 특성은 객관성이다. 미스는 자신의 표현을 찾으려고 한 것이 아니라, 오히려 그가 취급하는 대상의 성격, 사용하는 구조 및 재료 등에 근거한 표현을 찾고자 했다. 특히 그가 발전시킨 철골 구조는 근대건축의 가장 위대한 업적이라 할 수 있는데, 재료와 구조의 본질을 탐구하고 이를 건축적 수단으로 삼은 것이다. 그에 의하면 구조는 건물의 용도보다 더 중요하며, 용도는 변화할 수 있지만 구조는 그대로 남는다는 것이다.[20] 그는 건축과 구조 사이에 대립이 존재하지 않는다고 생각했으며, 건축과 구조는 항상 서로 조화를 이루고 있다고 믿었다. 이것이 미스가 존중하는 '기술적 질서'였으며, 진정한 건축의 가치였다.

구조와 재료로부터 출발했으나 결국 그의 건축은 이를 초월하여 정신적인 것으로까지 승화시키고 예술의 영역으로 끌어올렸다는 것이 가장 특별한 점일 것이다. 이것을 미학적으로 실현하는 구체적 수단은 '디테일과 비례'였고, 이는 곧 '구조의 명료성'으로 이어졌다.

또한 그는 모든 선입관에 의한 형태 개념과 모든 이론에 반대했다. 그가 미학적 공론가의 통제로부터 건물의 실무를 해방시키고 단순성 속에서 건축의 본래 모습을 복원시키고자 한 입장은 다음과 같은 글들에서 잘 나타난다.[21]

> 우리 시대의 전체적인 경향은 세속적인 것을 향하고 있다…우리는 대성당을 세우지 않을 것이다. 낭만주의의 용감한 몸짓도 우리에게는 아무런 의미가 없다. 왜냐하면 그 뒤에는 공허한 형태만 존재하고 있다는 것을 알고 있기 때문이다. 우리 시대는 파토스(pathos)의 시대가 아니다. 우리는 이성과 사실주의를 높이 평가하는 것만큼 정신의 비약을 존경하지 않는다.

> 우리는 모든 미학적 공론, 모든 교리, 모든 형식주의를 거부한다. 건축은 공간으로 번역된 살아 있고 변화하는 새로운 시대의 의지이다. 어제도 아니고 내일도 아니고 단지 오늘만이 형태를 만들 수 있다. 이러한 건물 유형만이 창조적일 수 있다. 우리 시대의 방법으로 우리 과제의 본질에서부터 형태를 창조하도록 하자.

우리는 형태의 문제를 인식하는 것을 거부하고 단지 건물의 문제만을 생각한다. 형태는 우리 작업의 목적이 아니라 결과일 뿐이다. 형태 그 자체는 단독으로 존재하지 않는다. 목적으로서의 형태는 형식주의며, 우리는 그것을 거부한다.

미스는 1923년에 베를린에서 잡지이자 그룹인 'G-그룹'의 창단 멤버가 되었다. 'G'는 Gestaltung(게슈탈퉁)의 약자로서 '조형·형태 행위'를 뜻한다. 이 그룹은 '형태주의(formalism)'에 대한 입장을 표명함에 있어서 '새로운 즉물성(Neue Sachlichkeit: new objectivity)'에 의존했다. 그들은 즉물성에 연계된 형태를 실질적이고 구조적인 측면과 연계하고 이를 이론적으로 뒷받침하고자 했다.

지어지지는 않았으나 그의 공간과 건축에 대한 이상을 읽을 수 있는 계획안은 1923년 설계한 브릭 빌라(brick villa)이다. 평면은 다양한 길이와 두께를 갖는 직선들의 조합으로 이루어졌고, 이것들은 외곽으로 무한이 연장됨과 동시에 내부로는 깊숙이 파고들어 경관을 끌어들인다. 벽

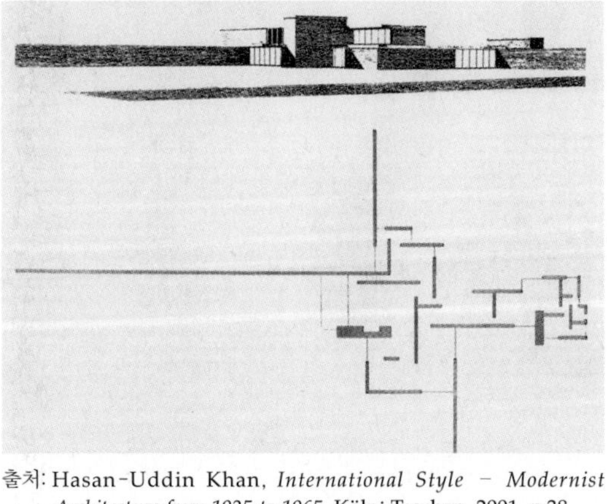

출처: Hasan-Uddin Khan, *International Style – Modernist Architecture from 1925 to 1965*, Köln: Taschen, 2001, p.38.

브릭 빌라

체는 독립해서 서 있는 건축 요소로 변형되고 있다. 벽체들은 서로 어긋나면서 내부의 열린 개구부를 형성하고, 이로써 내부의 공간들은 중첩된다. 건물은 1, 2층의 층고를 갖는 평지붕의 매스로 구성되었고, 일정한 축(axis) 없이 자유롭게 배치되어 있다.[22]

미스는 초창기 볼프 주택(Haus Wolf, 1927), 렘케 주택(Haus Lemke, 1932) 등 주로 단독주택을 설계했으나, 집합주택에도 관심을 갖기 시작했다. 그가 설계한 최초의 집합주택은 베를린의 아프리카니쉐가(Afrikanischestr.) 주거단지(1927)이다. 노동자들을 위한 이 주택은 모두 네 동으로 이루어져 있는데, 건물의 구성을 보면 독일 전통의 중정형 주택의 유산이 남아 있음을 알 수 있다. 가로에 면해서 3층의 긴 벽면이 세워져 있고, 그 양옆으로 2층의 매스가 직각으로 추가되어 후면의 공동 오픈 스페이스를 형성한다.

이 건물은 콘크리트 블록의 내력벽 구조이며, 외피는 거친 스터코로 마감되어 있다. 또한 지붕층, 창, 계단실 등에 부분적으로 목재 디테일이 적용되어 장식 효과를 준다. 대칭적 형태, 창의 구성, 조적식 구조, U자형의 블록플랜, 부분적인 장식의 선택, 벽기둥 등의 특징은 미스 건축에 있어서의 네오클래식적 영향력을 보여준다. 동시에 장식의 절제, 수평성의 강조, 평지붕 도입 등 당시로서 혁신적 시도들은 미스의 후일 작품 성향을 짐작케 한다.[23]

또한 이 주거단지 구성의 특징은 첫째, 미스 초기 단독주택에서 볼 수 있는 매스의 중첩 원칙을 보여준다는 점, 둘째, 길에 병행하는 방식이 길과 직각을 이루는 자일렌바우(Zeilenbau), 즉 일자형 주거단지의 배치와 상이하다는 점이다. 그렇지만 기능적으로는 거주자의 위생과 건강 등을 중요하게 여겨 근대적 설비들을 갖추었다. 이 주거단지는 그가 나중에 추구하는 기능주의 주거건축과 독일 전통건축 사이의 과도기적 성향을 보여준다.

©전남일

미스의 베를린 아프리카니쉐가 주거단지

브릭 빌라는 지어지지 않았지만, 이와 유사한 원칙의 작품이 몇 년 후 크레펠트(Krefeld)의 랑에 주택(Haus Lange, 1927)과 에스터 주택(Haus Ester, 1928)을 통해서 실현되었다. 인접해서 지은 이 두 채의 주택은 크레펠트의 방직회사 소유주인 두 가족을 위해 지은 것이었다.[24]

원래는 기본적으로 평면이 개방적으로 구성되었는데, 거주자들의 필요에 따라 일부 칸막이가 더해졌다. 넓은 테라스와 발코니는 내부와 외부의 중간 영역을 형성하여 브릭 빌라에서의 '공간의 연장'이라는 아이디어를 보다 완화하여 보여주고 있다.

이 주택들은 미스에게 있어서는 전통과 모던의 중간적 위치에 있는 작품이다. 당시로서는 혁신적인 철골 구조로 이루어졌고, 여기에 전통 재료인 벽돌을 사용해 마감하여 재료의 표현을 풍부하게 하였다. 그렇지만 재료의 표현만을 제외하고 본다면 근대적 구조에 더해진 큰 창과 직방체의 매스는 이후의 작품과 다르지 않은 혁신성을 보인다.

또한 그는 인테리어 디자이너였던 릴리 라이히(Lilly Reich)와의 협업으로 램프, 의자, 벽장 등을 디자인하여 적재적소에 배치하였다. 이 주택은 건물과 내부공간 구성 요소를 통합적으로 디자인하는 방식, 즉 바우하우스의 토털 디자인(total design) 전통이 고스란히 적용되었음을 알 수 있다.

이 두 주택에서 건물이 주변과 소통하는 방식은 브릭 빌라에서의 과장된 벽체 연장과 같은 맥락이지만, 그보다 절제된 포치 및 외부 벽체로 나타난다. 이런 부분은 테라스 및 포치 하부의 그늘 공간을 형성한다. 또한 정원의 연장된 벽체들은 자연스럽게 두 주택 사이의 경계를 이루면서 건물과 일체화된 조형 요소가 된다.

이때까지도 미스의 주택에서 창은 전통적인 개구(開口) 방식(punch)을 유지하고 있다. 벽돌이 가지고 있는 중압감과의 타협인 것이다. 그렇지만 그 면적은 확연히 커졌음을 알 수 있다. 창 역시 내부에서 큰 프레

©전남일

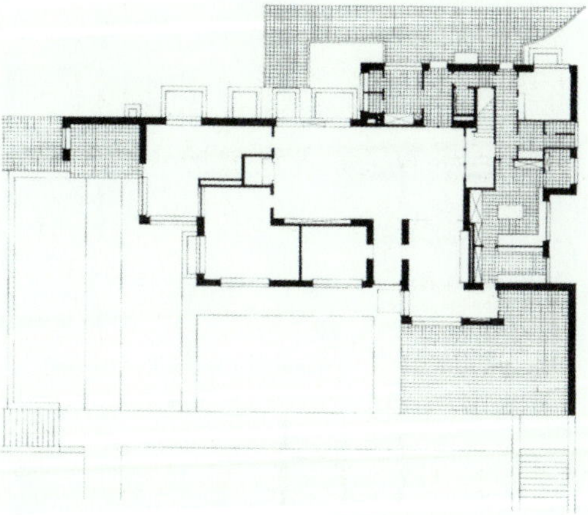

출처: 고형래 편역, 『건축의 예언가들』, 현대건축사, 1999, p.319.

랑에 주택 전경과 평면도

©전남일

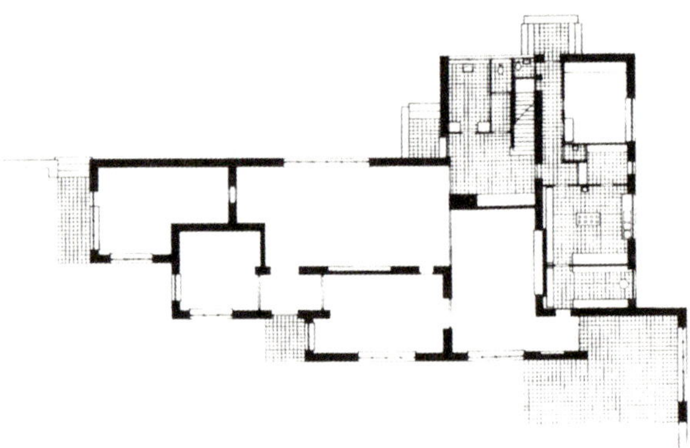

출처: 고형래 편역, 『건축의 예언가들』, 현대건축사, 1999, p.319.

에스터 주택 전경과 평면도

임을 통해 주변을 끌어들이는 역할을 하도록 했다. 후일의 작품에서 보면 주택 내·외부의 소통방식은 주로 전면의 통창으로 집중된다.

랑에 주택에서는 '개개의 방을 나열하는 것보다는 공간적 효과의 연속'이라는 브릭 빌라에서의 미스의 공간구성 원칙이 어느 정도 구현되었다.[25] 이러한 개방적 공간구성 원칙의 연장선상에서 지어진 대표적인 사례가 1929년 설계한 바르셀로나(Barcelona) 만국박람회의 독일관(Barcelona Pavilion)이다. 이는 바이마르(Weimar) 공화국의 이상인 '개방성, 자유, 근대성, 국제주의(openness, liberality, modernity, internationalism)'[26]의 이념을 국제적으로 홍보하기 위한 상징적 건물로 디자인된 것이었다. 그때까지의 국제박람회 건물은 그 지역 또는 국가를 대표하는 '지역주의(national style)'를 표현하는 것이 일반적이었다. 그러나 이 건물은 그와 반대로 새로운 시대가 추구하는 이상을 대표했으며, 그것은 '명료성, 단순성, 솔직성(clarity, simplicity, honesty)'을 의미했다.[27]

이 건물은 이후 주류로 등장할 모더니즘의 혁신성을 대표하는 작품이라 할 수 있다. 크롬으로 도금한 십자형 기둥은 재료를 최소한으로 사용하면서 혁신적 재료가 줄 수 있는 구조미를 표현하고 있다. 달리 말하면, 합리성과 경제성으로 창조할 수 있는 무한한 공간과 장소 생성의 가능성을 보여주고 있는 것이다. 개방된 내·외부의 공간구성은 근대적 생활상을 반영한 평면의 원칙을 더욱 극명하게 보여준다. 고정적인 평면이 아니라, 거주자 스스로 생활의 공간을 규정할 수 있는 여지를 부여하고자 한 것이다. 이는 바이센호프 주거단지의 아파트 블록 평면 개념과 일맥상통한다.

가벼운 기둥들이 떠받치는 열린 공간, 캔틸레버(cantilever)의 날렵한 지붕, 유동적 공간은 구조 및 재료에 구속되지 않는 공간의 자유를 의미한다. 여기에 더해 채색된 유리, 거울과 같이 빛나는 대리석, 크롬 도금의 가구 프레임이 주는 광택 등이 모두 조화롭게 어울리면서 다양한 방

©박혜선

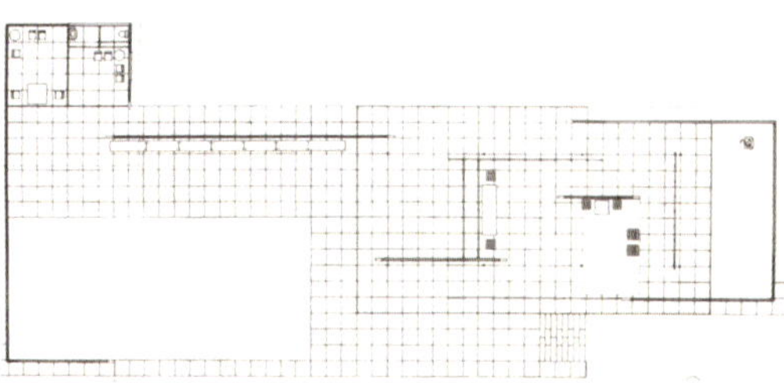

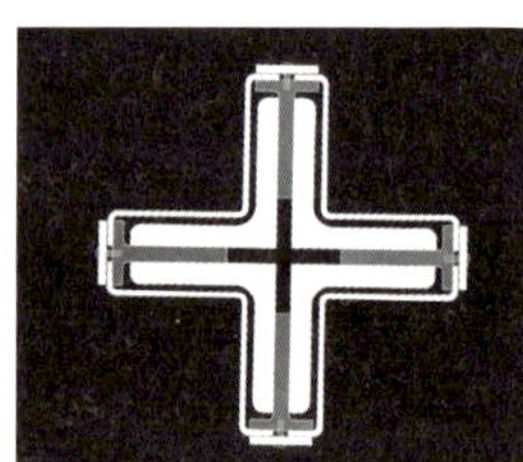

출처: Vitra Design Museum(Ed.), *Mies van der Rohe*, Weil am Rhein: Skira, 1998, p.163(오른쪽), p.176(왼쪽).

바르셀로나 파빌리온의 전경과 내부(위, 가운데) 및 평면과 철골 단면도(아래)

식으로 투명성을 표현함으로써 미학적 완성도를 높였다.[28] 미스에게는 재료의 특성을 이해하고 이를 구조와 디테일 설계로 풀어내는 것이 곧 미학의 완성이었다.

또 하나 미스 건축의 모던 원칙은 '차가움 속의 시각적 조화'라 할 수 있다. 대칭적이거나 축을 강조하는 형식상의 엄격함과는 거리를 두고, 오히려 자유로운 시각적 즐거움을 추구하는 것이 조형 원칙이라 할 수 있다. 집합주택이나 오피스 건물을 제외하고는 규칙적 질서보다는 차갑지만 경직되지 않은 새로운 형식의 질서미를 보여주고 있다. 즉 각기 다른 건물의 요소들을 조화시키는 비례감과 기하학적 구성에 비중을 두어 이를 총체적인 미적 대상으로 완성시키는 것이다.[29]

또한 크롬, 대리석, 유리, 수(水)공간 등이 조화를 이루는 시각적 즐거움, 차가운 감성적 디자인이 모던함을 상징적으로 표현한다. 군더더기 없는 순수한 형태와 재료의 사용은 단순하지만 세련된 미적 감성을 드러내 준다. 다양한 재료는 재료 자체의 감성만을 솔직하게 표현해 줄 뿐, 어떠한 장식적 기교나 변형이 적용되지 않았기 때문이다.

이러한 특성이 가장 잘 드러나는 또 하나의 사례는 체코의 브르노(Brno)에 위치한 투겐다트(Tugendhat) 저택(1930)이다. 이 건물은 경사지를 이용하여 1, 2층의 후면이 언덕에 묻히고 거실·식당·응접실이 있는 전면과 측면만이 외기에 면하도록 설계되어 전·후면의 개방성과 폐쇄성의 대비가 극명하다. 전면 거실의 유리는 내부와 외부의 경계를 모호하게 해주며, 열린 내부공간에는 크롬 도금의 십자형 기둥이 천장과 바닥 사이의 구축 요소로서 존재한다. 천장과 바닥 역시 건축적 요소를 가능한 배제하여 밋밋하게 남겨 놓았는데, 이는 공간의 영속성이라는 개념을 유지하고자 한 것이다.[30]

내부에서는 바르셀로나 독일관에서와 같은 유동하는 열린 공간을 담아내었고, 완결된 기하학 형태인 원형 공간을 부분적으로 적용한 것을

©전남일

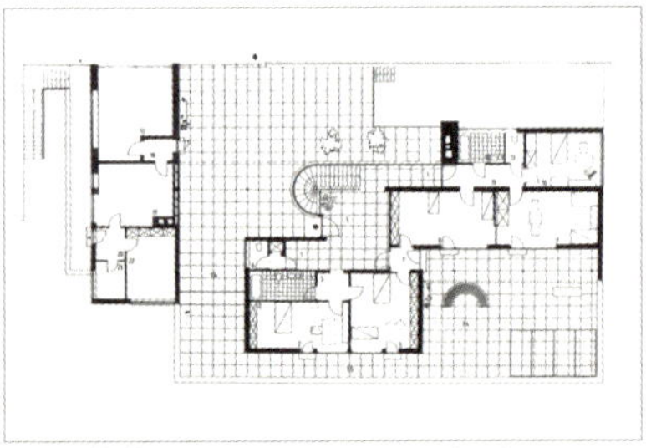

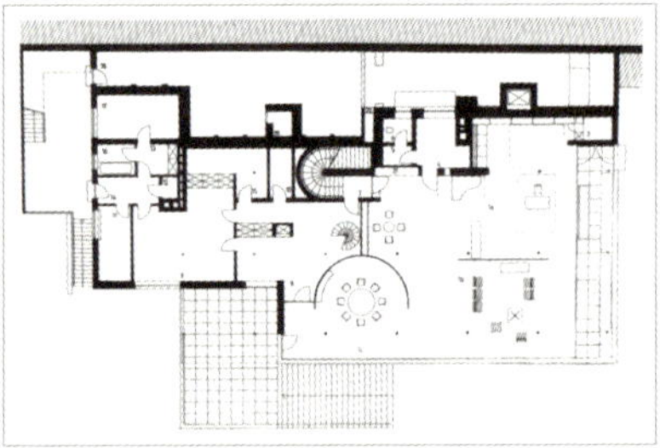

출처: Vitra Design Museum(Ed.), *Mies van der Rohe*, Weil am Rhein: Skira, 1998, p.188.

투겐다트 주택의 전경 및 내부(위, 가운데)와 평면도(아래)

볼 수 있다. 넓은 개방형 거실은 오닉스(onyx) 파티션과 반원형의 흑단(ebony) 파티션으로 영역이 나뉘어져 있다. 여기서는 미스의 트레이드마크인 철재 캔틸레버 의자와 바르셀로나 체어가 적재적소에 배치되었고, 그것이 공간에 성격을 부여한다. 예를 들어, 가구를 옮긴다면 그 공간의 성격까지 무너지는 것이다. '절대적 필요성(absolutely necessary)'에 의한 가구의 배치, 오닉스와 같이 값비싼 재료가 주는 우아함 등이 서로 조화되어 궁극적 미와 화려함을 제공한다.[31]

이렇게 꼭 필요한 최소한의 실내 구성 요소를 적용한 구축체는 구상

©Victor Grigas

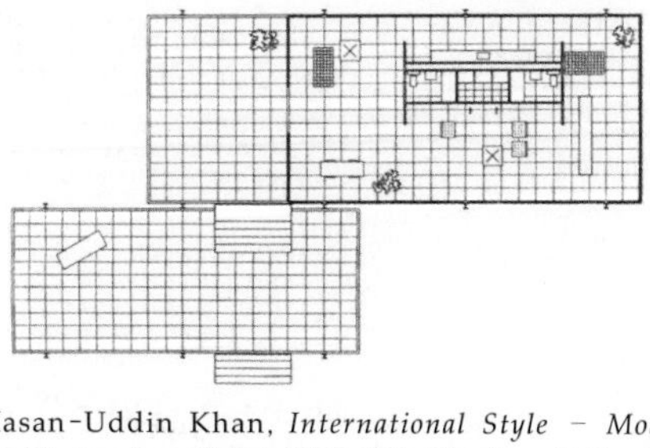

출처: Hasan-Uddin Khan, *International Style – Modernist Architecture from 1925 to 1965*, Köln: Taschen, 2001, p.156.

판스워스 주택의 전경과 평면도

의 흔적을 최소한으로 담아내며, '추상(균질성)과 구상(특정 기능)의 공존'이라는 미니멀적 성향을 다분히 내포하고 있다.[32] 이러한 성향은 결국 "적을수록 많다(Less is more)"라는 명제에 이르며, 이는 그가 추구하는 근대건축의 미학을 함축적으로 설명한다.

미스가 미국에 이주한 이후 설계한 판스워스(Farnsworth) 주택(1951)은 주거공간에 필요한 최소한의 요소만 남겨두고 불필요한 요소는 모두 삭제된, 정제된 미니멀 디자인의 극단적인 예이다. 대지로부터 띄워 올려진 매스는 철골 구조로 지탱되고, 구조체 외 매스를 구성하는 요소는 내·외부를 최소한으로 경계지어 주는 유리면이다.

특히 미니멀한 효과는 내부공간의 '비움'이라는 수단으로 극대화된다. 최소한의 차단이 필요한 공간을 제외하고 내부의 벽체를 제거하였으며, 설비가 필요한 부엌 및 화장실 외의 기능은 매우 유동적이다. 공간적 요소는 오로지 단위공간의 경계와 주거의 근원적 기능을 충족시켜 주는 최소한의 장치이다. 단순 기하 형태를 추구하면서 물리적인 물성만이 외부로 드러나는 콘크리트나 유리를 사용하며, 빛에 의한 투명성과 모호성으로 건물의 존재감 자체를 극대화시키고자 하는 의도를 보여준다.[33]

주

1 勝見 勝 외, 박대순 역, 『현대 디자인 이론의 사상가들』 (미진사, 1984), p.69.

2 Lampugnani, Vittorio Magnago(Ed.), *Die Architektur, die Tradition und der Ort: Regionalismen in der europäischen Stadt* (Stuttgart: Wüstenrot Stiftung, 2000), p.73.

3 Biermann, Veronica, *Architektur Theorie von der Renaissance bis Gegenwart* (Köln: Taschen, 2003), p.725, 728.

4 Hays, K. Michael, 봉일범 역, 『1968년 이후의 건축이론』 (스페이스타임, 2003), p.29.

5 Schneider, Tatjana & Jeremy Till, *Flexible Housing* (Amsterdam: Architectural Press, 2007), p.22.

6 Droste, Magdalena, *Bauhaus* (Köln: Taschen, 1990), pp.44-45.

7 Behr, Shulamith, 김숙 역, 『표현주의』 (열화당, 2003), p.72.

8 Risebero, Bill, 박인석 역, 『건축의 사회사 — 산업혁명에서 포스트모던까지』 (열화당, 2008), pp.244-247.

9 Droste, Magdalena, *Bauhaus* (Köln: Taschen, 1990), pp.126-128.

10 Thöner, Wolfgang, *Das Bauhaus Wohnt* (Berlin: Bauhaus-Archive, 2002), p.6, 7

11 Weston, Richard, *Modernism* (New York: Phaidon, 1996), p.119.

12 Droste, Magdalena, *Bauhaus* (Köln: Taschen, 1990), p.122.

13 바이센호프 주거단지 전시회 도록의 설명 내용.

14 Deutscher Werkbund(Ed.), *Bau und Wohnung* (Stuttgart: Karl Krämer Verlag, 1992), p.67.

15 Droste, Magdalena, *Bauhaus* (Köln: Taschen, 1990), p.132.

16 勝見 勝 외, 박대순 역, 『현대 디자인 이론의 사상가들』 (미진사, 1984), p.72.

17 Weston, Richard, *Modernism* (New York: Phaidon, 1996), p.91.

18 Hays, K. Michael, 봉일범 역, 『1968년 이후의 건축이론』(스페이스타임, 2003), p.557.

19 강현주 외, 『열두 줄의 20세기 디자인사』(디자인하우스, 2005), p.50.

20 Hilberseimer, Ludwig, 윤재희·지연순 역, 『근대건축의 역사』(세진사, 2000), pp.233-235에서 재구성.

21 Hilberseimer, Ludwig, 윤재희·지연순 역, 『근대건축의 역사』(세진사, 2000), pp.158-159, 233-235에서 재구성.

22 Curtis, j. r. William, *Modern Architecture since 1900* (New York: Phaidon, 2005), pp.189-191; Hilberseimer, Ludwig, 윤재희·지연순 역, 『근대건축의 역사』(세진사, 2000), p.160.

23 Riley, Terence & Barry Bergdoll, *Mies in Berlin* (New York: The Museum of Modern Art, 2001), p.106.

24 이 건물은 후에 그 가족으로부터 기증받아 시의 미술관으로 개조되어 지금까지 시용되고 있다.

25 Riley, Terence & Barry Bergdoll, *Mies in Berlin* (New York: The Museum of Modern Art, 2001), p.221.

26 Curtis, William, *Modern Architecture since 1900* (New York: Phaidon, 2005), p.271.

27 Vitra Design Museum(Ed.), *Mies van der Rohe* (Weil am Rhein: Skira, 1998), p.161.

28 Vitra Design Museum(Ed.), *Mies van der Rohe* (Weil am Rhein: Skira, 1998), p.164.

29 Khan, Hasan-Uddin, *International Style — Modernist Architecture from 1925 to 1965* (Köln: Taschen, 2001), p.70.

30 Vitra Design Museum(Ed.), *Mies van der Rohe* (Weil am Rhein: Skira, 1998), p.189.

31 Vitra Design Museum(Ed.), *Mies van der Rohe* (Weil am Rhein: Skira, 1998), pp.40-41.

32 임석재, 『미니멀리즘과 상대주의 공간 — 뉴욕5 건축과 공간 운동』(시공사, 1999), p.20.

33 전남일, 「유럽 집합주택 디자인의 미니멀 특성으로 본 현대 주거건축의 개념변화」, 『대한건축학회논문집』 27권 11호 (2011).

2부

독일 근현대 주거건축의 양식과 시대정신

국제주의 건축과 기능주의:
20세기 초반

근대 건축운동의 창발

20세기 초 독일은 생산 형태가 수공업에서 기계생산으로 변화하는 사회적 변혁의 시대를 맞이했다. 독일공작연맹(Deutscher Werkbund)은 일상생활에서 사용되는 대상들의 새로운 형태를 추구하려는 목적에서 1907년 최초로 결성되었으며, 여기에 건축이 포함되었다. 이는 원래 예술·공예·산업의 합일을 제안한 윌리엄 모리스(William Moris)의 이상을 모델로 한 것이었으며, 기계를 이용한 양산 체제를 수용하는 입장이 우선되었다.[1] 이때 예술·산업·공업·상업 각계의 여러 노력을 결집하여 제품의 질 향상을 목표로 하고, 또한 물건을 생산하는 능력을 고취하자는 것이 큰 이슈가 되었다. 이는 생산의 가치관이 크게 전환된 것으로서, '기계의 긍정'이라는 획기적인 이데올로기로의 전환을 의미했다.[2]

이로써 기존의 맥락으로부터 벗어나 과학적으로 객관화된 양식들이 무작위적으로 배치되면서 역사주의는 이상주의로 방향을 선회했고, 건축의 영역은 '부르주아의 일상적인 삶'이라는 진부함으로부터 분리되어 보다 대중에게 접근하게 되었다.[3] 독일공작연맹을 시작으로 1912년에는 오스트리아에서, 1913년에는 스위스와 체코슬로바키아에서도 공작연맹이 결성되었으며, 공작연맹은 1920~1930년대에 유럽 각지에서 크고 작은 주택전시회를 개최했다.

공작연맹의 근대건축에의 기여는 주거 부문에서 더욱 두드러진다. 주택이 생산품으로서 또 소비재로서 여겨지는 패러다임의 변화를 가져왔고, 대량생산을 합리화하는 기반을 제공했다. 이 운동의 중심인물은 헤르만 무테지우스(Herman Muthesius)였고, 새로운 시대의 새로운 조형은 즉물적(Sachlichkeit) 형상에서 비롯된다는 조형관이 이 운동의 골자였다.[4] 공작연맹은 공장에서 생산하기 적합하다는 이유에서 장식 없는 형식의 우월성을 강조했다. 그 철학은 "장식은 불완전성을 위장하기 위한 유아기적 문명의 본능적 노력이다"라는 호라시오 그리노프(Horatio Greenough)[5]의 관점, 그리고 "장식은 죄악이다"라는 아돌프 로스(Adolf Loos)[6]의 관점을 수용하여 '장식이 없는 형식'을 얻으려는 것이었다.[7]

근대 건축운동에서 장식은 매우 불리한 위치에 서게 되었으며, 이를 대신하여 기능적인 형식, 단순하고 규칙적이며 기하학적인 형식에 대한 선호가 우위를 차지했다. 근대 건축운동에는 무엇보다도 거짓된 장식과 키치(kitch), 그리고 절충주의 형태를 받드는 부르주아 문화의 속물 근성에 대한 거부를 포함하고 있었다. 그보다 순수함과 진정성에 대한 갈망이 우선시되었으며, 모든 장식은 받아들일 수 없는 것이 되었다. 대신 진정성은 재료 사용에서 획득되고, 구축 논리가 형태 언어에서 보다 명확하게 보여야 한다고 생각되었다.[8] 이는 결국 도시를 채우는 건축물들, 많은 경우 주거 건축물이 단순 명료한 외관으로 점차 대체되는 결과로 이어졌다.

한편, '11월 그룹(Novembergruppe)'으로부터 잡지 'G(Gestaltung)', 그리고 '베를린 링(Berlin Ring)'에 이르기까지 가장 진보적이고 정치적 성향이 강했던 집단에서부터 시작된 1920년대의 건축운동은 스스로를 기술적으로 정의하기 시작했으며, '예술의 죽음' 혹은 '순수하게 기술적인 지식인들의 역할'이라는 아방가르드들의 결말을 명료하고 객관적으로 받아들였다. 이때 신즉물주의(Neue Sachlichkeit)는 디자인의 방법을 이상화된 일관적 작업 구조에 적합하도록 만들었다. 즉 산업적인 노동의 형식과 방법이 디자인을 구성하는 한 부분이 된 것이다. 그 결과는 미학적인 경험 자체에 혁명을 일으키는 것이었다. 그 자체로 감정의 대상으로서 제시되고 경험되며, 그렇게 이용되는 것 자체가 오브제가 아니라 온전한 프로세스가 되었다. 즉 미스 반 데어 로에(이하 미스)나 그로피우스의 '열린' 공간들을 채우도록 되어 있는 사용자들이야말로 그 프로세스의 중심 요소였고, 건축은 대중을 디자인에 참여하도록 끌어들였다.[9]

1919년 그로피우스에 의해 바이마르(Weimar)에 설립된 바우하우스(Bauhaus)는 미술·공예·건축을 통합한 새로운 교육 시스템을 갖추고 근대적 생활에 적합한 총체적인 공업 디자인의 혁신을 이루고자 했다. 바우하우스의 교과과정에는 색채·조형에 관한 기본 지식 습득, 공예적 실습, 그리고 형태적 완성에 대한 실습이 포함되어 있었다. 이는 건축에도 해당되는 것이어서, 건축의 조형의식, 생산방식 및 기술적 해결 가능성, 그리고 재료 및 구축의 결과에서 오는 미학이 종합적으로 결합되어야 한다는 것이 그 기본 철학이었다. 또한 이러한 결과물인 산업화 시대 대량생산의 혜택을 대중도 누려야 한다는 사회적 의식도 작용했는데, 이는 후일 전쟁으로 피폐해진 독일 사회에서 건축 및 주택 생산을 위한 매우 설득력 있는 원칙이 되었다.

이전 시대의 고급건축이 많은 부분 공예적 장인의 손에 의지했고, 또한 대중의 건축이 아마추어적 기술에 의존했다면, 새로운 시대의 건축은 이 둘 사이의 간극이 줄어드는 방향으로 나아가야 하는 것이었다. 이와 함께 발전된 기술이 동원된 산업 생산품으로서의 건축을 지향했다. 그 결과물 역시 생산방식과 재료 선택으로부터 도출된 가치, 즉 공업 및 산업 디자인에 있어서의 가치를 수용해야 하는 것이었으며, 이것이 곧 시대정신(Zeitgeist)이 되는 것이었다.

바우하우스는 초기에는 바실리 칸딘스키(Wassily Kandinsky), 파울 클레(Paul Klee) 등의 참여로 순수예술적이고 표현주의적 성향이 강했으나, 점점 산업 디자인과 건축교육에 중점을 두게 되었다. 이는 바우하우스의 철학에 의하면 당연한 결과였다. 바우하우스에서 건축 과정은 1927년 개설되었는데, 1928년 바우하우스의 2대 교장으로 취임한 한네스 마이어(Hannes Meyer)는 건축 수업에서 기능주의를 더욱 강조한 교과과정을 운영했다. 그는 그로피우스보다 과학적 성향이 강해서 건축교육을 과학의 기초 위에 세우고자 했으며, 바우하우스에 일부 남아 있던 형식주의

적인 면을 공격하고, 민중에 대한 봉사를 디자인의 사명이라 역설했다.[10]

마이어는 사회주의적인 성향이 매우 강했던 건축가로, 부르주아의 사적 공간에 대해 적대적 태도를 취했다. 또한 미가 건축의 중요 목표라 여기지 않았고, 오히려 구조적 발명이 중요하다고 주장했다. 또한 그는 건축의 과제가 '생활의 형상을 조직하는 것'이라 주장하면서 보다 일상적이고 대중적인 건축의 역할을 강조했다. 다음과 같은 글은 이러한 바우하우스의 기능주의 원칙을 대변한다.

> 새로운 주택은 생활을 위한 기계일 뿐만 아니라, 육체는 물론이고 정신의 만족을 위한 생물학적 장치이다…건설한다는 것은 생활의 현상을 세심하게 고려하여 조직하는 것이다…또한 사회적 · 기술적 · 경제적 · 물리적인 생활의 측면을 조직하는 것이다.[11]

마이어는 근대의 새로운 시·공간 질서에 조응하기 위해 이동성을 강조하는 유목민적 주거공간을 디자인했다. 그는 매우 급진적 태도를 취했다. 자본주의 사회에서 재생산의 기본 단위가 되는 가족을 해체하고, 집을 가족의 안식처로서가 아니라 단지 하루하루를 위한 최소의 공간으로 여겼다. 즉 메트로폴리스를 일상의 리듬에 따라 끊임없이 움직이는 유목민들의 공간이라고 규정함으로써, 현대사회에 적용될 것 같은 미래의 이상을 당시에 이미 예측했다.[12]

한편, 그로피우스는 바우하우스에서의 교육을 통해 예술과 기술이 결합된 건축 생산에 대한 신념을 실현하고자 했으며, 그 스스로 이에 부합하는 몇몇 시험적 작품들을 남겼다. 특히 바우하우스가 나치의 탄압을 피해 1925년 데사우(Dessau)로 이전하면서 건설한 데사우 교사는 건축, 실내디자인, 가구, 장식 등을 모두 바우하우스 이념에 따라 디자인했다.

바우하우스는 1930년 미스가 교장이 된 이후에는 건축교육이 더욱

©전남일

바우하우스 교사와 기숙사

강화되었고, 순수예술과는 더 거리를 두었다. 바우하우스의 이러한 교육 프로그램은 그 자체로 하나의 건축 및 예술운동이었고, 후일의 근대 건축운동에 큰 영향을 미쳤다.

바우하우스가 운영되던 시기와 동시대인 1928년에 CIAM(Congrés Internationaux d'Architecture Moderne, 근대 건축 국제회의)이 결성되었다. CIAM 1차 회의에서 건축가들은 근대건축의 기본 임무가 '사회의 재건설'이라는 데 합의하였으며, 이를 해결하기 위해 건축의 대량생산과 건설을 주축으로 하는 도시계획을 논의하였다. 여기에 참여했던 르 코르뷔지에(Le Corbusier), 에른스트 마이(Ernst May), 마르트 스탐(Mart Stam), 마이어와 같은 건축가들은 건축적 형태의 개선과 사회적 형식의 개선 사이에 동일한 연관성이 있음을 발견했다.[13]

독일 프랑크푸르트에서 열린 1929년 2차 회의의 주제는 '최소주택(Existenzminimum: minimum habitation)'으로서, 제1차 세계대전 이후의 사회적 곤궁이 주거건축의 이념 전환에 큰 영향을 미쳤음을 알 수 있다. 1930년의 주제는 '합리적인 건설방식', 1934년의 주제는 '기능적인 도시'였다. 장소·공간 등 건축이 주는 풍부한 정서와 감흥을 미루어 두고 건축은 생존의 문제와 직결되는 상황에 처하게 된 것이다. 기능적 도시에 대한 관심은 여유 있는 공간을 갖는 아파트 블록을 고밀 주거의 유일한 대안으로 제시하는 데 이르렀다. 산업자본주의에서 문화로부터 소외된 삶의 다양한 영역들에 대해, 근대운동은 공공건물에 특징을 부여하는 것만이 아니라, 일상 삶의 현실을 관류하는 하나의 양식이라는 주장으로 응답했다.[14]

삶을 위한 최소한의 조건을 만족시키고자 하는 현실적인 요구와 건축가의 개인적 창조성을 여기에 결부시키려는 욕구가 타협하면서 생긴 결과는 결국 새로운 '양식(style)'의 추구로 이어졌다. 그럼에도 불구하고 이러한 근대 건축운동의 조류 속에서 1900년대 초반의 독일 주거건축은 과거로부터 흘러온 토속적·미학적 전통의 연속성을 여전히 가지고 있었다.

표현주의 성향과 20세기 초의 주거단지

1900년대 초에는 건축가마다 개성 있는 건축양식을 적용하고자 하는 경향이 있었다. 이때 산업사회에서 새로이 등장한 재료들은 전통주택에서의 양식을 대체하는 데 중요한 역할을 했다. 일부에서는 당시 유럽을 풍미했던 아르 누보, 즉 독일식으로 유겐트슈틸(Jugendstil)이라는 양식 혹은 제체시온(Secession) 양식에 심취하는 경향도 보였다. 또한 러시아의 구성주의(constructivism), 네덜란드의 더 스테일(de Stijl)에 이르기까지 다양한 건축양식들이 등장했으며, 이것은 모두 '근대적(modern) 양식'이라는 통일된 개념으로 불리었다.

이렇게 다양한 양식이 혼재하는 양상을 보였지만, 그 이전 시대 이미 절충주의적 양식에서 건축적 순수주의에 반하는 '양식과 본질과의 불일치'라는 오류를 경험한 터라, 이 시기 건축가들이 추구한 것은 재료, 구조, 공간, 형태에 대한 보다 근본적인 접근이었다.[15] 특히 표현주의(expressionism)는 초창기 건축운동에서 독일 건축가들에게 강한 영향력을 발휘했다.

이때 1918년 베를린에서 결성된 '11월 그룹'의 영향이 컸다. 여기에는 건축가 그로피우스, 미스, 후고 헤링(Hugo Häring), 루트비히 힐베르자이머(Lugwig Hilberseimer), 에리히 멘델존(Erich Mendelsohn) 및 브루노와 막스 타우트(Bruno & Max Taut) 형제가 참여했고 표현주의의 중심 그룹으로 활동했다.[16] 1918년 11월 혁명이 일어나자 지식인들은 이를 새로운 사회가 시작될 기회라 생각했고, 표현주의와 혁명 이론의 연관성은 더욱 강조되었다.

'표현주의(expressionism)'란 용어는 1911년 '베를린 분리파'전에 전시된 프랑스 현대 회화를 지칭하면서 처음으로 사용되었지만, 이후 제1차 세계대전 시기까지 독일에서 오히려 큰 반향을 일으킨 사조로서 미술과 건축 곳곳에 큰 영향을 미쳤다. 그러나 원래 '표현'이라는 독일어 용어 아우스드룩(Ausdruck)은 이미 존재했고, 그 이전에도 하나의 개념으로 정의되고 있었다. 소위 '표현파 문화(Ausdruckskultur)'는 '본질과 외양의 조화'로 구성된 것으로, 나아가 독일이라는 국가의 선한 민족정기와 보편적 휴머니티를 계발하는 것으로 정의되었다. 즉 표현주의는 단지 영어적 표현으로만 치환되었을 뿐이었고, 수입된 것이라기보다는 처음부터 독일적인 것으로 간주된 것이었다.[17]

20세기 초 독일 건축에서 표현주의로 특징지을 수 있는 시기는 대략 1910년부터 1925년까지를 일컫는다. 1914년 브루노 타우트(Bruno Taut)는 「필연성(Eine Notwendigkeit)」이라는 논문에서 '틀과 내용 면에서 모두 유용한 것'이어야 하는 것은 바로 모든 예술 가운데 가장 직접적으로 사회와 대면하는 건축이라 했다. 그의 주장은 정신적인 것과 기능적인 것을 표현적인 총체적 예술에 융합시킨다는 목표를 세웠다는 점에서 표현주의를 옹호한 최초의 성명으로 간주된다.[18]

표현주의가 우세했음에도 불구하고 1920년대의 건축문화가 가장 명확하게 이해하고 있었던 것은 '정치적인' 과제였다. 즉 혁명보다 우선하는 건축의 문제, 말하자면 생산 조직체로서의 도시와 건물을 계획적으로 재조직하는 것이었다.[19] 이러한 의식은 시간이 흐를수록 점점 더 확고한 양식에 대한 갈망으로 이어졌다. 물론 나중에 바이센호프 주거단지 이후 매우 진보적인 근대건축에서는 더욱 극단적인 통일된 양식이 지배하게 되었지만, 1920년대 초기에는 건축가들마다 근대를 표현하는 방식이 매우 다채로웠다.

특히 1900년대 초의 주거건축의 실질적 주류는 소위 '발전된 향토양식(Heimatstil)'이라 할 수 있다. 모던의 흐름 속에서 새로운 집합주택의 유형을 시도하는 데 있어서 지역적 특색을 계승하는 '향토양식'이 매우 강하게 나타났다. 특히 함부르크(Hamburg) 등 북부 독일 도시들에서는 초기의 대규모 단지에서 이러한 양식이 일관되게 적용되었다. 이때 과거의 양식에 더해 건물의 외형은 점차 정육면체의 형태, 장식의 배제, 평지붕, 수평적 분절 등의 공통된 건축적 어휘를 적용하는 방향으로 수렴되었다.[20]

1920년대 초반의 주거단지는 제1차 세계대전 이후 폭증하는 주택의 수요에 맞추어 이전의 주택개발 방식과는 매우 다르게 대규모로 이루어졌다. 1920년대 초 함부르크의 경우는 5~6층 규모의 대규모 주거단지가 속속 건설되었는데, 둘스베르크(Dulsberg, 1931), 야레슈타트(Jarrestadt, 1930), 베델(Veddel, 1931) 지역이 대표적인 개발 사례이다. 여기 지어진 단지는 모두 가구(街區), 즉 블록(block)의 가장자리를 건물로 채우는 중정형으로 계획되어 과거 독일 도시 주거지의 도시조직을 존중하고 있다. 그렇지만 부분적으로는 일자형의 자일렌바우(Zeilenbau)를 계획하여 과거로부터 근대로의 전환을 예고하고 있다.

예를 들어, 야레슈타트의 경우 블록의 채광과 통풍을 위해 블록을 가능한 열어놓는 것이 요구되었고, 실제로 몇몇 블록은 개방식 건축방식(offene Bauweise)으로 건축되었다. 함부르크의 시(市) 건축가였던 프리츠 슈마허(Fritz Schumacher)의 마스터플랜으로 여러 건축가가 합동으로 참여한 둘스베르크와 야레슈타트 주거단지에서는 각각 다른 계획안이었음에도 불구하고 전체적인 통일성이 보이는데, 그것은 벽돌 외장을 쓰도록 한 규정 때문이었다. 이것은 함부르크라는 항구도시의 오랜 전통이었다. 향토양식을 가장 적절히 표현하는 것은 벽돌이었으며, 이는 전래의 함부르크의 지역색을 가장 대표하는 것이었다. 야레슈타트의 경우는 층수의

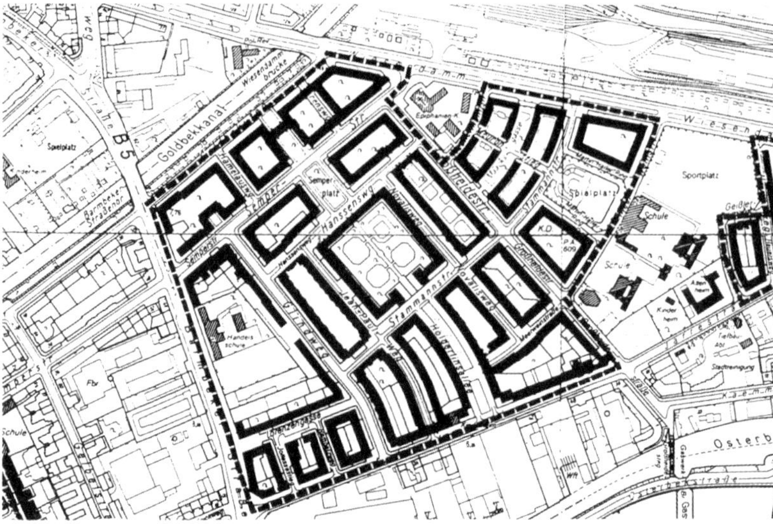

출처: Gerhard Curdes, *Entwicklung des Städtebaus*, Aachen: RWTH Aachen, 1996, p.188.

블록형 주거단지인 함부르크 야레슈타트 배치도

변화가 거의 없이 단순한 정방형의 기하학적 벽돌 블록으로 구성되었고, 카를 슈나이더(Karl Schneider)가 설계한 블록의 중정 쪽 입면만이 백색의 간결한 띠로 '모던하게' 디자인되었을 뿐이다.[21]

함부르크 외곽의 베델 주거단지 역시 기존 도시조직의 흔적을 따라 기본적으로 중정형을 택했으며, 부분적으로 열린 주거동들이 혼재되도록 했다. 층수에 비해 블록의 규모는 매우 커서 장벽과 같은 스케일을 갖는데, 그럼에도 불구하고 다양한 건물의 형상들이 비교적 지루하지 않은 경관을 형성한다. 특히 완만하게 휘어진 주거동은 벽돌 재료가 주는 친근함과 함께 부드러운 이미지를 제공한다. 건물들은 묵직한 매스감이 강조되었는데, 이는 돌출된 발코니 대신 로지아를 삽입함으로써 요철 없는 주거동의 외피를 만들었기 때문이다. 여기에 작은 크기의 분절된 창은 매스감을 더욱 배가시키는 요소가 된다.

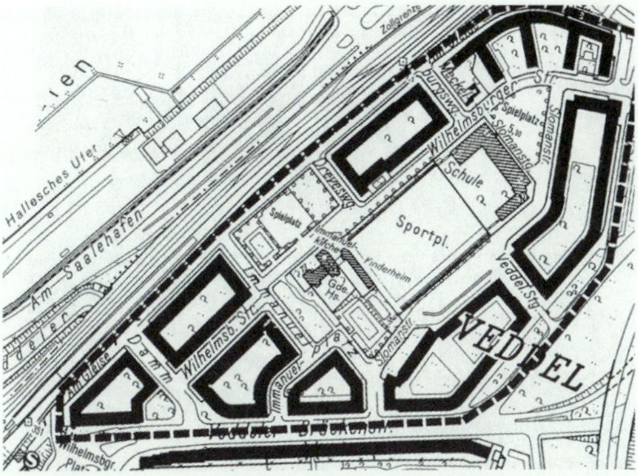

출처: Gerhard Curdes, *Entwicklung des Städtebaus*, Aachen: RWTH Aachen, 1996, p.189.

©전남일

함부르크 베델 주거단지의 배치도와 전경

©전남일

함부르크 베델 주거단지의 부분

이 단지에서는 벽돌의 수공예적 느낌을 한껏 살린 지역주의적 양식에 표현주의적 성향이 혼합된 독특한 양식을 볼 수 있다. 이러한 특징은 대부분의 북부 독일 도시에서 성행하던 양식이다. 구조는 11.5cm 두께의 내벽과 결합된 내력벽의 외벽을 기본으로 했으며,[22] 벽돌의 외장이 바로 구조를 표현한다. 이에 더하여 개구부 주변의 벽면 요철 장식은 벽돌이라는 재료의 물성을 한껏 표현해 주는 적절한 방식임과 동시에, 시공에서의 수공예적 특성을 잘 보여주고 있다. 또한 1층 저층부의 벽돌 아치, 45도 각도의 사선 돌출부, 마름모꼴의 작은 창들 역시 예술적 표현이 가미된 것으로서, 그때까지 유지된 표현주의적 건축의 강한 영향력을 짐작할 수 있다.

표현주의적 성향과 진보적 명료성 사이의 절충적 아름다움이 드러나는 작품을 독일 서부 도시 쾰른(Köln)의 한 사례에서 찾아볼 수 있다. 수평성이 강한 6층의 단일 건물로 지어진 마르실슈타인(Marsilstein) 아파트 블록은 빌헬름 리판(Wilhelm Riphan)이 설계했다. 길에 대응하는 전면은 편복도가 수평성을 강조하는데, 주로 백색의 플라스터(plaster)로 마감되었다. 복도 난간을 구성하는 요소는 그 높이의 변화로 리듬감이 부여되었고, 부분적으로 설치된 수직 철재 기둥이 지루함을 상쇄시켜 준다.

또한 유리로 마감한 계단실은 철재 수직 프레임과 함께 투명한 느낌으로 입면에 비례감을 더해 준다. 철재 요소와 백색의 수평적 요소는 후일 등장할 백색건축과 국제주의 건축을 예고하는 것이다. 이와 대조적으로 길에 대해 후면이 되는 입면은 상부층과 하부층이 명확히 구분되는 구성에 수직성이 강조되었다. 마치 발코니를 유리창으로 감싼 듯한 돌출된 부분이 면의 비례과 질서를 구성하는 중요 요소가 되며, 여기에 부분적으로 벽돌색으로 마감된 면분할은 과하지 않은 장식미를 보여준다. 섬세한 분절과 비례감, 그리고 백색과 붉은색의 조화를 통해 표현주의 양식이 근대적으로 표출된 작품이라 할 수 있다.

©전남일

쾰른에 위치한 마르실슈타인의 아파트

이 사례를 보면 독일에서의 주거건축의 성향은 그때까지도 북부의 표현주의적 성향의 벽돌건축, 중부의 절충주의적 성향, 남부의 혁신적인 백색건축으로 지역적으로 구분되고 있었음을 알 수 있다.

기능주의와 국제주의 양식 건축

유럽에서 근대건축의 싹이 트고 있을 시기, 미국 건축가 루이스 설리번(Louis Sullivan)이 주장한 "형태는 기능을 따른다(Form follows function)"라는 주장 역시 큰 힘을 얻고 있었다. 이는 모더니즘의 다른 명제인 "적을수록 많다(Less is more)"라는 미스의 선언과 함께 20세기 초반 이후 가장 강력한 패러다임이 되었다. 사물의 형태를 결정하는 원리는 내적인 필요성과 구조적이고 기술적인 원리에 따라야 한다는 뜻이다. 또한 사물의 좋은 형태는 표면적인 장식 없이 좋은 재료와 좋은 공정을 그대로 드러냄으로써 정직하고 고결한 가치를 획득한다는 믿음이다.

기능주의의 핵심은 '자연의 질서와 법칙'을 존중하는 것이다. 이때 인공물의 형태가 '자연의 원리'를 따라야 한다는 원칙은 '자연의 형태'를 따른다는 것과는 엄격하게 구분된다. 자연의 법칙이란 수(數)의 비밀스런 체계에 의해 구성되었다는 신념이고, 지식의 투명함을 증명하기 위해 채택된 것이다. 그것은 작도법에 따라 엄밀한 선으로 재현할 수 있는 자연이며, 추상화된 자연이다. 그러므로 자연의 법칙을 따른다는 것은 1차적으로 기하학을 모태로 삼는 것이며, 규격화된 사물의 체계를 따른다는 것을 의미한다.[23] 이러한 관점에서 보면 건물의 형태에서 딱딱하고 직선적인 체계로 이루어진 질서가 드러나는 것 역시 타당성을 갖는다.

기하학에 근거한 규격화라는 측면은 공간의 내용을 규격화하는 것도 포함한다. 예를 들어 기능주의적 법칙을 '생활의 내용을 담는 기능'으로부터 유추해 볼 수 있는데, '생활의 기능'을 충족시킨다는 개념은 기능주의 입장에서는 인간활동과 행위, 사회적 관계에 대한 정량적인 측정을 전제로 한다. 따라서 공간의 치수와 규모, 그리고 그것들을 어떻게 효율적으로 연결해 주며, 어떻게 합리적으로 배열할까 하는 문제가 매우 중요시된다.

위르겐 하버마스(Jürgen Habermas)에 의하면, 근대건축은 '기술적인 디자인의 가능성이라는 폭넓게 확장된 범위의 도전'이다. 이때 근대건축이 '고유의 미학적 논리'를 가지고서 대처하지 못했더라면, 새로운 양식은 모든 생활 영역으로 스며들지 못했을 것이라고 그는 말한다. 때문에 그는 '기능주의(Funktionalismus)'라는 용어가 특정한 주요 개념과 공간의 구축을 위한 원리, 그리고 재료의 사용, 생산과 조직화의 방법들을 포괄한다고 설명한다. 이러한 논의는 기능주의라는 하나의 구조가 만들어질 때 그것의 목적이 되는 사용 및 기능을 그 형태가 표현하도록 되어 있다는 확신에 근거한다.[24]

기능주의는 거주자와 생산자, 건축가 사이의 관계에 대한 재정립을 필요로 한다. 특히 집합주택에 있어서 불특정 다수에게 알맞은 생활공간을 제공해야 하는 경우, 거주자의 삶의 방식과 공간의 문제에 합목적성을 띠고 대응해야 하는 것이다. 따라서 주택의 평면은 '보편성'이라는 특성을 지녀야 하며, 계층만 정해진다면 어떠한 거주자라도 살 수 있도록 계획되어야 했다. 이에 따라 주거공간은 거주자의 평균적 특성에 맞추어져 표준화되었고, 그 시대 대중이 가장 일반적으로 공감하는 생활의 내용을 수용해야 했다.

이를테면 하나의 단위세대가 수용하는 거주자의 속성은 그 거주 인원 규모에 따라, 지불가능한 수준에 따라 일정 그룹으로 범주화(categorize)되어야 하며, 이에 따라 필요한 공간의 규모와 그 구성 역시 이에 대응하는 일정한 범주 내에서 이루어지게 되어 있다. 이는 국가와 공공기관이 주택정책이라는 명분하에 주택의 생산에 깊이 관여하고, 어느 정도 계몽주의적 시각을 갖고 특정 형태를 제공해 주는 방식이다.

이러한 원칙으로 계획된 주택들은 간편한 시공성을 보장해야 했으므로 평면은 요철 없이 단순 명료하고, 건물의 형태도 가급적 박스형으로 간단해야 했다. 나아가 단위공간의 반복생산을 위해서 평면이 표준치수에 맞추어 구획되고, 그것을 시공하기 위해 규격화된 부재를 사용하는 것 역시 당연한 수순이 되었다.

이 시기에는 공업기술의 발전과 함께 주거건축에 있어서도 부재의 프리패브화(prefabrication)와 조립화가 이루어져 대량생산이 가능하게 되었다. 이때 거주자의 요구는 일률적으로 정량화·보편화되어 파악되어 똑같은 평면의 반복적 양산에 일조하였다. 따라서 기능주의·합리주의 건축 원칙의 하나인 '규칙성(regularity)'은 건축의 산업화기 이루어지던 시기에 산업과 양식, 그리고 미학을 총체적으로 포괄하는 원칙으로 부상하였다. 이에 따라 공간을 구축하는 각종 건축적 요소에는 표준생산을 염두에 둔 규격화와 모듈화의 개념이 도입되었다. 직선 구성으로 된 기하학적 형태가 우위를 차지했으며, 건축은 완결된 형태가 아니라 독립된 '단위'의 조합으로 만들어지고, 때로는 그것이 기계의 이미지와 함께 받아들여지기도 했다. 기능주의에는 공간과 그것의 구축, 그리고 시대의 요구를 철저히 담아내는 방식으로 '양식'을 재편성하는 혁신성이 있었다.

건축에 있어서 국제주의 양식(internatiolal style)이란 용어는 1925년 바우하우스 아카데미가 간행한 『바우하우스 총서』 1권의 표제로 '국제건축(Internationale Architektur)'을 사용하면서부터다. 그로피우스는 여기서 현시대가 "세계적 교통과 세계적 기술에 근거한 근대건축의 형태가 민족과 개인을 속박하고 있는 자연의 경계를 넘어서 모든 문화와 지역에 길을 개척하는 시대"임을 주장하면서, 때문에 "건축은 국민적이면서 동시에 개인적인 것이기도 하지만, 개인·민족·인류라는 3개의 동심원에서 마지막 원이 다른 2개의 원을 포함한다"[25]라고 했다. 이는 건축이 전 세계적으로 지역과 장소를 초월하는 근본 원리, 즉 건축의 보편타당성을 지향하기 시작한 계기가 되었다. 그 1년 후 건축평론가 아돌프 베네(Adolf Behne)에 의해 『근대의 합목적성 건축(*Der moderne Zweckbau*)』이라는 책이 간행되었는데, 이 책 역시 『바우하우스 총서』 1권과 그 내용이 상당히 유사했다.

1927년 힐베르자이머는 이 두 책을 토대로 독일공작연맹의 의뢰로 『국제주의의 새 건축술(*Internationale neue Baukunst*)』이라는 책을 출간했다. 그 후 1932년에는 미국에서 베네와 그로피우스의 내용을 토대로 헨리 러셀 히치콕(Henry-Russl Hitchcock)과 필립 존슨(Philip Johnson)의 『국제주의 양식: 1922년 이후의 건축(*The International Style: Architecture since 1922*)』이 출간됨으로써 국제주의는 새로운 양식의 용어로 자리잡게 되었다.[26]

주거건축의 경우 독립된 단위의 구성은 프랙털(fractal)적인 기하학적 질서를 내포한다. 즉 규격화된 요소의 복제, 그것들의 합의 복제가 반복해서 이루어지는 것이다. 요소는 1차적으로 창, 벽, 외피 요소 등 파사드의 구성 요소가 있는데, 이것들은 복제되고 합해져 단위공간, 즉 단위세대 유닛을 조성한다. 단위세대들은 다시 복제되어 건물의 주거동을 이루고, 이 주거동 역시 하나의 요소로 복제되고 합해져 도시적 건물군, 즉 단지를 이루는 확장의 과정을 거치면서 근대주거의 대표적 표상으로 완성된다. 여기서 건물은 '지방성 · 역사성 · 장소성'이라는 주변과의 관계를 끊고 기본적으로 보편적 · 추상적 · 순수성 · 독자성을 가지는 존재로 이해되었으며, 이것을 구체화시킬 때는 과학적 해법에서 답을 얻었다. 때문에 국제주의 양식은 그 이전 시기 표현주의 양식 등에서 단지 표면적으로 나타나는 외관으로 양식을 설명했던 것과는 전혀 다른 해석을 필요로 하게 되었다.

국제주의 양식은 르 코르뷔지에와 바우하우스 건축가들에게 이어진 것으로, "형태와 연계되나, 그것의 사회적 내용과는 연계되지 않는다"는 개념이다. 즉 건축은 장소에 뿌리를 둔 것이 아니라 모든 지역에서 선택될 수 있고, 근대적·보편적 원칙을 내포한다는 것이다. 여기서의 사회적 내용은 지역성을 뜻한다. 국제주의라는 이념 자체가 시대적·사회적 요구에 의해 탄생된 것이기는 하나, 그 요구 자체는 보편적 요구이지 개별 사회와 지역의 특정한 요구가 아니라는 뜻이 이 내용의 핵심이다.

이때 국제주의 건축가들은 건축이 갖는 절대적이고 원초적인 가치가 있다고 보았다. 그리하여 개별성과 지역성을 배제한 결과는 보편적인 내용을 수용하는 순수한 건축적 요소가 된다.[27] 이것이 국제주의 건축이 갖는 절제되고 단순한 백지 상태의 형태를 갖게 되는 근본 바탕이 된다고 볼 수 있다.

국제주의, 진보, 그리고 근대성은 서로 얽혀 있는 관계이다. 국제주의 건축은 '역사성의 배재, 국가적 소속의 배재, 맥락의 배재'로 요약할 수 있다. 1970년대까지 지속된 기능주의와 국제주의 근대건축의 특징을 요약하자면, 효율성을 동반한 기술, 질서, 시스템, 그리고 균질성(homogeneous)이라 할 수 있다. 국제주의 건축가들은 기술적 문제들을 해결하기 위한 적절한 방식이 있다고 믿었으며, 건축가들은 이를 통해 전 세계적인 건축적 문제들을 해결하기 위한 하나의 방식을 정해야 한다고 믿었다.[28]

바이센호프 주택전시회와 백색건축

1927년 독일 남부 도시 슈투트가르트(Stuttgart)에서 열린 바이센호프 주거단지(Weiβenhof Siedlung) 주택전시회에서는 근대 건축운동의 기수들이 참여하여 근대 집합주택이 추구해야 할 합리성과 공업화에 대한 이상을

©Landesmedienzentrum BW

©전남일

바이센호프 주거단지의 전경과 모형

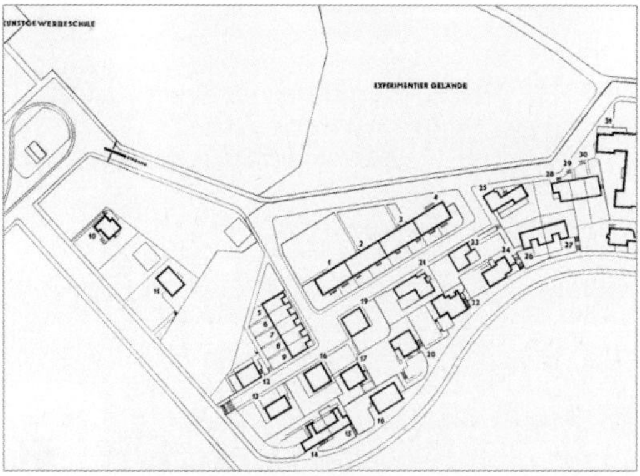

출처: Deutscher Werkbund(Ed.), *Bau und Wohnung*, Stuttgart: Karl Krämer, 1992, p.14.

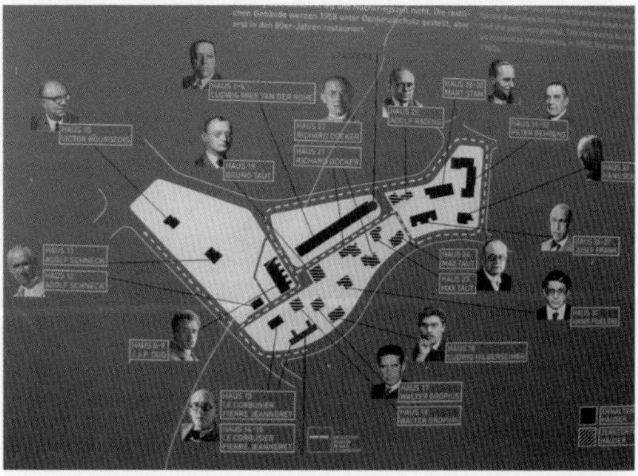

©전남일

바이센호프 주거단지의 배치도와 초빙 건축가

보여주었다. 제1차 세계대전 이후 개최된 최초의 주택전시회로서, '주거(Die Wohnung)'라는 주제가 선정되었다.

이 단지는 독일공작연맹의 이상을 실현하는 주거의 프로토타입을 제시하고자 슈투트가르트 근교 바이센호프 부지 언덕에 건설되었다. 주로 국민주택 규모의 소형 주택 위주로 계획되었는데, 이 단지의 마스터플랜은 미스가 담당했고, 유럽 각국에서 초빙된 건축가들이 설계한 다양한 유형의 개별 건축물들이 개방된 대지 위에 세워졌다.

참가한 건축가는 미스를 비롯하여 그로피우스, 르 코르뷔지에, 힐베르자이머, 타우트, 스탐, 아돌프 라딩(Adolf Rading), 페터 베렌스(Peter Behrens), 한스 샤로운(Hans Scharoun) 등이었다. 이 주거단지는 새로운 주거 건축물의 유형을 보여준 것뿐만 아니라, 각 건물들이 새로 조성된 대지에 건설되어 집합된 단지계획의 새로운 면모를 보여주었다는 데서도 그 의의를 찾을 수 있다. 이를테면 전체 주거단지의 경관과 풍경 역시 하나의 예술작품으로서의 완성품을 지향했다.[29]

1925년 지방의회의 기록에 의하면 "마스터플랜은 주거와 도시의 모더니즘에 대한 포부를 천명하는 것이어야 하며, 각각의 건물은 엄격한 구조 속에 존재하는 것이 아니라 보다 여유롭게 흐르듯이 배치되어야 한다. 부정형의 마스터플랜이 강조되면서 개개의 건물이 추상적 형태를 갖도록 디자인된다. 이는 예술적 이상을 건축적 현실로 치환하는 것이다"[30]라고 서술되어 있다.

여기서 특히 중요한 것은 도시와 건축의 관계가 도시 조직(urban fabric)상에서 이루어지는 것이 아니라, 하나의 개방된 '단지(Siedlung, 지들룽)'라는 영역이 설정 된 후 새로이 만들어졌다는 점이다. 즉 독일 전통의 '연속 건축방식(geschlossene Bauweise)'에 대한 전면적인 부정이 이루어진 것이다. 이에 따라 근대 주거지는 '개방형 건축방식(offene Bauweise)'으로의 일대 전환을 맞게 되었다. 이로써 각각의 건축물들은 주변과의 맥락과는 상관없이 독자적인 프로그램과 구축법에 따라 세워질 수 있게 되었다.

또한 다양한 국적의 건축가들이 초빙되어 하나의 대지 위에 같은 개념의 주택들을 건설했다는 것 자체가 이미 지역적 색채를 초월한, 국제적으로 통용될 수 있는 건축적 해법이 작동할 수 있다는 가능성을 보여준 것이었다. 이것이야말로 국제주의 건축의 이념을 과시하기에 적절한 이벤트였다. 비로소 주택은 '장소의 구속성'이라는 문제에서 해방되었다.

미스는 이 주택전시회의 결과물로 독일공작연맹이 펴낸 『건축과 주거(*Bau und Wohnung*)』라는 책에서 다음과 같은 서언(序言)을 통해 새로운 시대에 근대주거가 나아가야 할 방향과 철학에 대한 명쾌한 신념을 보여주었다.

출처: Deutscher Werkbund(Ed.), *Bau und Wohnung*, Stuttgart: Karl Krämer, 1992 표지.

당시 발간한 『건축과 주거』 표지

> 주거의 기술적·경제적 측면을 고려한다 해도, 오늘날의 주거의 문제는 건축예술적 문제라는 것을 분명히 해야 할 필요가 있다. 이것은 매우 복합적인 문제이며, 그렇기 때문에 정량적이고 조직적인 수단으로는 풀 수 없고 창의적인 동력에 의해서만 풀 수 있다. 이러한 신념하에 나는 슈투트가르트의 전시에 주어진 과제에 있어서는 그동안 유효했던 '합리화(Rationalisierung)'와 '유형화(Typisierung)'라는 슬로건에도 불구하고, 편협되고 교의적인 것으로부터의 탈피가 필요하다고 여긴다. 나는 문제를 광범위하게 조명하고자 했으며, 근대 건축운동의 개성 있는 옹호자들로 하여금 주거 문제를 다루게 했다.[31]

또한 미스는 『형태(*Die Form*)』라는 잡지에서는 시범 주거단지에 주어진 과업을 다음과 같이 설명했다. 이는 CIAM의 1929년 모토인 '최소한의 주거'의 이념을 그대로 따르기보다는 '근대주거'의 표상을 새로이 제시하고자 한 것이었으며, 시대정신에 대한 강한 신념을 보여주고 있다.

©전남일

바이센호프 주거단지의 다양한 주거유형, 아우트의 연립주택(위, 가운데)과
르 코르뷔지에의 2호 연립주택(아래)

> 합리화와 유형화, 그리고 경제성은 단지 부분적인 문제이다. 중요한 것은 공간의 문제이며, 새로운 주거형의 창조이다. 이는 정신의 문제이다.[32]

주거유형으로는 단독주택, 중층 아파트, 연립주택, 2호 연립주택 등이 제시되었는데, 이는 새로운 재료와 구조, 그리고 생산방식에 적합한 주거건축의 모델로 요구된 것이었다. 전통적인 주거의 형태와는 상이한 건물들이었으며, 배치방식 역시 혁신적이었다. 가장 중요한 계획 개념인 '합리화와 유형화'에 대해, 총괄 건축가였던 미스는 이 이념 자체가 목적이 아니라 주거생활의 개선을 추구하는 목표를 위한 수단이라고 했다.[33]

건물의 형태와 사회적 요구가 일치함과 동시에, 기술적 요구의 충족 역시 당시의 과제였다. 주거단지에서 제시된 유형은 변화하는 사회에 맞추어 미래지향적이어야 했다. 그러나 이때의 계획은 이전 시기까지 거주자를 정한 상태에서 계획되어 왔던 주거건축의 관행과는 완전히 달랐다. 따라서 건축가들은 '익명의 거주자'를 위한 이상적인 주거를 제시하고 가장 보편적으로 적용할 수 있는 공간의 프로그램을 실현해야 했다.

이에 가장 부합되는 프로토타입은 미스 자신이 설계한 아파트 블록이다. '합리화와 유형화'의 수단으로 채택된 구조는 철골 가구식 구조(Skelettbau)였고, 이는 경제적일 뿐만 아니라 내적 개방성을 부여하는데 적절한 구조였다. 철골 구조를 기본으로 뼈대를 세우고, 벽체는 콘크리트 블록의 조적식으로 세워졌는데, 철골 구조는 그때까지 독일에서는 주거건축에서 사용된 전례가 없었다. 내부는 변화하는 거주자의 요구에 따라 가변적인 조합이 가능하도록 설계되었다. 철골 구조의 스팬은 9.45m×6.30m이다. 공간을 구성하는 요소는 철골, 세대 간 벽, 계단실, 외벽, 부엌과 욕실을 구성하는 설비 코어, 그리고 바닥 슬래브 등 가장 기본적인 건축적 요소로 제한되었다.[34]

계단실 주변의 욕실과 부엌 이외의 공간은 개방적으로 비워져 있어

출처: Vitra Design Museum(Ed.), *Mies van der Rohe*, Weil am Rhein: Skira, 1998, p.114(위), p.144(아래).

미스의 아파트 블록 평면과 건설 과정

서 거주자의 변화하는 요구에 따라 그때그때 경량 가변형 벽체를 활용하여 다양하게 구획할 수 있는 가능성을 열어두었다.[35] 최대한으로는 가변벽을 설치하지 않고 개방적으로 비워두는 경우도 가능했다. 이러한 개념은 투겐타트 저택의 개방적 구성 원리를 동일하게 적용한 것으로서, 고급 주택이거나 노동자 계층 주택이거나 평등한 이념을 구현하고자 하는 그의 사회주의적 철학을 볼 수 있다.

똑같이 반복되는 창문 유닛들의 배열을 보면, 외견상으로 이 아파트 내부는 같은 단위세대들을 수용하는 듯이 보인다. 그러나 입면에서의 정돈된 규칙성은 '단위세대 공간의 반복'이 아니라, 창문과 발코니로 분해된 건축적 요소의 반복으로 이루어진 것이다. 다시 말해, 표면상의 반복성은 건축을 구성하는, 구축을 위한 부재 및 요소의 반복의 결과인 것으로서, 미스가 추구하는 순수한 건축의 근본 요소들이 집합주택에 적용된 것이다.

다섯 베이(bay)로 구성되어 있는 2호 조합의 단위세대 사이에는 조립식 경량 벽체가 위치하는데, 입면상에서는 단위세대의 경계가 어느 곳에서 형성되는지 알 수 없도록 되어 있다. 이러한 원칙은 건물 표면상에서의 반복성과 단순함을 배가시킨다. 그럼에도 불구하고 내부에서 공간의 구획은 각각의 베이와 베이 사이에서 다양하게 형성될 수 있기 때문에 융통성을 담보한다. 구조체를 제외한 내부공간을 비워둠으로써 융통성을 확보할 수 있었다는 점은 '기술과 기능의 완벽한 조화'[36]라는 국제주의 건축의 목표와 잘 부합된다. 공간을 자유자재로 구획할 수 있는 융통성은 내부공간을 벽체 없이 비울 수 있는 구조와 기술을 바탕으로 이루어진 것이다.

이 아파트 블록에서 미스는 주거건축에서 통상적으로 계획되는 발코니나 로지아 등 반외부 공간을 설치하지 않았다. 대신 거실 전면에 40cm 정도의 약간 돌출된 슬래브를 얹었는데, 여기로는 나갈 수 없는 구조였다. 이 슬래브에 철재 난간을 설치하고 거실 창을 바닥 끝까지 내려오게끔 하여 거실 창을 모두 열면 내·외부 공간이 통합되도록 했다.[37]

계단실 창에 부착된 철재 난간은 근대적 재료를 가장 기능에 맞게 적용하면서 동시에 절제된 장식미를 보여준다. 미스는 발코니 등 건물 표면에 요철과 음영을 주는 요소를 배제하여 백색건축의 깨끗하고 매끈한 이미지를 주거건축에도 부여하고자 했고, 동시에 거주자의 입장에서의 기능성도 확보하고자 했다. 실제로 이 건물은 연속된 가로 창들이 수

©전남일

미스의 아파트 블록

©전남일

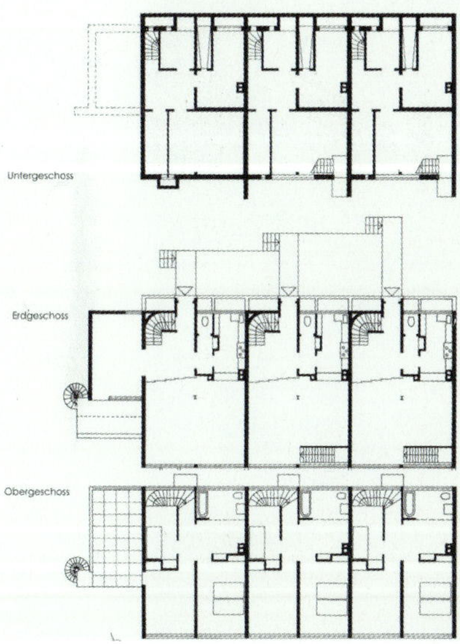

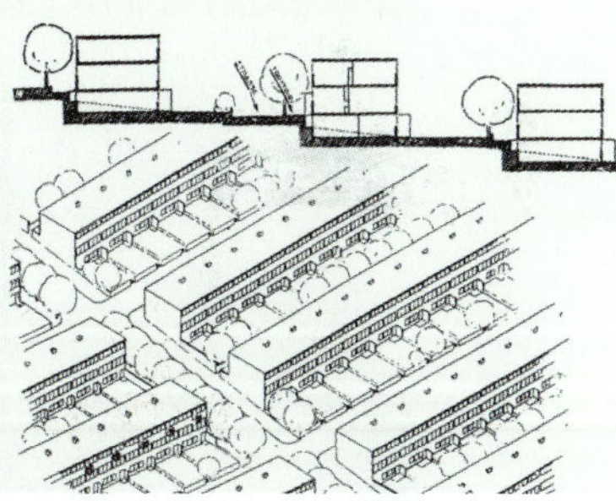

출처: Ulmer, Manfred & Kurz, Jörg, *Die Weißenhofsiedlung – Geschichte und Gegenwart*, Stuttgart: Hampp Verlag, 2009, p.144(왼쪽), p.145(오른쪽).

스탐의 연립주택 전경(위)과 단위세대 평면도 및 미래의 배치구상도(아래)

평으로 무한 확장되는 인상을 주는 입면을 통해 근대건축의 원칙을 고수하고 있음을 더욱 상징적으로 보여준다.

이 단지의 유일한 유색건축인 스탐의 연립주택은 지하층을 포함하여 세 층을 사용하는 단위세대 3호가 연립한 형태이다. 상부층에는 가로로 긴 형태의 창, 하부층에는 펀치된 창을 사용한 절충적 특징을 보인다. 콘크리트 블럭의 조적식 구조로, 청색의 스터코로 마감되었고 철재 창틀

ⓒ전남일

(위) 바이센호프 주거단지 내 아돌프 슈넥의 단독주택
(아래) 바이센호프 주거단지 내 한스 샤로운의 단독주택

이 설치되었다. 스탐은 이 건물이 측면으로 확장될 수 있는 가능성을 열어두었다. 보다 긴 형태의 건물들은 약간의 경사진 대지에 열을 이루어 배치될 수 있다는 것을 염두에 두어 100호 정도의 세대를 수용하는 일자형 주거단지의 선험적 시도를 한 것으로 보인다. 이 주택전시회에서는 전체 집합주택 단지의 일부를 프로토타입으로 보여주었다.

그로피우스는 단독주택 두 사례를 통해서 조립식 주택의 가능성을 타진해 보고자 했다. 그렇지만 기계적 생산을 적용할 경우 설비 비용을 고려한다면, 이것은 어느 정도 생산의 규모를 담보해야 한다는 것을 의미했다. 따라서 개별 주택을 지을 때는 다른 방식의 해법을 찾아야 한다고 했으며, 이 주거단지에서 선보인 두 주택에서는 기본적으로 수작업 생산을 기본으로 한 반건식 조립식 구조를 제안하는 데 만족했다.

여기서는 공장생산된 몇몇 부재들을 적용했지만, 이러한 방법이 후일에는 보다 경제적인 수단의 개발, 즉 경량화된 재료의 개발과 함께 대량생산에 더욱 적합한 방식으로 보편적으로 확산되리라 예견했으며, 그것은 실제로 수십 년 후 실현되었다. 이 외에도 이 주택전시회에는 많은 건축가들의 단독주택 작품들이 전시되었다.

바이센호프 주택전시회 외에도 이 시기에는 크고 작은 주택전시회가 몇 회 개최되었다. 브레슬라우 주거단지(Siedlung Breslau, 1929)는 이 시기 주택전시회 중 독일 건축가만이 참가한 유일한 전시회였으며, 예술감독은 라딩과 하인리히 라우터바흐(Heinrich Lauterbach)였다. 슈투트가르트의 주택전시회를 모델로 하였으며, 주제는 '주거와 작업공간(WuWa: Wohnung und Werkraum)'으로, 거주공간 외에 작업공간이 주거공간 내에 함께 계획되었다. 이때 작업공간은 주거공간에서 실현할 수 있는 공동생활공간으로서, 주거와 사회의 상호관계와 역할에 대한 '광의의 주거개념'이 표출된 것이었다. 뿐만 아니라 작업공간인 사무실, 농장 등과 함께 개인병원, 유치원 등도 함께 계획되었다.

©Wikimedia Commons

브레슬라우 주택전시회의 주택

이 단지는 연립주택과 아파트 위주로 계획되었으며, 경제성을 고려한 소규모 주택의 저렴한 건설에 비중을 두었다. 단독주택으로는 당시의 주거 문제를 해결하지 못한다고 인식했기 때문이다.[38] 또한 주거는 안락하고 넓고 편안해야 한다는 실용적 시각을 갖고 계획되어 미학적·기술적으로 하나의 이상적 모델을 제시하고자 했다. 이 전시회의 가장 우선적인 목표는 주택의 대량생산과 공급의 수단을 기능적·경제적 측면에서 모색하기 위한 것이었다.[39]

근대 건축운동의 산물인 바이센호프 주거단지와 브레슬라우 주거단지는 주거에 대한 보편타당한 해법을 찾고자 했다는 점에서 기능주의에 충실했다. 기능을 담는다는 것은 어떠한 공간에 대해 가장 원초적 입장에서 접근했다는 것을 의미하고, 그것은 바로 누구에게나, 어떤 사용에서나 적합한 중립적인(neutral) 공간을 도출하는 것으로 귀결되었다. 따라서 공간을 만드는 평면에 내재된 개념은 그다지 혁신적으로 인식되지 않았다. 오히려 그것을 담아내는 '건물'이라는 물리적 조건이 더욱 중요했고, 그것의 기술적 해결이 혁신적으로 진행되었다. 그래서 이로부터 형성된 외관의 혁신성과 명료성 또한 큰 주목을 받았다.

외관에서 볼 수 있는 혁신적인 점은 구축에 꼭 필요한 요소들을 선택하고, 이를 경제적·기술적으로 구현한다는 개념을 적용한 결과이다. 순수한 형태미를 추구했고, 이는 표면의 단순한 처리로 극대화되었다. 건물의 볼륨은 비물질성과 가벼움을 표현하는데, 이는 백색의 매끈한 마감으로 더욱 강조되었다. 건물 표면에는 되도록 음영과 요철을 없애는 것이 원칙이다. 기하학적 형태는 공간의 경계를 이루며, 이 경계면에 창문이 위치하여 전체적인 매스는 매끈하게 처리된다. 즉 창문은 벽체의 일부가 되게끔 되어 있다.[40]

백색건축에서 중요시되는 또 하나의 미적 원칙은 수평적 요소를 강조하는 것이다. 이는 원래 르 코르뷔지에의 근대건축의 5원칙인 '가로로 긴 창'에 그 기원을 두고 있다. 가로로 긴 창은 창문이 벽체의 하중으로부터 자유로워졌다는 것을 가장 극명하게 보여줄 수 있는 것으로서, 구조와 기술의 혁신에 대한 신념을 나타낸다. 육중한 벽 대신 내부공간으로 감추어 들어간 기둥이 건물의 하중을 지탱하고, 창은 오로지 전망과 채광을 위해 최대한 크게 설치할 수 있게 되었다. 특히 기둥이 철골로 이

©Landesmedienzentrum BW

안티 운동으로서 건설된 코헨호프 주거단지

루어졌을 때 그 효과는 극대화된다. 창과 창 사이를 분할했던 벽체나 기둥 등의 세로 요소가 제거된 다음 남는 것은 수평적 요소이며, 이는 강력한 미적 구성 원칙으로 작동한다. 벽체 역시 창을 제외한 부분에서 백색의 긴 띠로 존재하는데, 이는 수평의 투명한 창과 대비되면서 투명하고 차가운 모던함을 표현한다.

이러한 물결 속에서 한편으로는 근대건축의 안티(anti) 운동을 표방한 주거단지들도 여럿 건설되었다. 코헨호프(Kochenhof) 주거단지(1933) 등이 그것이다. 이들은 목조구조를 견지하면서 박공지붕을 채택하고 토속적 성향을 보이는 단지였다. 그렇지만 큰 흐름을 막기에는 그 영향력이 미비하였다.

블록의 해체

독일 북부 도시에서 주류였던 표현주의적 성향의 대규모 집합주택과는 대조적으로 중·남부 독일에서는 보다 절제된 양식이 선호되었다. 예를 들어 벽돌보다는 스터코 마감이, 그리고 섬세하기보다는 대범한 재료의 시공이 특징이었는데, 이러한 경향은 이후 바이센호프 주거단지를 포함한 백색건축 탄생의 정서적 배경이 되었다. 특히 남부 독일에서는 보다 진보적인 성향이 강했고, 새로운 재료, 구조기술, 생산방식을 적용하는 것도 중요한 이슈였다.[41] 이러한 배경으로 1920~1930년대에는 산업혁명 초기의 ㅁ자형 도시 집합주택에 비해 물리적 환경이 현저히 개선된 대규모 일자형 집합주택 단지가 속속 건설되었다.

대규모 단지형 주거지는 전통적인 '주거지 블록의 해체'로부터 시작되었다. 주거건축의 목표는 저렴하되 질을 담보하는 적정한 주거지의 보급이었다. 폐쇄적인 블록에서 부족했던 '햇빛, 환기, 일조'를 확보해 줌

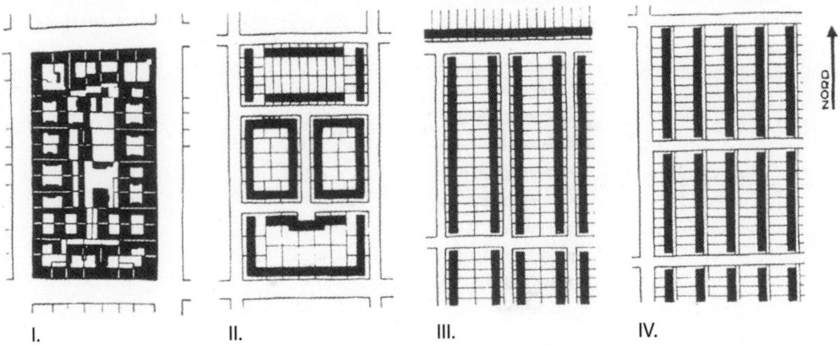

출처: Leonardo Benevolo, *Die Geschichte der Stadt*, Frankfurt: Campus, 2000, p.461.

블록의 해체 과정에 관한 도식

으로써 위생과 건강을 위한 주거지를 제공하자는 것이 주된 이유였다. 우선 블록의 양 끝단을 개방하여 건물과 건물 사이에 여유 있게 공간을 확보하고, 폐쇄적인 블록의 모서리에 위치했던 세대들이 없도록 했으며, 또한 단지 내 통풍이 가능하게끔 해주었다. 이에 더해 기능을 고려한 공간 프로그램을 적용하는 것 역시 중요했다.

바이마르 공화국 당시의 합리주의 건축가들은 좌익 저항 예술과 나치즘 예술이라는 양극단 사이의 중간을 지향했다. 그들은 '혁명 없는 사회 진보'를 가장 바람직한 것으로 여기고 이를 성취하기 위한 노력을 기울였다. 특히 시 건축가 에른스트 마이(Ernst May)의 지도하에 있었던 프랑크푸르트에서의 계획들은 노동자 계급에 합리적인 주거 조건을 제공함으로써 당시 극심했던 사회문제들을 해결하고자 했다.[42]

그 사업으로 이루어진 당시의 대표적인 집합주택 단지 프로젝트 중 하나가 '노이에 프랑크푸르트(Das Neue Frankfurt, 새로운 프랑크푸르트)'[43]였다. 마이가 활동하던 시기의 프랑크푸르트는 '새로운 건축(Neues Bauen)'의 중심으로 주목을 받았던 곳으로, 시 건축가이자 건설감독관이었던 마이는 '주거건축의 기계화(Mechanization of residential building)'[44]를 표방하며 여러 대규모 프로젝트를 수행했다. 그의 프로젝트들은 공장생산의 전형을 사회적인 층위에 그대로 복제해 놓음으로써 '도시에 생산기계의 형태를 부여한'[45] 최초의 시도였다.

마이 자신이 설계한 뢰머슈타트(Römerstadt, 1928)와 베스트하우젠(Westhausen) 주거단지(1931), 그로피우스가 설계한 린덴바움 주거단지(1929)는 노이에 프랑크푸르트 계획의 일환으로 건설된 대규모 주거단지이다. 또한 칼스루에에 위치한 그로피우스의 담머스톡(Dammerstock) 주거단지(1929)와 베를린의 지멘스슈타트(Siemensstadt, 1931) 등도 대규모 주거단지의 대표 사례로 꼽힌다.

프랑크푸르트의 뢰머슈타트는 블록이 해체된 초기 사례로서, 지형에 순응하여 유연하게 배치된 가로와 주거동의 형태가 자연스러운 경관을 형성한다. 뢰머슈타트에서는 적층의 아파트 블록뿐만 아니라, 다수의 2층 주택이 연립한 형식의 주거동으로 구성되어 있기 때문에, 아파트의 경직된 주거동 형상보다는 단위세대들의 배치를 가로 형태에 수월하게 맞출 수 있었다. 집단으로 지어진 대규모 주거단지로서 대량생산과 전후 재건 시대의 건설 패러다임을 수용했으나, 배치에 있어서는 전통적 속성을 유지하고 있으며, 이후의 일자형 아파트, 소위 자일렌바우와는 다른 면모를 갖고 있다.[46]

또한 블록의 양쪽 가장자리에 주거동을 배치함으로써 블록형 주거동 배치의 특징인 대칭적 배치를 유지하고 있으며, 후면에는 사적인 정원이 있다. 이때 단위세대는 기본적인 유형들이 반복되지만 그 배치는 서로 엇갈리거나 셋백되도록 하여 리듬감과 개별성을 살리고 있다. 또한 길을 형성하는 스케일이 다양하며, 변화 있는 특별한 건물들도 곳곳에 배치되었다.

뢰머슈타트는 복층주택의 연립형으로 계획되어 적층형의 아파트보다 수월하게 접지형의 개별 정원을 확보하였다. 단독주택의 정서를 유지

ⓒ전남일

마이의 프랑크푸르트 뢰머슈타트

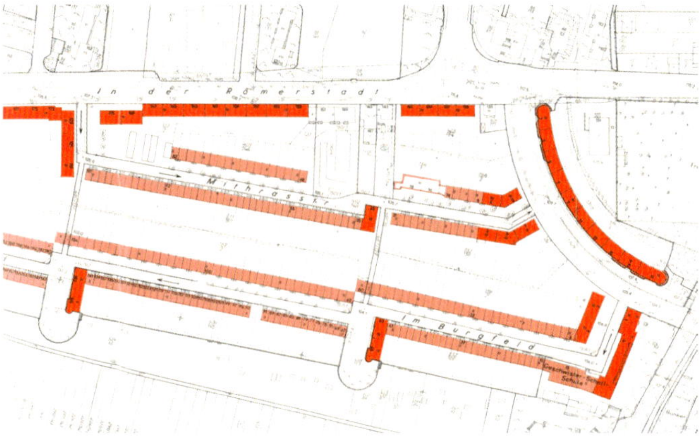

©DW Dreysse

뢰머슈타트 배치도

하면서 일자형 아파트 시대로의 전환 시기의 새로운 미학에 대한 고민을 엿볼 수 있다. 이 단지에서는 이전의 건축에서 보이던 절충주의적·장식적 성향은 새로운 산업 시대의 대량생산 이념과는 맞지 않는다고 여겼으며, '과거의 건축 형태로부터의 탈피'라는 건축미학을 상징적으로 보여주고자 했다. 특히 과거의 건축이 개별적인 요구에 초점을 맞추었던 것으로부터 벗어나서, 주거단지는 하나의 총체로서 보여야 한다는 새로운 패러다임이 우선시되었다.

마이의 목적은 수많은 대중들의 실제적(건축적) 디자인을 위해 아방가르드 예술가들의 성취와 기술적 영역에서의 발전을 이용하는 것이었다. 그렇지만 새로운 건축은 단지 물질적인 목표의 성취에만 있는 것은 아니었다. 새로운 건축은 새로운 삶의 방식과 일치해야 하는 것이었고, 일상생활의 문화를 증진시키는 데 기여하고자 한 목표를 갖고 있었다.[47]

또한 당시대의 평균적 소규모 가족을 위한 전형적인 평면을 적용하

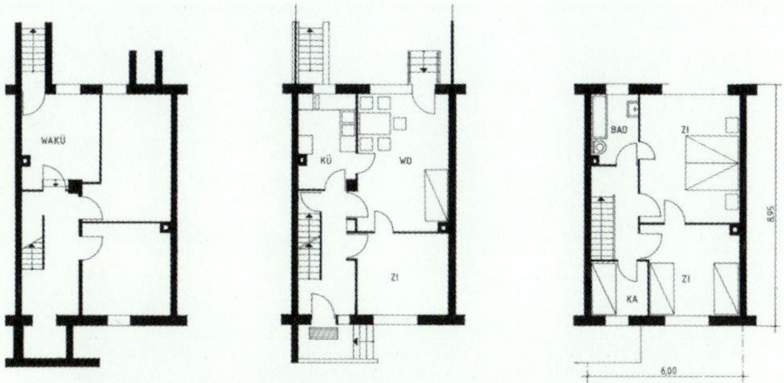

지하층 1층 2층

출처: D. W. Dreysse, *May Siedlungen - Architekturführer durch acht Siedlungen des neuen Frankfurt 1926-1930*, Köln: Walther König, 2001, p.14.

©전남일

뢰머슈타트의 복층의 단위세대 평면도와 프랑크푸르트 부엌

여 근대건축의 이념을 본격적으로 실천하였다. 뢰머슈타트 단지에서 기능이 최적화된 '프랑크푸르트 부엌(Frankfurter Küche)'이 설치되었다는 점이 이를 말해준다.

형태 구성의 특징은 콘크리트 슬래브로 된 발코니 및 캐노피가 추가된 단순한 입방체, 평지붕, 직선형에 맞춘 배열, 벽체와 유리면의 긴장감 있는 비례감, 수평적 창 및 그에 대비되는 수직적 계단실, 강렬한 색채, 그리고 식재를 통한 장식 등이다.[48] 지형에 따라 곡면형 주거동을 배

©전남일

마이의 프랑크푸르트 뢰머슈타트

치함으로써 변화감을 주었고, 보행자의 시선을 고려한 공간성, 즉 '회화적 조망 연출'을 실현하고자 했다. 맑고 깨끗한 외관과 평지붕은 백색건축 시대의 도래를 예고한다. 또한 최상층인 4층에 창문이 긴 띠를 이루어 수평적 연속성이 강조되었다.

하지만 차가운 외관을 완화시키고자 하는 몇몇 시도들도 병행되었다. 예를 들어 하층부의 창문을 리드미컬하게 배열하여 변화를 주었다. 두 단위세대를 대칭적으로 배치하고 이를 하나의 요소로 묶어 부착한 발코니는 코너 부분과 세대 간 벽을 1/4 원으로 처리하여 곡면의 입면에 또 다른 곡선 요소로 부드러운 효과를 주고 있다. 건물의 주조색은 흰색 또는 밝은 유채색을 사용하였고, 출입문과 창틀은 원색을 사용하여 강조했다.[49] 단순한 박스형 단위세대의 연속으로 이루어져 있는 주거동은 평지붕을 채택했으며, 외관은 장식 없이 단순히 처리했다.

몇 년 후 건설된 담머스톡 단지는 '실용주거(Gebrasuchswohnung)'라는 주제로 칼스루에 시 당국에 의해 진행된 현상설계의 결과로, 그로피우스의 안이 채택되어 실현되었다. 주요 목적은 공사비 절감과 소규모 주택의 대량공급으로 주택난을 해소함과 더불어 새로운 주거형태를 개발하고자 한 것이었다.[50]

이 단지에는 추상적 주거계획 방식이 통용되었다. 예술감독인 그로피우스는 중산층을 위한 건강하고 실용적인 주거를 실현할 목적으로 가장 단순하고 합리적인 형태인 일자형 연립주택 단지를 계획하였고, 이는 후에까지 일자형 단지의 완결형으로 평가받고 있다. 또한 주거는 가장 기능적인 요구를 충족시켜야 했으므로 통풍·위생·채광 등의 물리적 조건을 모든 세대에 균일하게 제공하고자 했고, 이때 그로피우스는 '햇빛 없이는 공간도 없다'[51]라는 슬로건을 내세웠다. 아울러 그 시대에 필요한 주거의 가장 보편적이고 일반적인 특성을 반영하고자 몇 가지 유형의 평면형을 단순히 반복·배치했으며, 이에 따라 결과적으로 거주자는 건축가가 의도한 규범에 따라 맞추어 거주하게끔 되어 있다.

일자형 주거단지가 이전의 주거단지와 가장 다른 점은 길에 대해서 개방성을 갖는다는 것이다. 즉 담머스톡 단지에서의 주거동은 그 이전의 길과 주거건물의 관계를 완전히 역전시키는 혁신적 배치를 보여주는 개방형 배치(offene Bauweise)의 대표적 사례이다. 독일을 비롯한 유럽의 역사적인 도시에서 길에 면해서 건물을 배치하던 방식과는 달리, 길과 주거동은 90도 직각을 이루며 배치되고 한 방향을 바라보고 있다. 즉 길과 주거가 관계를 형성하는 모폴로지(morphology)에 있어서 서로 응축된 관계를 상실하게 된 것이다.

출처: Leonardo Benevolo, *Die Geschichte der Stadt*, Frankfurt: Campus, 2000, p.339.

담머스톡 주거단지 배치도

일자형 자일렌바우의 극단적인 사례인 담머스톡 단지는 지형과 대지의 상황과는 무관하게 세워져 있어, 단지 내 어떠한 주거동이라도 서로 바꾸어 배치해도 아무 문제가 되지 않게 되는 획일성을 보여준다. 즉 도시의 논리보다는 건물의 논리가 더욱 지배적인 전형적인 국제주의·기능주의 건축양식의 원칙이 적용되어 있다. 이는 어느 지역, 어느 장소에서도 통용될 수 있다는 원리를 대변한다. 건축은 중심성과 위계가 없고, 매우 균질적이며, 경관을 포용하는 시각적 긴장감도 없는 질서정연함을 보여준다.

건물 배치의 순서는 일관되게 가로-주택-정원, 그리고 계속 가로-주택-정원의 순서로 반복되며, 이 시퀀스(sequence)가 전체 단지 배치를 지배한다. 이는 소위 '컨베어벨트의 도시'[52]라 할 수 있으며, 1920년대를 훨씬 '합리주의'를 감안하면 자일렌바우 주거단지는 그 시대의 상황에 맞춘 하나의 소도시이자 근대도시라 칭할 수 있다.

마이가 설계한 또 하나의 대규모 주거단지인 프랑크푸르트의 베스트하우젠 주거단지 역시 단순한 논리로 진행된 사례이다. 획일적인 일자형 주거단지의 결정체라 할 수 있는 이 단지에서 기능주의·국제주의 건축의 프랙털적(fractal) 복제방식을 볼 수 있다. 이상적인 배치는 균질성을 담보하는 것이었고, 주거동이라는 똑같은 요소들이 외부공간과의 결속 없이 '우주'공간에 자유로이 서 있다. 조형적 비례보다는 용도에 따른 효율적인 치수 및 시스템이 우선되었다. 새로운 미학인 기계미학이 출현하였고, 이 미학의 징표는 반복, 리듬 및 추상적 외관이다.[53]

이러한 건축에서 건축가의 역할은 과거와 많이 달라지게 된다. 이전의 건축가가 고급 수요자를 대상으로 하여 순수한 예술로서의 건축미를 추구했다면, 근대사회에서의 건축가는 중산층의 생활에 맞춘 건축도 그들의 창조력을 발휘할 만한 가치를 가진 대상으로 생각하기 시작한 것이

©DW Dreysse

프랑크푸르트 베스트하우젠 주거단지

다. 이는 산업혁명 이후 근대사회에서 시민계급이라고 지칭되는 도시 주민과 중산층이 세상을 움직이는 주체로 부상한 것과 무관하지 않다. 개인주의보다는 집단주의적 사고방식과 즉물적인 사고방식을 중심으로 사회를 위한 조형을 생각하고 또 실천하고자 한 무테지우스의 사고방식[54]이 이러한 대규모 주거단지에서 실현된 것이다.

건축가가 경제력이 별로 없는 사람들을 위한 건축을 시작했을 때는 무엇보다도 실용적이고 기능적인 건축이 요구되었다. 또한 비용이 많이 드는 장식을 수단으로 미를 추구하는 데는 한계가 있는 것이었다. 이를 대신하는 조형 원리로서 건물의 비례, 벽과 개구부의 조합 등을 통한, 보다 대범한 수법의 디자인이 필요하였다.[55] 즉 장식을 자연스럽게 부정하는 계기가 되었으며, 장식 외의 또 다른 측면에서의 미학을 위한 출구가 필요했다. 장식은 곧 합리주의 미학, 기능주의 철학, 단순명료함, 기술적 해법에서 도출된 구축미학으로 대체되었다.

대규모 단지형 주거의 확산

당시 베를린에서는 삶의 질을 향상시킬 수 있는 도시 집합주택을 모색하던 참이었다. 그로피우스와 샤로운을 비롯한 여러 건축가가 설계에 참여한 베를린의 지멘스슈타트는 기본적으로 일자형 배치 원칙에 충실했다. 이 단지의 끝단에 배치된 곡면형 주거동과 여기 연결된 '분절된 일자형' 주거동이 샤로운의 설계다. 그는 여기서 유일하게 일자형의 단조로움을 깨고 약간은 폐쇄적인 블록을 연상시키는 주거동을 제안했는데, 이는 폐쇄성과 개방성을 동시에 주고자 한 의도였다.

내부의 평면은 기능주의 원칙에 맞추어졌지만, 외부에서 보았을 때의 경관을 의식하고 건축적 완성도를 높이고자 한 의도가 보인다. 특히

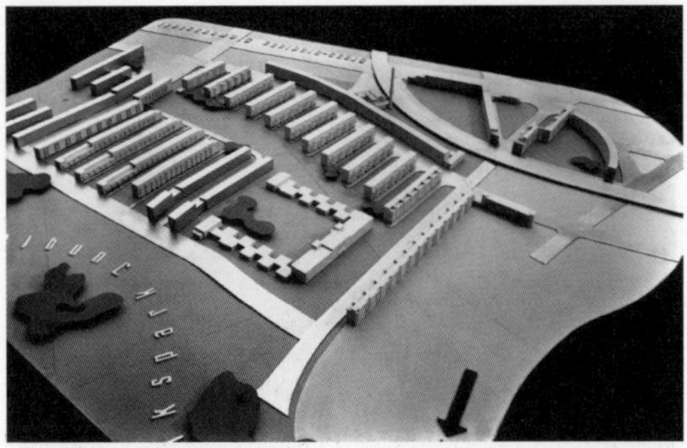

©Akademie der Künste, Berlin, Arthur-Köster-Sammlung, Nr. 1061, Arthur Köster

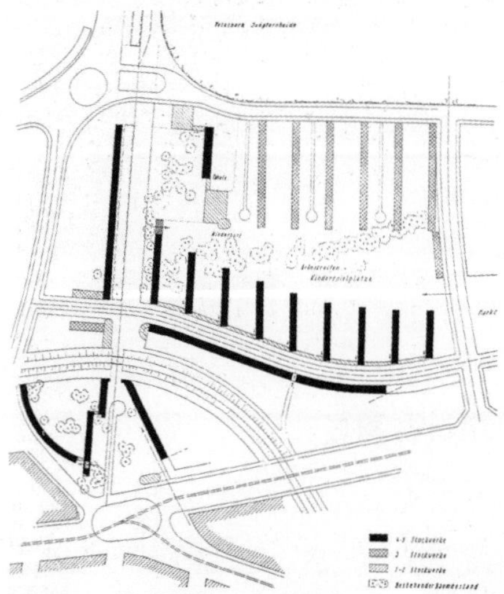

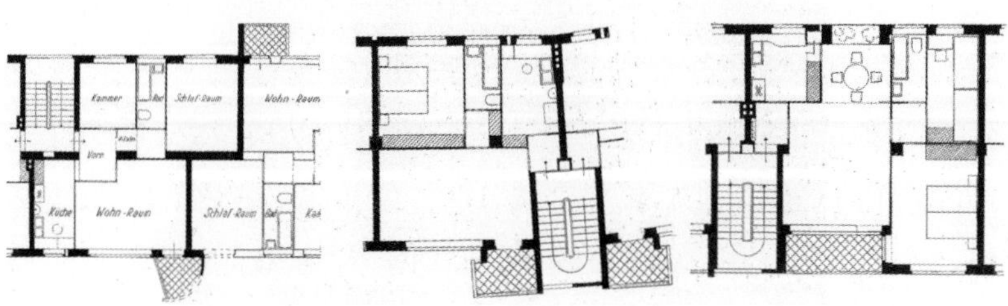

출처: Max Risselada et al., *Funktionalismus 1927–1961, Hans Scharoun versus die Opbouw*, Sulgen: Niggli, 1999, p.50(가운데), p.51(아래).

베를린 지멘스슈타트 단지 배치도 및 평면도

©전남일

지멘스슈타트 내 샤로운 설계의 주거동 전경

평면에서 발코니가 덧붙여진 거실을 곡면의 바깥쪽에 배치하고, 여기에 계단실을 결합하여 밋밋한 주거동 파사드에 입체감을 부여했다. 발코니는 입면으로부터 완전히 돌출된 형태로 깊은 음영감을 주고 있다.

여기에 결합된 '분절된 일자형 주거동'은 거실 및 발코니의 방향이 건물의 양측에 서로 엇갈려 배치되었다.[56] 즉 이 건물에서는 집합주택의 일자형 주거동에서 고정적으로 정해져 있다시피 한 '전면 파사드' 및 '그와 다른 후면'을 구성하는 양면성의 원칙과 달리, 건물의 양쪽 면이 모두 파사드가 되었다. 또한 곡면으로 처리된 발코니는 순수한 국제주의 건축의 정도에서는 약간 이탈한 듯이 보이는데, 국제주의의 결벽성에 대항하는 샤로운만의 디자인 철학을 보여준다. 그는 합리적인 공간을 추구하는 데 있어서는 기능주의 원칙에 충실하나, 변화가 가능한 부분에 있어서는 기능을 훼손하지 않는 아름다움을 모색하는 성향을 보인다.

이러한 변화감은 제1차 세계대전 후 샤로운이 다시 선보이게 된 베를린 샬로텐부르크(Charlottenburg) 주거단지(1958~1960)에서의 리드미컬한 디자인에서 다시 확인된다. 샤로운과 후고 헤링(Hugo Häring) 등은 전체를 형성하는 프로세스 안에서 오브제를 해체시키는 근대 건축운동은 그 자체로 모순을 안고 있다고 보았다. 그들의 '오브제'는 그것이 새로운 생산방식과 새로운 형식 구조로부터 얼마나 영향을 받았는가를 불문하고 전통적으로 건축의 '작품'과 관련되어 있던 건축의 '아우라' 회복을 지향했다.[57]

지멘스슈타트 단지에서 보다 표현주의적인 느낌이 부가된 주거동들은 헤링이 설계한 아파트 블록이다. 1~3층에는 계단실 양편의 단위세대에 대칭적으로 발코니들이 배치되었는데, 4층에서는 이것이 반복되지 않고 수평적인 갤러리와 같은 형식으로 대체되었다. 이로써 전체 주거동이 수평적·수직적 요소가 적절하게 배치된 조화로운 균형감을 보여준다.

©전남일

지멘스슈타트 내 헤링 설계의 주거동

또한 재료의 사용에 있어서도 밋밋한 스터코와 질감이 부여된 벽돌을 혼합 사용했다. 근대적 재료가 널리 확산되기 이전, 과거 1910~1920년대 사용했던 재료와 새로운 재료를 혼용하여 다분히 절충적인 성향을 보인다. 특히 비대칭적 곡면 형태의 돌출 발코니는 백색의 콘크리트 슬래브, 중간 부분의 벽돌 패턴, 그리고 발코니의 화훼 식재를 위한 철재 프레임과 잘 어우러진다. 발코니는 이 건물의 디자인 요소로 완성도 높

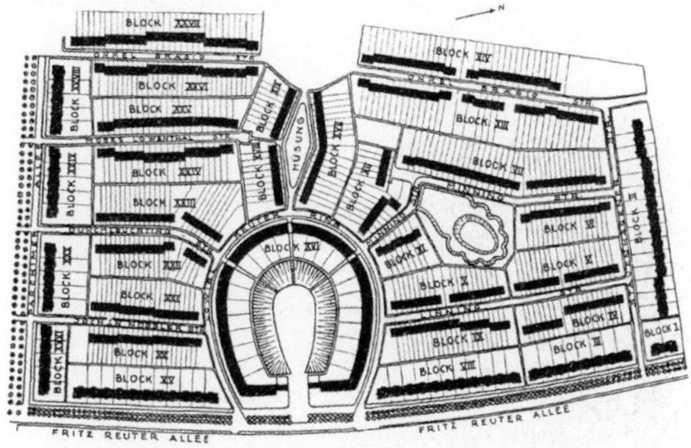

출처: Architekten und Ingenieur Verein Berlin(Ed.), *Berlin und seine Bauten*, Teil IV, Reihenhäuser, Berlin: Ernst & Sohn, 2002, p.112.

후프아이젠 주거단지 배치도

은 표현주의 미학에서의 수공예적 특질을 보여준다.[58]

동시대 지어진 타우트 설계의 베를린-브리츠(Berlin-Britz)의 후프아이젠(Hufeisen, 말발굽) 주거단지(1931)는 제목 그대로 말발굽 형태의 주거동이 특징적이다. 완만하게 휘어진 거대한 스케일의 주거동은 분절 없이 길게 이어진 형태가 드라마틱하다. 낮은 층수에 비해 매우 긴 주거동 길이는 대지에 밀착되면서 수평적 성격을 배가시킨다.

각 세대는 전체의 형태 구성 안에서 통합된다. 건물의 파사드는 반복적인 로지아(loggia)의 연속으로, 이렇게 반외부 공간을 돌출 없이 파사드 후면에 깊숙하게 배치함으로써 건물의 수평선을 강조하고 밋밋함을 더해주고 있다.

타우트는 그로피우스나 미스와 동시대에 활동한 건축가이지만, 그들과는 여러 면에서 차이를 보인다. 타우트는 특히 네덜란드 표현주의의 영향을 받아 벽돌을 적극적으로 활용했다. 후프아이젠 주거단지의 말발굽형 주거동에서는 로지아의 테두리를 벽돌로 장식하거나 수직선으로

©전남일

후프아이젠 주거단지 전경

©전남일

벽돌과 청색 채색으로 구성한 타우트의 고유 디자인

세대 간 벽을 표시하는 등의 표현을 하였다.

또한 그는 백색건축에 심취했다기보다는 오히려 색채를 다양하게 활용하는 경향을 보였다. 후프아이젠 주거단지 외곽에 배치된 일자형 주거동에는 여러 가지 밝은 컬러가 사용되었으며, 말발굽형 주거동 바깥쪽면 역시 밝은 청색으로 부분적으로 채색되어 있다. 또한 안쪽의 로지아 내면도 청색으로 채색되어 있다.

색채에 대한 타우트의 애착은 베를린의 옹켈 톰스 휘테(Onkel-Toms Hütte) 주거단지(1932)에서도 확인할 수 있다. 대규모 주거단지 각각의 주

ⓒ전남일

후프아이젠 주거단지(위)와 옹켈 톰스 휘테 주거단지(가운데, 아래)에서의 색채 사용거동들은 모두 높은 채도의 색으로 입면이 칠해 있다. 일부 주거동에서는 후프아이젠 주거단지에서의 색채 및 재료 구성과 매우 유사한 모습이 나타나는데, 예를 들어 부분적으로 벽돌 장식을 한다든가 청색으로 매스의 일부를 강조한다든가 하는 기법이 그러하다.

또한 타우트는 당시 성행했던 일자형 개방적 단지 배치보다는 반개방적(halboffene Bauweise) 배치를 선호했다. 외부공간의 질과 녹지공간을 주거공간의 연장선에 있는 중요한 공간으로 인식했기 때문이다. 일례로 후프아이젠 주거단지에서의 감싸안는 말발굽형 배치, 쉴러 파크(Schiller

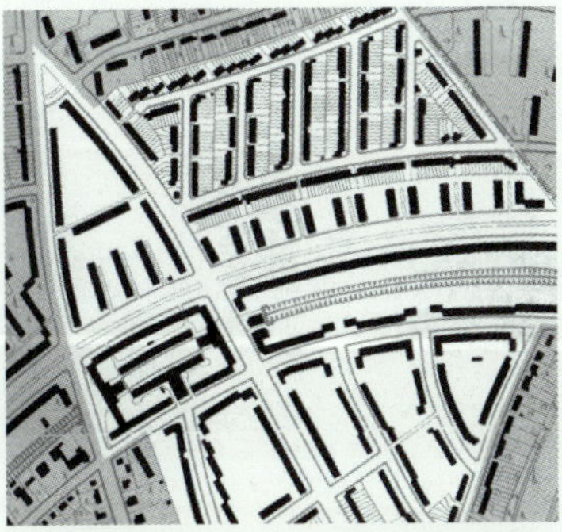

출처: Maria Berning, *Berliner Wohnquatiere*, Berlin: Dietrich Reimer Verlag, 2003, p.130.

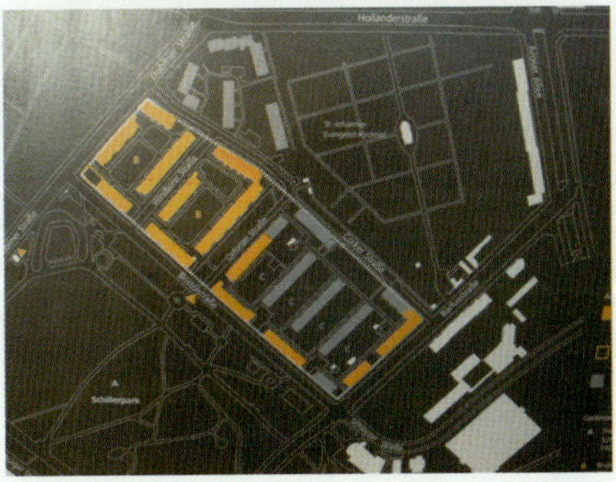

©전남일

옹켈 톰스 휘테 주거단지(위)와 쉴러 파크 주거단지(아래)의 배치도

©전남일

쉴러 파크 주거단지 전경

©전남일

쉴러 파크 주거단지 입면의 다양한 표정들

Park) 주거단지(1930)에서의 중정의 형성, 옹켈 톰스 휘테에서의 대칭형 배치 등이 모두 이러한 원칙하에 이루어진 것이다. 외부공간은 안과 밖이 건물을 사이에 두고 공적 공간과 사적 공간으로 구분된다. 이로써 전면과 후면의 장소성이 뚜렷하게 구분되며, 일자형 배치보다 덜 지루한 공간의 배열을 만들 수 있다.

타우트는 그런 면에서 마이의 뢰머슈타트에서의 배치 기법을 따랐다고 할 수 있고, 혁신성보다는 보수적 입장에서 감성적인 디자인 태도를 보여준다.

벽돌의 사용은 쉴러 파크 주거단지에서 더욱 적극적으로 드러난다. 중정을 둘러싸며 ㅁ자로 배치된 주거동들은 4층의 나지막한 높이와 아늑한 외부공간을 둘러싸고 있다. 같은 재료를 사용한 동일한 형태의 주거동들은 각각 다른 디테일과 부분 장식으로 변화를 주었다. 예를 들어 백색의 플라스터, 수직의 노출 콘크리트 격자, 콘크리트 발코니 등은 건물에 풍성한 감성을 불어넣어 주며, 공업화와 기계생산의 물결 속에서 섬세하게 공들인 생산의 미학을 보여준다.

이 단지의 주거동들은 기본적으로 판상형을 취하고 있으나, 다양한 입면의 디자인 기법을 볼 수 있다. 우선 발코니 대신 매스에 삽입된 공간으로서 로지아를 채택한 점은 후프아이젠 주거단지에서와 동일하다. 이로써 입방체의 판상형이 더욱 강조되고, 또한 크지 않은 창의 면적으로 중후한 매스감이 더욱 강조된다. 자칫 지루해지기 쉬운 입면은 창과 벽체, 로지아의 변화 있는 조합으로 풍부한 표정을 갖게 되었다. 붉은색과 부분적으로 적용된 콘크리트 무채색의 조화는 합리성을 배제한, 대신 순수한 미적 감성에 의존한 타우트만의 표현주의적 사례라 할 수 있다.

후프아이젠 주거단지나 옹켈 톰스 휘테에서 타우트가 색채 혹은 부분적 장식으로 차가움을 완화하고자 했던 시도들은 쉴러 파크 주거단지

©전남일

바이세 슈타트의 주거동들

에서 지향했던 따뜻한 감성들을 현실적으로 실현하기 어려울 때 대안적으로 선택했던 노력이라 볼 수 있다.

한편, 시 건축가 마틴 바그너(Martin Wagner)의 주도로 건설된 베를린의 바이세 슈타트(Weisse Stadt, 백색도시)(1931)는 이름이 상징적으로 표현하듯이 백색의 건물들로 이루어진 대규모 단지이다. 길을 중심으로 양편에 블럭의 가장자리를 채우는 방식의 주거동들이 늘어서 있고, 그 길은 강한 축(軸) 이룬다. 입구의 높은 두 주거동은 이 축의 시작을 알리는 역할을 하며, 길의 중심부를 가로로 관통하는 브리지(bridge)와 같은 커뮤니티 시설은 축의 중심성을 더욱 강조한다.

이와 같은 단지의 강·약 구성은 공간의 긴장감을 더하는데, 단지의 명칭이 주는 근대적 느낌과는 달리 다분히 바로크적 접근방식을 택했다고 볼 수 있다. 최대한의 기능과 합리성을 추구하고 절제미를 강조하는 국제주의 건축에 전래의 도시공간 구성방식 및 더 스테일(de stijl)적 색채 구성이 결합된 경향을 보인다. 실제로 주거동들은 백색 플라스터 마감을 기본으로 하되, 창의 프레임과 파라펫, 로지아 안쪽의 벽면, 주거동 출입 현관 등에 다양한 색채로 포인트를 주어 생동감 있는 느낌을 부여한다. 특히 강조색인 청색을 사용한 일부 입면에서는 타우트가 즐겨 적용했던 입면과 흡사하여, 이것이 당시 유행했던 대중의 취향임을 짐작케 한다.

이렇듯 동시대에 지어진 여러 대규모 주거단지에서는 시대의 패러다임에 부응하는 건축가들의 다양한 시도와 함께, 한편으로는 새로운 양식을 창조하고자 한 고민을 엿볼 수 있다. 과거부터 존재했던 여러 양식들을 절충하기도 하고, 혹은 새로운 집합주택의 형식과 새로운 재료들을 조합하여 새로운 양식을 과감히 시도하기도 했다.

이처럼 근대 건축운동에 뿌리를 둔 대규모 주거단지들은 역사적 양식과 단절되는 양식이라고 단정되기도 하지만, 그것의 확산 과정에서는 여러 절충적인 시도들이 있었다는 점도 간과할 수 없다. 이들 사례들은 국제주의·기능주의 건물이 지배하게 될 이후 시대와 과거의 가교 역할을 했고, 이 역시 시대의 산물이라고 할 수 있다.

주

1 Schramm, Helmut, *Low Rise-High-Density* (Wien: Springer Verlag, 2005), p.23.

2 하즈다 토오루, 김동영·조극래 역, 『모방과 창조의 공간사』(보문당, 2003), pp.146-147.

3 Hays, K. Michael, 봉일범 역, 『1968년 이후의 건축이론』(스페이스타임, 2003), p.556.

4 勝 見勝 외, 박대순 역, 『현대 디자인 이론의 사상가들』(미진사, 1984), p.24.

5 19세기 미국의 조각가, 작가.

6 19세기 오스트리아의 건축가로, 『건축(*Architektur*)』이라는 저서에서 "문화의 발전이란 건축·가구·의복 등과 같은 유용한 물체로부터 장식을 제거하는 것과 동일하다"라고 말하며 장식을 거부하는 급진적인 견해를 표방했다.

7 Tatarkiewicz, Wladyslaw, 손효주 역, 『미학의 기본개념사』(미술문화, 2001).

8 Heynen, Hilde, 이경창·김동현 역, 『건축과 모더니티』(스페이스타임, 2013), p.42에서 재인용.

9 Hays, K. Michael, 봉일범 역, 『1968년 이후의 건축이론』(스페이스타임, 2003), p.29.

10 강현주 외, 『열두 줄의 20세기 디자인사』(디자인하우스, 2005), p.237.

11 Hilberseimer, Ludwig, 윤재희·지연순 역, 『근대건축의 역사』(세진사, 2000), p.174에서 재인용.

12 박해천, 「집은 주거를 위한 기계다」, in Hilberseimer, Ludwig, 윤재희·지연순 역, 『근대건축의 역사』(세진사, 2000), p.71.

13 Avermaete, Tom, Klaske Havik, and Hans Teerds(Ed.), 권영민 역, 「건축」, 『근대성과 공공영역에 대한 36인의 건축적 입장들』(스페이스타임, 2011), p.34.

14 Hays, K. Michael, 봉일범 역, 『1968년 이후의 건축이론』(스페이스타임, 2003),

p.557.

15 Kähler, Gert(Ed.), *Geschichte des Wohnens* vol.4, (Stuttgart: DVA, 1996), pp.352-353.

16 스즈키 히로유키, 우동선 역, 『서양 근·현대 건축의 역사: 산업혁명기에서 현재까지』(시공사, 2003), p.176.

17 Behr, Shulamith, 김숙 역, 『표현주의』(열화당, 2003), p.7.

18 Behr, Shulamith, 김숙 역, 『표현주의』(열화당, 2003), p.66.

19 Hays, K. Michael, 봉일범 역, 『1968년 이후의 건축이론』(스페이스타임, 2003), p.28.

20 Kähler, Gert(Ed.), *Geschichte des Wohnens* vol.4 (Stuttgart: DVA, 1996), pp.352-353.

21 Schubert, Dirk, *Hamburger Wohnquatiere* (Berlin: Dietrich Reimer Verlag, 2005), pp.154-157.

22 Schubert, Dirk, *Hamburger Wohnquatiere* (Berlin: Dietrich Reimer Verlag, 2005), p.164.

23 이정혜, 「형태는 기능을 따른다」, 강현주 외, 『열두 줄의 20세기 디자인사』(디자인하우스, 2005), pp.14-16.

24 Hays, K. Michael, 봉일범 역, 『1968년 이후의 건축이론』(스페이스타임, 2003), p.557.

25 신태양, 『근대건축미학』(태림문화사, 2012), p.157에서 재인용.

26 Biermann, Veronica, *Architektur Theorie von der Renaissance bis Gegenwart* (Köln: Taschen, 2003), p.725.

27 Khan, Hasan-Uddin, *International Style — modernist architecture from 1925 to 1965* (Köln: Taschen, 2001).

28 Lampugnani, Vittorio Magnago(Ed.), *Die Architektur, die Tradition und der Ort: Regionalismen in der europäischen Stadt* (Stuttgart: Wüstenrot Stiftung, 2000), p.84, 89

29 Lampugnani, Vittorio Magnago & Wolfgang Nagel(Ed.), *Deutsche Architektur im 20. Jahrhundert* (Berlin: Jovis, 2000), p.97.

30 Vitra Design Museum(Ed.), *Mies van der Rohe* (Weil am Rhein: Skira, 1998), p.138.

31 Deutscher Werkbund(Ed.), *Bau und Wohnung* (Stuttgart: Karl Krämer, 1992), p.7.

32 Ungers, Lieselotte, *Über Architekten — Leben, Werk & Theorie* (Köln: DuMont, 2002), p.192.

33 Schramm, Helmut, *Low Rise-High-Density* (Wien: Springer Verlag, 2005), p.23.

34 Kähler, Gert(Ed.), *Geschichte des Wohnens* vol.4 (Stuttgart: DVA, 1996), p.378.

35 Faller, Peter, *Der Wohngrundriß* (Stuttgart: DAV, 2002), p.63.

36 Khan, Hasan-Uddin, *International Style — modernist architecture from 1925 to 1965* (Köln: Taschen, 2001), p.81.

37 Faller, Peter, *Der Wohngrundriß* (Stuttgart: DAV, 2002), p.151.

38 정성훈, 「건축박람회를 통한 주거건축 유형의 변천에 관한 연구」, 『대한건축학회논문집』 16권 10호 (2000), p.7.

39 박상현 외, 「근대 시범주거의 시대적 대응성에 관한 비교연구」, 『대한건축학회논문집』 14권 4호 (1998), p.59.

40 Khan, Hasan-Uddin, *International Style — modernist architecture from 1925 to 1965* (Köln: Taschen, 2001), pp.67-68.

41 Risselada, Max et al., *Funktionalismus 1927-1961, Hans Scharoun versus die Opbouw* (Sulgen: Niggli, 1999), p.47.

42 Risebero, Bill, 박인석 역, 『건축의 사회사 — 산업혁명에서 포스트모던까지』 (열화당, 2008), p.270.

43 '노이에 프랑크푸르트'는 마이가 공공의 지원을 받기 위해 출판한 정기간행물 이름에서 유래한 것이다. 이는 또한 마이가 사무실에서 활약하는 동안 프랑크푸르트에서 이룬 성과물 전체를 나타내는 데 적용되는 용어이기도 하다(Heynen, Hilde, 이경창·김동현 역, 『건축과 모더니티』, p.15에서 재인용).

44 Gympel, Jan, *The Story of Architecture* (Köln: Könemann, 1996), p.90.

45 Hays, K. Michael, 봉일범 역, 『1968년 이후의 건축이론』 (스페이스타임, 2003), p.34.

46 Kähler, Gert(Ed.), *Geschichte des Wohnens* vol.4, (Stuttgart, DVA, 1996), pp.337-338.

47 Heynen, Hilde, 이경창·김동현 역, 『건축과 모더니티』 (스페이스타임, 2013), p.60.

48 Dreysse, D. W., *May Siedlungen — Architekturführer durch acht Siedlungen des neuen Frankfurt 1926-1930* (Köln: Walter König, 2000), p.5.

49 손세관, 「프랑크푸르트의 전원풍 집합주택 뢰머슈타트」, *auri M. Autumn* (2011), pp. 149-150.

50 정성훈, 「건축박람회를 통한 주거건축 유형의 변천에 관한 연구」, 『대한건축학회논문집』 16권 10호 (2000).

51 Kähler, Gert(Ed.), *Geschichte des Wohnens* vol.4 (Stuttgart: DVA, 1996), p.265.

52 Kähler, Gert(Ed.), *Geschichte des Wohnens* vol.4 (Stuttgart: DVA, 1996), p.340.

53 Leupen, Bernard 외, 김영애·문은미 역, 『건축디자인과 분석』 (도서출판 국제, 2000),

p.76.

54 勝見 勝 외, 박대순 역, 『현대 디자인 이론의 사상가들』 (미진사, 1984), p.24.

55 하즈다 토오루, 김동영 · 조극래 역, 『모방과 창조의 공간사』 (보문당, 2003), pp.197-199.

56 Risselada, Max et al,, *Funktionalismus 1927–1961, Hans Scharoun versus die Opbouw* (Sulgen: Niggli, 1999).

57 Hays, K. Michael, 봉일범 역, 『1968년 이후의 건축이론』 (스페이스타임, 2003), p.35.

58 Schtiftung Denkmalschutz Berlin(ed.), *Hundertjahre Architektur in Berlin* (Berlin: Jovis, 2003), p.72.

대량생산과 후기 기능주의:
1950년대~1970년대 초반

국제주의 양식의 일시적 쇠퇴

제3 제국이라 불리는 국가사회주의 집권 시대, 즉 나치 시대(1933~1939)는 그동안의 건축운동이 한 걸음 후퇴한 시기였다. 근대의 물결은 잠잠해지고 과거로의 회귀 현상이 두드러졌다. 그 이유는 1929년 대공황으로 인한 외국자본 유입 이후 경제적 혼란기를 겪었고, 그 결과 정치적 분위기가 과도하게 우익으로 흐르면서 나치의 지배를 피해 많은 건축가들이 미국 등 다른 나라로 이민을 떠난 데서 찾을 수 있다.[1] 마이, 스탐 등이 소련으로, 타우트, 마이어, 그로피우스, 브로이어, 힐베르자이머 등이 대부분 미국으로 떠났으며, 결국 미스도 미국으로 이민가기에 이르렀다. 근대 건축운동을 주도하던 건축가들이 떠난 이후 독일 건축의 진보적 흐름이 방향을 잃게 된 것은 당연한 결과였다.

주거건축에서도 과거로의 회귀 경향이 두드러졌다. 예를 들어 근대건축의 상징이었던 평지붕이 쇠퇴하고 박공지붕이 다시 등장했으며, 적층식 아파트보다는 단독주택이 연속된 형태의 주거단지 건설이 활발했다. 일반적으로 나치하의 예술은 강한 민속적·민족적 색채를 띠고 있었으며, 의도적으로 진부함을 추구했다. 즉 '꾸며낸 순수함'이 강조되었다. 특히 강한 애국주의는 삶의 긍정적인 면을 표현하도록 유도되었고, 나치 당원을 위한 노동자용 주택들이 동화 속의 집과 같이 건설되었다. 이와 함께 사회 전체를 지배했던 전제적인 분위기가 반영된 듯, 대칭적 배치 및 대칭적 입면을 주로 채택했다.[2]

1940년 완공된 베를린 교외의 크루메 랑케(Krumme Lanke) 주거단지는 '균일한 규모와 단위공간을 갖는 단독주택'이면서도 전체적인 분위기는 지형을 따라 배치되었고, 자연스러운 형태를 추구함으로써 전원도시(Gartenstadt)의 원칙을 따른다. 이 단지는 소위 전통적인 '슈투트가르트'파의 양식으로 지어졌으며, 나치가 추구했던 이상적 주거단지의 모습을

©Landesmedienzentrum BW

나치 시대의 전형적 주거단지인 슈투트가르트 라이사흐 주거단지

갖추었다.

슈투트가르트파는 나치 권력하에서 슈투트가르트 대학 학장이 되었던 파울 슈미트헨너(Paul Schmitthenner, 일찌감치 독일에서의 전원도시를 시도했던 건축가)의 영향하에 건축교육을 받았고, 그로 인해 전통적인 독일적 도제 건축을 지향했던 건축가들 또는 건축사조를 일컫는다. 크루메 랑케 주거단지는 전형적인 박공주택이 연속된 형태로, 근대 양식에서 다시 '건축가 없는 건축'의 토속적인 전통양식으로 회귀한 듯한 경향을 보인다.[3]

이후 1945년 제2차 세계대전 패전 후 독일에서는 전체 주택의 25%가 파괴된 상황을 맞이하였다. 또한 제1차, 2차 세계대전 사이에 주택을 공급하지 못했던 것도 주택시장 악화에 한몫하였다. 1950년대에는 460만 내지는 500만 채의 주택이 모자라는 상황에 이르렀다.[4]

건축가들은 합리주의와 기능주의의 이념을 계승하면서도 새로운 양식을 창출해야 하는 과제를 안고 있었다. 동시에 시대적 상황으로 인해 전쟁 후의 재건이라는 사회적 목표가 뚜렷했고, 주거건축의 규범화·유형화·합리화는 여전히 거스를 수 없는 중요한 가치였다. 또한 건물의 부분 및 구조체를 공장생산된 부재로 구축하는 조립식 건식구조 역시 지속적

©전남일

크루메 랑케 주거단지

으로 발전하고 있었다. 다시금 주택의 대량생산의 필요성이 대두된 상황이 된 것이다.

제2차 세계대전 후 독일에서 최초로 건설된 주거단지는 슈투트가르트의 ECA(Economic Cooperative Administration) 주거단지(1952)이다.[5] 이 단지는 현상설계를 통해 당선된 막스 하우쉴트(Max Hauschild)의 안으로 설계되었고, 전쟁 후 사회주거로서의 새로운 아이디어와 기술을 시범적으로 보여주고자 한 목적이 있었다. 미국의 원조로 건설된 이 단지는 미국의 산업화된 건설기술을 동원하여 지어졌는데, 최소한의 비용을 가지고 건축적으로는 까다로운 요구를 만족시켜야 했다.[6]

출처: Christina Simon & Thomas Hafner, *Wohnorte*, Stuttgart: Karl Krämer, 2002, p.115.

슈투트가르트의 ECA 주거단지

이 단지는 기본적으로는 자일렌바우의 전통을 유지하였으며, 일자형의 편복도식 적층형 아파트와 스플릿 레벨(split-level)의 연립주택으로 구성되었다. 아파트 블록은 주거동이 지그재그로 꺾인 형태를 보이며 어느 정도 기교를 보였다. 이러한 기교는 연립주택의 경우 단면상에서의 레벨 차로 나타난다. 연립주택의 경우 사선으로 절개된 세대 간 벽과 상부층의 돌출부, 목재의 사용 등은 한편으로는 표현주의적 양식의 특성을 내포하고 있었다. 주거동은 두 유형 모두에서 제3 제국 시대의 유물인 경사지붕을 채택하였는데, 지붕의 경사는 완만하여 거의 평지붕과 같은 인상을 준다.

1950년대의 새로운 운동은 이전의 국제주의 건축의 한계점에 대항하는 것이었다. 1950년대 CIAM은 기능주의와 합리주의에 치중했던 이념을 지속하면서도 건축의 공공성 확보와 라이프스타일의 제고에 힘을 실었다. 이러한 활동은 근대 건축운동에 의해 생겨난 국제주의 건축의 획일적이고 무기질적인 대규모 건조 환경에 대한 반성으로부터 시작되었고, 팀텐(Team X)[7]에 의해 주도되었다.

특히 네덜란드 건축가 알도 반 에이크(Aldo van Eyck)는 취리히의 예술적 아방가르드와 현대미술의 영향을 받아 이를 건축적 어휘로 변화시켰다. 그의 영향으로 팀텐은 처음에는 표현주의적 성향이 강한 기능주의의 성격을 띠었으나, 서서히 변화하는 경향을 보이기 시작했다.

독일 건축 역시 팀텐의 영향을 많이 받았다. 이들은 건축과 도시의 합일에 중점을 두었고, 사회 전체의 균형 회복과 인간과 환경의 관계 회복을 위해 노력했다. 이러한 활동을 통하여 근대건축의 황량함과 상호 커뮤니케이션 부재를 극복하고 새로운 건축 공간 및 형태를 추구하고자 하였다.

브루탈리즘과 표현주의

제2차 세계대전 이후에는 국제주의 양식을 반대하는 경향이 나타났는데, 이와 같은 바로크적 반작용을 후기 모더니즘이라 부를 수 있을 것이다. 특히 국제주의 양식에 내재된 독단적 규칙이 약화된 1960년대는 개인적 표현이 모더니즘의 주류를 이루었고, 이때 독창적 형태 생성이라는 관점 그 자체가 목적이 되어 창의적인 3차원적 조각으로서의 건축을 원하게 된 것이다.[8]

주거건축 역시 질적·양적인 면에서 이전 시대의 주거와는 그 형식과 사용에 있어서 상당한 차이를 보이게 되었다. 시공기술이 발달하였으며, 다양한 건축재료가 개발되었고, 건축의 계획 개념도 다각적으로 전개되었다. 물론 전쟁 후의 재건이라는 시대적 특성상 활발한 주택 공급이 그 어느 때보다 필요했으므로 '수준보다는 양(Masse statt Klasse)'라는 구호가 여전히 유효했다. 단기간에 최대한 대량의 주택을 생산하는 것이 과제였으며, 대부분 수수하고 순박한 주택 위주로 건설되었다.

1950년대는 대부분 5층 이하의 일자형 집합주택이 대세였고, 종종 고층 아파트가 등장했다.[9] 이 시기의 주거건축에서는 큰 두 경향을 볼 수 있는데, 브루탈리즘(brutalism)적 성향이 과도하게 나타나는 흐름과 표현주의 양식을 다시 차용하는 흐름이 그것이다.

우선 브루탈리즘은 전쟁 후 콘크리트라는 근대건축의 재료에 대한 신뢰로부터 출발했다. 주택 대량생산의 대표적 표상인 콘크리트가 갖고 있는 장점과 '힘'이 가장 강력한 우선적 표현의 수단이 되었다. 특히 프리패브(prefab) 콘크리트는 가장 값싼 재료이면서도 유지·관리가 수월하다는 이유로 구조체이자 외피 마감재로 각광을 받게 되었다. 또한 그것은 주거건축에 있어서 규모가 거대해진 주거동의 형상과 부합하는 재료였다. 소위 '콘크리트 건축'으로 대표되는 이 시기 건축은 주거건축, 그

©전남일

브루탈리즘 성향의 고층건물군

중에서도 사회주택 위주로 확산되었으며, 그 속성상 매우 거칠고 딱딱하며 황량한 특성을 보이는데, 이를 브루탈리즘의 가장 강한 속성이라 볼 수 있다.

브루탈리즘은 원래 피터 레이너 밴험(Peter Reyner Banham)에 의해 붙여진 명칭으로, 이 시기는 건축역사상 가장 '아름답지 못한' 양식의 시기로 평가된다.[10] 초기에는 소규모 테라스하우스 등에서 노출 콘크리트의 거친 물성을 표현하는 것을 주된 미학적 요소로 삼았지만, 시간이 흐르면서 스케일의 확장으로 더욱 과장된 모습을 보이게 된다. 하지만 또 한편으로는 대량생산된 주택들 중 어느 정도 거친 느낌에서 탈피하여 보다 다채로운 표현 양식들을 적용하는 경향으로 변화하는 경향도 볼 수 있다.

이 시기의 주거건축은 제1차 세계대전 후의 미스나 그로피우스의 국제주의 건축 이념을 계승했지만, 조형적 특성은 그 시기보다는 덜 경직된 방향으로 흘렀다. 특히 1930~1940년대 나치 제국하에서 암울했던 사회 분위기와 삭막한 정서가 지배하던 시기가 지난 후, 1960년대 이후의 시대는 밝고 경쾌하고 자유분방한 감성에 대한 욕구가 강했다. 그리고 딱딱하고 기계적인 디자인에서 탈피하여 건물에 감성을 불어넣고자 하는 시도들도 목격되었다.

예를 들어 공공건축물 등에서 나타났던 대칭성 강하고 엄격했던 나치 시대의 건축미학은 보다 역동적이고 유기적이며 유연하고 비대칭성이 강한 양식으로 대체되기 시작했다. 주거건축에서 건물의 고층화가 더 진행되었고, 수직적 요소의 반복은 대세였다. 이러한 경향 속에서 등장한 혁신적 시도는 베를린 한자(Hansa) 지구의 인터바우(Interbau) 집합주택(1958)에서와 같은 경직된 모더니즘에 대한 반발이었다.

생기 넘치는 양식에 대한 갈망은 도시의 경관과 색채, 건물의 구조와 디테일에서부터 내부공간의 장식에 이르기까지 널리 확산되었다.[11] 집합주택에 있어서는 반복적으로 나타나는 발코니를 다양하게 디자인하고, 이것이 건물의 매스에 파고들거나 혹은 돌출시켜 변화를 주는 것이 가장 흔한 방식이었다. 또한 새로이 개발된 플라스틱, 슬레이트, 강화유리 등의 재료들을 서로 혼합·디자인하고, 서로 대비되는 효과를 얻기도 했으며, 타일이나 철재, 기타 금속재 등이 창과 문의 장식재로 사용되기도 했다.

이러한 절충주의적 특성을 두고 평론가들은 "추상화된 장식과 재료 표현에서 유래한 혼합물(Mischung)"이라 칭하기도 했다. 이것이 가능해진 것은 건축가나 디자이너가 원하는 의도대로 신재료들을 과거보다 싼 값으로 마음껏 가공할 수 있는 기술적 혁신이 이루어졌기 때문이다. 진보된 건축술이 미학적 · 경제적 자유를 제공한 것이다.[12]

슈투트가르트 추펜하우젠(Stuttgart-Zuffenhausen) 지역은 슈투트가르트에서 제2차 세계대전 후 처음 지어진 대규모 주거지로서, 그 계획 개념에서 기본적으로는 "모든 거주자에게 건강하고 충분한 햇빛을 받을 수 있고 정원과 경치를 조망할 수 있는 주거를 제공"하자는 CIAM의 아테네 헌장(Charta von Athen)을 따르고 있다.[13] 그렇지만 그 양식적 특성이 모더니즘 시대와는 매우 다른 사례들이 하나씩 등장하기 시작했다.

이곳의 상징적인 주거동은 샤로운이 설계한 아파트로 '로미오와 줄리엣'이라는 낭만적인 명칭이 붙여졌다. 두 동으로 구성된 단지는 각각 19층, 11층의 고층 플랫(flat)으로 구성되어 있으며, 1959년 완성되었다.

여러 번 꺾인 외벽과 불규칙하게 배치된 삼각형의 발코니가 특징인 고층의 로미오 주거동, 그리고 후면의 꺾여진 편복도 및 식당, 상점, 주차장으로 이루어진 저층부의 구성이 특징인 말발굽 형태의 줄리엣 주거동은 넓은 대지 위에 마주보면서 세워져 있다. 로미오 주거동은 단위세대를 집약적으로 배치한 블록플랜(block plan)을, 줄리엣 주거동은 단위세대를 선적으로 배치한 블록플랜을 구성했다. 입면과 외관의 풍부함은 단위세대 평면의 기발한 구성, 그리고 이들을 주거동의 평면 내 절묘하게 집합한 결과이다.

단위세대 평면은 소위 '유기적(organische)' 방식으로 구성되었다. 계획의 출발은 주거 내부공간에서 거주자의 다양한 행위 및 그에 따라 발생하는 동선에 대한 고려로부터 시작된다. 동선에 따라 자연스럽게 벽체를 세우고, 공간들 사이에서는 유동적으로 흐르는 연결을 만들어내는 것이다. 결국 여러 공간 사이에 기능적인 관계가 형성되도록 하는 것이고, 이

©전남일

슈투트가르트 추펜하우젠의 전경(위)과 로미오(가운데), 줄리엣(아래) 주거동

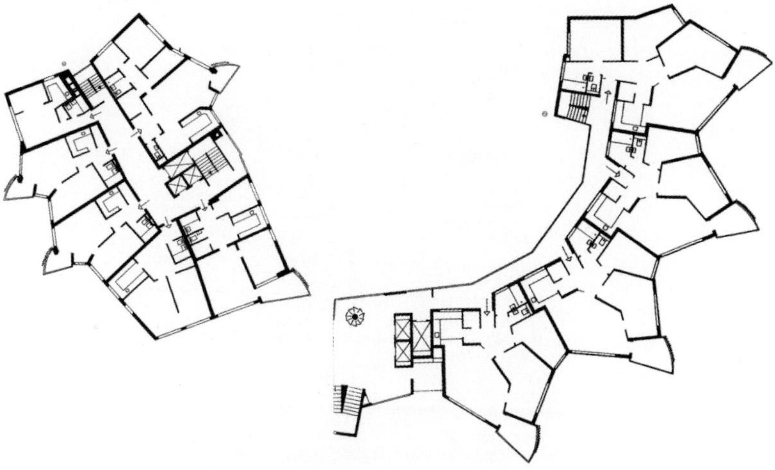

출처: Friederike Schneider, *Grundrißatlas - Floor Plans Manual - Housing*, Basel: Birkhäuser, 2004, p.210(왼쪽), p.211(오른쪽).

로미오와 줄리엣 주거동 평면

런 측면에서 내용적인 면에서는 기능주의에 충실한 평면이라 할 수 있다.

하지만 직교하거나 평행하지 않는 평면의 선들이 공간을 구획함으로써 경직된 근대주의로부터 탈피하고자 했다. 근대건축의 평면 계획, 즉 모듈로 구획된 규칙성, 공장생산의 합리성과 시공의 편리성을 염두에 둔 그리드상의 계획과는 상반된 개념이다. 그 결과는 종종 익숙치 않은 형태로 나타난다. 평면은 통념적인 박스형(사각형) 공간의 배열이 아닌, 불규칙한 다각형 공간들의 조합이다. 그럼에도 불구하고 공간의 치수 및 기능, 가구 배치 등이 무리 없이 이루어질 수 있도록 계획되었다. 이러한 평면은 기능상 지나치게 '꼭 맞는' 완벽성을 보이기 때문에 오히려 사용의 융통성이 발휘되지 못한다는 단점이 있다.[14]

줄리엣 주거동의 경우 단위세대의 방사선 배치 틈새로 형성된 부정형의 발코니는 외관에 입체감을 부여한다. 불규칙한 단위세대의 평면에서 부정형 거실에 부가된 발코니는 통상적인 긴 장방형 공간이 아닌 독

©전남일

다양한 발코니의 표현과 재료 사용

특한 형태로 계획되어 내부공간과 디자인의 일체를 이루었다. 또한 돌출된 평면의 끝단에 위치하여 외기에 더욱 개방적이며, 형태는 외관의 특성을 더욱 강조하는 역할을 한다. 발코니는 깊은 음영을 만들어내고, 예각의 모퉁이는 돌출되어 역동적 파사드를 구성하며, 콘크리트 패널의 자유분방한 배치와 리듬감은 후기 표현주의 양식의 디자인 원칙을 보여준다.

샤로운은 비슷한 개념의 주거동 구성을 슈투트가르트 파사넨호프(Fasanenhof) 주거단지(1967)에서 다시 한 번 선보였다. 4호 조합의 단위세대로 이루어진 두 주거동이 계단실로 연결된 형태인데, '로미오' 중복도 형식의 주거동을 양쪽으로 개방하여 편복도식으로 구성한 것과 흡사하며, 발코니를 이용한 외관의 표현주의적 특성도 유사하다.

표현주의적 성향을 블록플랜의 구성에서 볼 수 있는 사례는 카를 헬(Karl Hell) 설계의 쾰른 뮐하임(Köln-Mühlheim) 아파트 블록(1961)이다. 대량생산 시대 고층 주거의 속성상, 정해진 블록플랜은 하부층부터 최상층까지 똑같이 연속되는 것이 보통이다. 이는 건물의 구조적인 이유에

출처: Peter Faller, *Der Wohngrundriß*, Stuttgart: DAV, 2002, p.94.

헬 설계의 고층 아파트 블록플랜

서도 기인하는 것이기도 하다. 따라서 변화를 부여할 수 있는 것은 평면과 평면의 조합을 통해서 가능하다. 평면의 조합방식은 첫째, 전체 블록의 형상 안에서 평면을 분할하는 방식, 둘째, 다양한 윤곽을 갖는 평면을 서로 맞물리게 구성하는 방식, 셋째, 일정한 형상의 평면을 단순히 클러스터(cluster)형으로 배치하거나 나열하는 등 몇 가지 방식으로 나누어질 수 있다. 헬 설계의 아파트 블록은 두 번째 경우에 해당한다고 볼 수 있다.

부정형의 단위세대 평면은 톱니바퀴처럼 서로 맞물려서 화살과 같은 형상의 블록플랜을 구성한다. 이는 모든 단위세대를 남쪽 면을 향하도록 한 의도인데, 정북 방향의 축을 기준으로 양쪽에 단위세대를 대칭적으로 구성했다.[15] 이때 사선으로 절개된 단위세대의 윤곽이 외관에서의 역동적인 형태를 창출하는 것이다. 뾰족한 모서리와 발코니의 지그재그식 규칙적 배열은 샤로운의 로미오와 줄리엣 주거동 구성과 흡사하며, 부정형 공간은 근대적 형식미를 깨는 3차원적인 표현이라 할 수 있다.

유기적 기능주의

제2차 세계대전 이후 진행된 기능주의, 즉 후기 기능주의라 칭할 수 있는 양식의 방향은 크게 두 가지로 구분할 수 있는데, '생산 기능주의'와 '유기적 기능주의'가 그것이다. 네덜란드 건축가들을 중심으로 한 생산 기능주의는 건축 생산의 가능성 및 조건에 의해 장래의 주거생활 방식과 건물의 형태가 결정될 것이라는 입장을 보인다. 이에 비해 독일 건축가, 특히 그중에서도 샤로운을 중심으로 한 유기적 기능주의는 형태와 내부의 프로그램이 생산조건에 관계없이 상호작용할 것이라는 상반된 입장을 취했다.[16]

독일에서 제2차 세계대전 패전 후 베를린 소재 건물의 40%가 파괴된 상태에서 1945년 샤로운은 서베를린 임시 주정부의 시 건축가가 되었지만, 곧 정치적 이유로 물러나게 되었다. 이후 그는 우여곡절 끝에 1950년대 말에서야 다시 베를린의 샬로텐부르크(Charlottenburg) 신시가지 개발에 참여하여 그의 건축적 이상을 실현시킬 수 있게 되었다.

그가 추구한 유기적 기능주의는 '도시경관(Stadtlandschaft)'이라는 개념과 접목되었다. 이는 1934년의 '기능적 도시'라는 주제를 계승하여, 특히 도시를 구성하는 요소인 주거·건축·여가·교통에 대해 치밀한 탐구를 수행한 결과이다. CIAM은 와해되었지만 샤로운은 이들 도시구성 요소를 '도시경관' 개념에서 총체적인 집합체로서 다루었다. 이때 주거·건축·여가·교통을 단순히 실질적이고 물리적인 계획 요소로만 이해한 것이 아니라, 이를 비건축적·사회적 요소까지 확장하여 그 이상의 의미를 부여한 것이다.[17]

사회적 요소는 평면·외관·배치에서 구체적인 건축적 요소로 치환되었고, 특히 건축에 하나의 질서를 부여하는 원칙으로 작용했다. 이들 요소는 지각할 수 없는 스케일이 아니라, 지각 가능한 스케일에서 마치 숲, 들판, 산과 호수의 경관처럼 서로 어우러지게 된다. 서로 다른 높이로 디자인된 주거동들은 변화무쌍한 역동성을 보여주고 있는데, 이는 일견 매우 자유분방한 듯하다. 하지만 여기에는 단위세대 평면의 규모와 공간구성에 대해 철저히 계산된 프로그램이 숨어 있다. 이것이 그가 추구하는 유기적 기능주의의 핵심이라 할 수 있다.

샬로텐부르크 주거단지(1960)의 배치는 '거주 클러스터(Wohnhöfe)'를 지향한다. 변형된 일자형 주거동들이 꺾여지면서 외부공간을 감싸안게 됨으로써 전통적인 중정형 블록에의 향수를 반영한다. 주거동의 양 끝단이 열리면서 시각적으로는 입구의 특성이 부여되며, 매우 다양한 건물의 파사드를 만나도록 한다.

©Akademie der Künste, Berlin, Hans-Scharoun-Archiv, WV 196 F.18, Reinhard Friedrich

©전남일

샤로운 설계의 샬로텐부르크 주거단지

그렇지만 기본적으로는 1950년대 건조 환경이 당면한 해결 과제, 즉 '햇빛, 공기, 태양'을 확보한다는 대원칙을 지키고, 자일렌바우의 전통을 준수하며, 동시에 목가적인 경관을 갖도록 했다. 또한 절곡형의 주거동 형상과 이로써 형성되는 오목한 외부공간으로 인해 공간성과 장소성도 확보된다. 3층부터 8층에 이르는 다양한 층수의 조합은 주거동의 매스를 분절하는 역할을 하고 변화 있는 주거지 경관을 연출한다.[18]

파사드의 다양성은 '제한된 다양성'이라 할 수 있다. 다시 말해 기능주의와 합리주의의 원칙이 적용된 평면상의 규칙성과 반복성이 뚜렷이 존재하며, 동시에 여기서 변형된 과감한 불규칙한 예외적 평면들이 일부 부가되면서 이것이 외부의 표정으로 드러나는 것이다.

또한 다양한 외관은 주거동 평면의 규칙성을 깨는 발코니의 배치와 건물의 형태를 통해서도 만들어진다. 배치 계획에 있어서 '도시경관'의 원칙이 지배적이었다면, 주거동 계획에 있어서는 '주거단위의 셀(cell, Wohnzelle)'의 개념이 적용되었다. 하나의 단위세대가 되는 셀들은 계단실형과 편복도형의 주거동 내 공용공간을 매개체로 조합되어 일련의 규칙성을 보이는데, 단위세대와 단위세대의 경계는 단순한 일자형이 아니라 내부의 실(室) 계획에 맞추어 변형이 발생한다. 이러한 외관 형성의 원칙은 표현주의와 브루탈리즘을, 내부공간 경계 설정의 방식은 메가스트럭처(megastructure)의 선험적 사례라 할 수 있다.

샬로텐부르크의 주거동 평면에서는 평면의 미학을 볼 수 있다. 물론 공간의 내용은 그 안에서의 기능과 생활, 그리고 그에 따른 적절한 규모의 치수를 반영하고, 이는 거주자가 경험할 수 있는 스케일의 범주 내에서 이루어진다. 반면 평면은 실제 거주하는 사람의 눈에 보이지는 않는 것이지만, 평면의 질서는 계획가의 입장에서의 건축적 해결방식을 시각적으로 보여준다. 또한 평면과 외관은 조합되어 3차원의 입체가 될 때 내용과 형식을 결정짓는다.

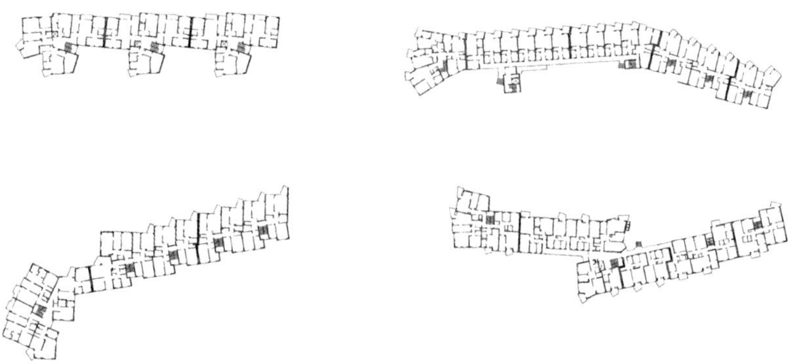

출처: Max Risselada et al., *Funktionalismus 1927–1961, Hans Scharoun versus die Opbouw*, Sulgen: Niggli, 1999, p.159.

샬로텐부르크 주거단지 일부의 배치 및 블록플랜

샤로운의 주거동 구성에는 명료한 합리주의의 직선적 냉철함을 벗어난 다양한 평면상의 변형이 이루어졌다. 공업생산의 합리성을 위해 기계적으로 분할한 결과가 공간의 규범이 되는 방법론과는 정반대의 접근방식이다. 대신 각 단위세대 공간 내에서의 거주성, 즉 세심한 가구 배치, 또는 적절한 공간의 치수가 산정된 결과물로서의 평면형을 모색했고, 이들이 만들어내는 각 셀(단위세대)을 합리적으로 반복 배치하는 기법을 적용했다. 이러한 접근방식은 건물 외관의 다채로움과 구축방법의 합리성을 동시에 추구하고, 이를 상호 조화롭게 완성하고자 한 시도로 볼 수 있다.

기능에 충실한 공간을 제공한다는 측면에서는 기능주의 원칙에 합당하나, 정량적 계산은 생활에 근거한 공간의 단위, 즉 단위세대 및 단위공간 차원에서 이루어진다. 즉 '건물의 축조'에 초점을 맞춘 것이 아니라, '꼭 맞는 공간의 형성'에 초점을 맞춘 것이다. 이것이 후기 기능주의가 1920, 1930년대 기능주의와 가장 구별되는 차이점이라 할 수 있다.

예컨대, 후기 기능주의 건물에서 블록플랜 차원의 평면에는 가변성

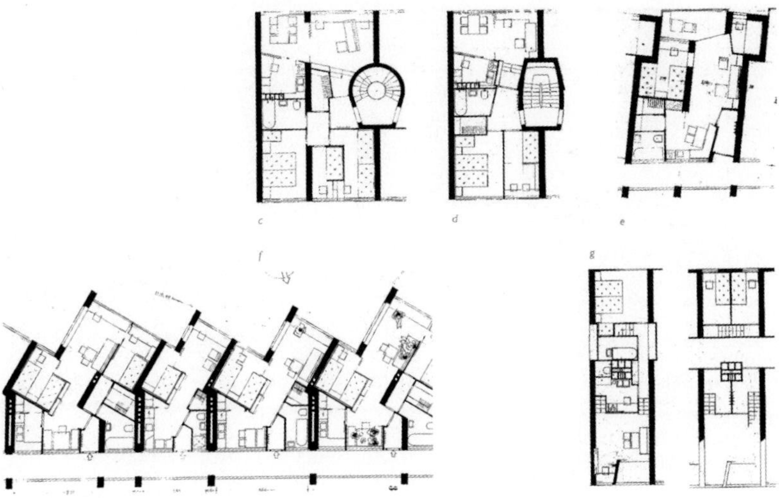

출처: Max Risselada, et al., *Funktionalismus 1927 – 1961, Hans Scharoun versus die Opbouw*, Sulgen: Niggli, 1999, p.149.

샬로텐부르크 주거단지 단위세대 평면도

이 없다. 오히려 정해진 범주화·유형화가 더욱 강해서 정해진 틀 외에는 변형의 가능성이 없다. 대신 평면의 종류는 매우 다양해 거주자의 선택의 폭이 넓어졌고, 유형도 다양하며, 외관상으로 변화가 많다. 1920년대 미스의 아파트 블록의 사례를 상기한다면, 과거에는 내용상의 변화 가능성이 최대한 제공되었고 외관이 단순했었다. 후기 기능주의는 이러한 프로그램과는 대조적인 양상을 보인다.

인터바우 전시회와 고층 집합주택의 등장

제2차 세계대전은 유럽 사회의 근간을 흔들어 놓았다. 특히 전쟁을 주도했던 독일은 패전 이후 사회 분위기의 쇄신과 경제 부흥, 재건을 위한 건설이 가장 급박한 사회적 과제였다. 특히 1950년대 이후 독일 베를린은 전후 재건의 상징적 도시였다. 이곳 외곽의 한자(Hansa) 지구에 바이센호프 주거단지의 계보를 잇는, 독일 주거건축의 자긍심을 회복하는 상징이자 전후 재건의 의지를 보여주는 새로운 주택전시회가 기획되었다.

1953년 국제현상공모전을 시작으로 시행된 인터바우(Interbau) 건축전시회는 전쟁으로 파괴된 도심을 떠나 녹지 위의 새로운 주거지역에서 새로운 도시건축의 선구적 역할을 하게 될 유형들을 탐색해 보자는 것이 그 취지였다. 이때 베를린은 새로운 현대 독일의 중심 도시로서 그 외연을 확장하는 중이었고, 또한 교통수단의 발달로 외곽의 주거지 개발 또한 박차를 가하던 시기였는데, 이에 걸맞는 주거가 필요했다.[19] 한자 지구 역시 전쟁으로 대부분 파괴되었던 지역으로, 이곳에 상징적인 새로운 주거지를 재건하고자 했다.

이곳에 초대받은 작가들은 프랑스의 르 코르뷔지에와 피에르 바고(Pierre Vago), 핀란드의 알바 알토(Alvar Aalto), 독일의 그로피우스와 에곤 아이어만(Egon Eierman) 등이었다. '새로운 건축'이라는 주제하에 건축가들마다 다양한 건축의 이상을 제안하였다. 계획의 원칙은 서로 여유 있게 건물들을 배치한 저밀도의 주거단지를 만들고자 한 것이었다. 1958년까지 총 36개의 주거동이 고층 판상형, 저층 일자형, 탑상형, 2~4층의 연립형, 그리고 단독주택 클러스터 유형으로 건설되었다.[20]

한자 지구의 건축물들은 국제주의 건축의 이념을 계승하면서도 보다 다양한 유형, 보다 다채로운 디자인을 선보였다. 또한 각 주거동은 주택전시회의 다른 건물들과 서로 맥락을 형성하지 않고 독자적인 개성을 발휘하며 독립적으로 세워졌다. 때문에 이 전시회는 시행 당시부터 도시에 대한 개념 없이 각각의 건축물이 산만하게 존재한다는 비판을 받기도 했다.

이 전시회 단지의 특징을 다음 몇 가지로 간추려 볼 수 있다. 이전 시

©Willy Pragher

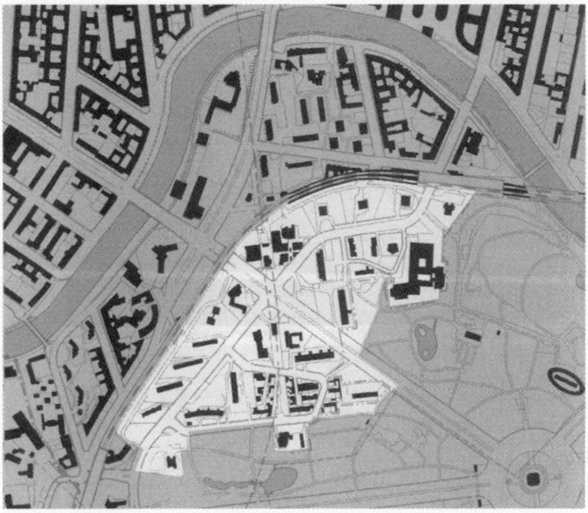

출처: Maria Berning, *Berliner Wohnquatiere*, Berlin: Dietrich Reimer Verlag, 2003, p.170.

인터바우 주거단지의 건설 당시 전경과 배치도

기와 달라지는 데 가장 큰 영향을 미친 배경은 더욱 진보된 기술력이라 할 수 있다.

첫째, 고층화 경향이다. 고층화는 뿌리칠 수 없는 시대의 조류였고, 더 이상 건축의 이단아가 아니라 이 시대 도시 상황에 필수불가결한 해

©문은미

연립형 주거블록

법으로 자리매김했다.[21] 고층 아파트 건설로 외부공간 사용을 극대화하자는 주장이 더욱 힘을 얻었고, 20층 안팎의 탑상형 건물들이 배치되었다. 특히 르 코르뷔지에의 영향으로 건물 하부층을 필로티(pilotis)로 비워두는 사례가 많았다. 이곳으로 사람들이 통과할 수 있도록 하고, 열린 외부공간을 건물 하부로까지 유입시킴으로써 건물과 단지 전체에 개방성을 부여하고자 한 의도였다.

둘째, 전쟁 후 폭증하는 주택의 수요에 대응하는 데 발맞추고자 공업화 생산과 모듈화의 가능성을 시험해 보는 다양한 시도들이 등장했다. 빠른 시공과 합리적 건설을 통해 건물의 생산성을 향상시키는 것은 매우 중요한 목표였다. 그렇지만 공업화 건축에 의존하면 할수록 건물의 디자인은 시장에 공급된 건축 부재와 자재들에 의해 좌우되는 경향 또한 피할 수 없는 모순적 상황이 초래되었다. 이미 건설과 시공의 시장이 비대해져 건축가의 정교하고 세심한 디자인을 넘는 기술들이 속속 등장했기 때문이다. 특히 건물의 규모가 커지면 커질수록 많은 자재들이 필요하게 되므로 그러한 경향은 더욱 심해질 수밖에 없었다.[22] 따라서 건물 파사드에 공장생산된 규격화된 외장재를 사용하는 것이 보편화되었다. 이는 그 이전의 기능주의 건축에서 공장생산된 조립식 부재가 구조체와 계단, 바닥 등에 한정되었던 점과 구별된다.

셋째, 색채 및 재료 등이 다양화되어 건물의 외관에 다채로운 변화감을 선사했다. 건축재료 생산의 산업 시대가 도래한 이래 개발된 혁신적인 기술력과 재료들의 실험무대를 연 것이었다. 이전 시기의 주거건축에서는 내부의 평면이 형태와 디자인에 가장 영향을 미치는 요인이었다. 즉 형태는 공간을 포용하고 그것을 순수하게 드러내는 것이 근대 건축가의 입장에서는 '순수한' 건축의 태도였다. 그러나 다양한 재료의 질감과 색채를 사용할 수 있는 가능성이 열려 있는 이 시대에서는 그러한 순수성만을 고집하기보다는, 이를 보다 적극적으로 디자인 요소로 활용하고자 하는 태도가 필요했다.

이러한 변화를 가장 잘 보여주는 사례는 바고 설계의 판상형 주거동이다. 주거동의 형태는 수평으로 긴 단순한 직육면체이지만, 외피는 마치 모자이크를 한 듯이 광택 있는 패널로 마감되어 있다. 마감 재료들은 건물의 내용, 구조, 디테일과는 전혀 관계없이 단순히 건축가의 미적 조형원리에 의해서만 입면에 조작적으로 부착되었다. 다양해진 재료는 그만큼 특정 '양식'이 주는 엄격한 형식에서 자유로워졌다는 것을 반증한다.

한편, 같은 건축가라 할지라도 1920~1930년대 작품과 30년이 지난 후의 작품은 매우 다른 양상으로 발전했다는 점 또한 주목할 만하다. 즉 1950년대 이후에는 어떠한 양식의 큰 주류가 형성되는 '건축운동'이나 '그룹'이 아니라, 건축가 개인별로 개성과 철학이 개별적으로 드러나는 방향으로 변화했다고 볼 수 있다. 건축가들에게는 보다 자유롭게 형식을 표현하는 여건이 주어졌다. 몇몇 사례들을 살펴보도록 하자.

그로피우스의 판상형 주거블록에서는 1920년대의 엄격한 백색건축

©전남일

©문은미

바고 설계의 판상형 주거동

으로부터 탈피한 극적인 변화를 볼 수 있다. 경직된 일자형 판상형이 아니라, 주거동을 곡면으로 휘어지도록 계획하여 시각적 변화를 주었는데, 특히 난간 일부에 부착된 붉은색 난간벽 요소는 건물에 활기찬 액센트를 제공하는 역할을 한다. 이는 그로피우스의 이전 작품과 비교하면 획기적인 전향이었다.

이성적인 정적인 감성으로부터 역동적인 풍부한 감성이 지배적으로 나타난 것은 무엇보다도 신재료의 특성을 부각시키는 것과 동시에 표현주의적 특성을 보여준 것이었다. 공업생산된 패널들을 파사드에 적용했지만, 발코니의 배치는 임의적이고 무작위적이어서 규칙적인 합리성과는 거리가 있다. 뿐만 아니라 여러 가지 예외적 요소들이 외관에 가미되어 벽면에 요철과 변화감을 제공한다. 또한 과거 금기시했던 리드미컬한 조형 요소를 도입함으로써 그로피우스 자신 역시 전후 시대 산업이 주는 풍요로움을 누리고자 하는 입장을 보였다. 일부 노출 콘크리트의 입면은 브루탈리즘적 성향을 보이기도 한다.

당시 국제적으로 유명했던 브라질 건축가 오스카 니마이어(Oscar Niemyer)도 초빙되어 하나의 판상형 주거동을 설계했다. 이 건물은 층수가 12층으로 당시 기준으로 상당한 높이였고, 전형적인 판상형의 정돈된 형태를 갖고 있다. 노란 색채가 표면에 변화감을 주고 새로운 모더니즘

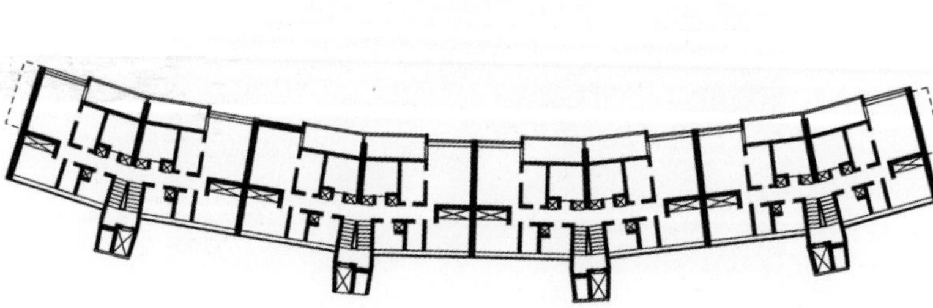

출처: Gilbert Lupfer & Paul Sigel, *Gropius*, Köln: Taschen, 2004, p.83.

그로피우스 주거동의 블록플랜

©전남일

©문은미

그로피우스 설계의 판상형 주거동

©전남일

©문은미

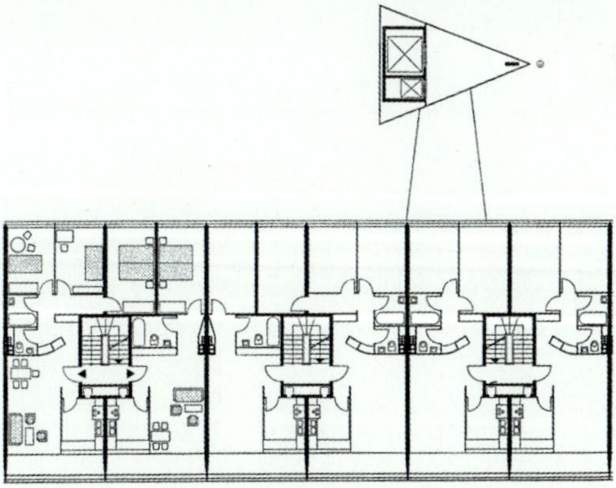

출처: Friederike Schneider, *Grundrißatlas – Floor Plans Manual – Housing*, Basel: Birkhäuser, 2004, p.141.

니마이어 설계의 판상형 주거동과 블록플랜

의 간결한 형태감을 보여준다. 후면의 엘리베이터는 단위세대의 수에 비해 한 개에 그치고 있는데, 이는 당시의 수준으로는 매우 고가였기 때문으로 보인다. 이 엘리베이터 타워를 조형적 요소로 활용하고 있다.

또한 하부에 필로티를 배치한 이유는 다른 건물들과 공통적이나, 역삼각형 형태로 디자인하여 하부의 '비워둠' 효과를 극대화했다. 건물은 마치 지표면에 부유하는 듯하며, 고층의 거대한 매스의 중압감을 상쇄시킨다.

한편, 핀란드 건축가 알토의 주거블록에서 1층의 필로티 공간은 르코르뷔지에의 근대건축 5원칙 중 필로티를 연상케 한다. 1920년대 백색 건축의 계보를 잇고 있는 사례이지만, 재료 사용에 있어서 혁신을 이루어 파사드 전면을 콘크리트 프리패브 패널로 마감하여 입면의 분절 효과를 가져왔다. 또한 재료의 표준화와 공업화를 추구하면서도 또한 평면의 다양성을 추구한다.

전후 기능주의 건축에서 거주자 계층을 '표준적 핵가족'으로 설정했고 같은 범주 내에서 평면의 규모 및 구성이 거의 모두 동일했다면, 알토의 건물에서는 거주자의 평면에 대한 요구가 반영되어 다양한 평면형이 채택되었다. 이 평면들은 주거동 블록 내에서 조형적으로 다양하게 분할·조합되어 있다. 즉 평면 분할에 있어서는 모듈과 규격 등을 배제함으로써 1920년대 근대건축의 합리적 평면 계획에서 탈피하는 경향을 볼 수 있다. 그럼에도 불구하고 외관에서는 조립식 부재 외의 장식적 요소는 찾아볼 수 없으며, 재료 자체를 간결하게 있는 그대로 표현하면서 이를 백색으로 마무리했다.

독일 건축가 아이어만의 판상형 아파트는 정돈된 형태의 표면에 부착된 가벼운 철재 파사드가 산업사회의 풍요로움을 상징한다. 여기서는 균질한 입면 분할과 냉철한 이성적 디자인으로써 독일 근대의 합리주의 정신을 계승하고 간결한 모더니즘을 추구한다.

©전남일

©문은미

알토 설계의 주거블록

출처: Peter Faller, *Der Wohngrundriß*, Stuttgart: DAV, 2002, p.319.

©전남일

알토 설계의 주거블록 평면과 외관

파사드에는 진보된 공업화 건축의 미학이 드러나는데, 세대 간 벽과 슬래브, 즉 주요 구조체 요소가 콘크리트 결구부의 디테일과 함께 입면에 노출되어 있다. 이들은 파사드 전면의 격자형 그리드로 정돈되어 있다. 전면과 대조적으로 후면은 벽돌색 타일 마감으로 처리되었으며, 또한 밋밋한 창들을 조형적으로 분할하여 고층 판상형의 매끈한 특성을 강조하였다.

한편, 전쟁 후 독일에서는 건축의 실용적인 측면, 즉 구조 시스템과 그것의 표현적인 측면과의 관계에 대한 많은 논의가 있었다. 1920~1930년대의 순수한 기능주의가 계승되고 있기는 했지만, 여기에 약간씩 기술적 표현을 가미하는 경향이 서서히 나타나기 시작했고, 아이어만은 이를 가장 고요한 시적 미학으로 승화시킨 건축가로 평가된다.

예를 들어 그는 프레임, 벽체, 개구부, 트러스 등의 건축적 요소들을 적절히 배치함으로써 부분과 전체, 건축적 아이디어와 구조 사이의 미묘한 긴장감을 유발시킨다. 이러한 특성은 한자 지구의 아파트에서도 명쾌하게 나타난다. 화려한 수사학 없이 구조적 프레임이 형태를 분절시키고, 이는 투명한 레이어(layer)를 형성하면서 구조의 위계(hierarchy)를 보여준다.[23]

건축가들의 계획의 주안점은 고층건물이 주는 매스의 중압감을 어떻게 해소할 것인가 하는 문제였다. 그동안의 주거 건축물이 지녔던 통념상의 스케일을 뛰어넘는 커다란 규모의 건물은 근대 초기의 형태와 재료가 주었던 혁신성을 뛰어넘는 것이었다. 필로티로 띄워 올려진 건물들은 기술력과 구조의 힘을 과시함과 동시에, 가볍게 부유하는 느낌을 주게끔 의도된 것이었다. 또한 파사드는 창과 벽체, 그리고 발코니라는 통상적인 구성 요소로만 이루어지지 않고, 구조적 시스템을 암시하는 '스킨(skin)'의 역할을 하기도 하면서 외관에 투명성을 부여한다.

이 외에도 고층 아파트의 입면을 쇄신하고자 하는 시도들이 다양하게 이루어졌다. 예를 들어 판 덴 브룩과 바커마(Van den Broek & Bakema) 설계의 아파트 타워는 5층이 한 단위로 이루어져 그것이 세 번 반복된 입면을 구성함으로써 보다 리드미컬한 변화를 추구했다. 이를 통해 똑같은 입면의 반복으로 야기되는 '익명성'을 어느 정도 상쇄시키고자 했다. 또한 1층과 최상층의 디자인을 달리하여 건물의 시작과 끝남을 알리는

©문은미

©전남일

아이어만의 판상형 주거동 전면(위, 가운데)과 후면(아래)

©문은미

©전남일

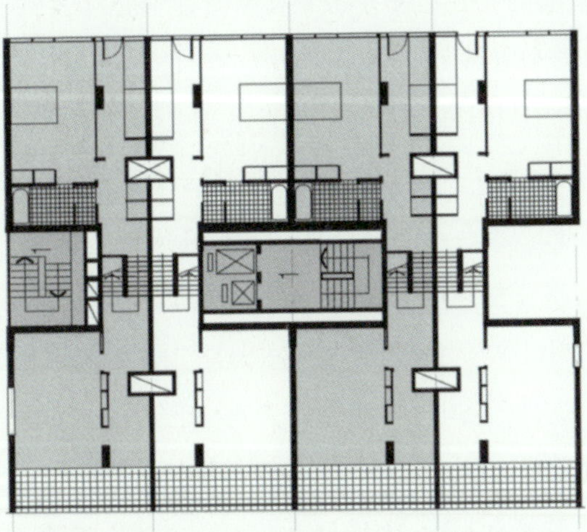

출처: Hillery French, 이현수 역, 『명품 거장들의 명품 공동주택』, 도서출판 선, 2008, p.109.

판 덴 브룩과 바커마의 고층 주거동과 블록플랜

전통적 방식을 응용하였다.[24]

조각보와 같이 다양한 색채의 재료들을 곳곳에 배치한 점, 노출 콘크리트의 물성을 그대로 살린 점은 그로피우스의 주거동과 마찬가지로 프루탈리즘적인 감성을 내포한다. 여기에는 전쟁 후 콘크리트의 대량생산과 보급이 가져다 준 건설재료의 풍요로움, 무한한 확장성을 갖는 재료의 힘, 그리고 이에 더해 형태의 자유로움을 주는 그 조소성에 대한 경외심이 작용한다.

인터바우 전시회는 제2차 세계대전 후 독일 건축의 비전을 제시한다는 목적으로, 발달된 기술력을 충분히 활용하면서 다양한 건축적 실험을 하고자 했던 실험적인 프로젝트였다. 이때 건축가에게 주어진 충분한 시험적 기회는 다양한 혁신적 결과로 이어졌다. 그만큼 건축비는 증가하여 당시 독일 집합주택 건축에서의 평균 건설 비용의 거의 두 배가 소요되었다.[25] 이는 독일의 기능주의 이념을 계승한 1950년대 이후의 주거건축이 양보다는 질적인 향상을 추구했다는 것을 단적으로 보여준다.

인터바우는 제2차 세계대전 이후의 기능주의가 가야 할 방향을 제시하고자 했다. 그것은 더 이상 저렴하고 평균적인 주거의 대량공급을 목표로 하는 것이 아니라, 오히려 계획적 측면에서, 그리고 건축미학적 측면에서 그 의미를 찾고자 하는 것이었다. 그렇지만 그 이상과는 달리, 미학적 측면보다는 여기서 제시된 공학적·기술적 아이디어들과 유형이 더 주목을 받았고, 따라서 질적인 고민은 비용의 문제로 더 이상 지속되지 않았다. 이후 중·고층 집합주택이 다시 등장했을 때는 저렴 주택으로 전환되었고, '디자인 없는' 익명의 건축으로 후퇴하였다.

이밖에도 인터바우 프로젝트에는 르 코르뷔지에의 유니테 다비타시옹(Unité d'Habitation)이 함께 건설되었다. 이것은 프랑스 마르세유의 프로젝트와 거의 유사한 개념을 복제한 것이었고, '녹지 위의 고층 주거'를 표방하였다. 서포트(support)와 인필(infill) 개념을 기본으로 하여 다양한

©전남일

인터바우 전시회의 다양한 고층 주거동

©전남일

르 코르뷔지에의 베를린 유니테 다비타시옹

단위세대를 조합할 수 있는 가능성을 열어두었으며, 단위세대는 중복도를 중심으로 배치되었다. 또한 필로티, 옥상정원, 주거동 내의 상업시설 등을 배치하였다. 외피를 이루는 콘크리트 패널들은 표준화되었고, 여기에 르 코르뷔지에의 화려하고 감성적인 디자인이 부가되었다.

중저층 및 고층 플랫의 양산

인터바우 전시회에서 제시했던 이상과 달리, 실제 현장에서 집합주택의 혁신은 1960년대 초반까지 별반 이루어지지 않았다. 과거의 유형에서 약간 탈피하고 건물의 규모가 다양해진 것이 변화라면 변화였다. 또한 순수한 백색건축에서도 조금씩 탈피하는 경향을 보였다. 그렇지만 기본적으로 저층을 고수하였고, 단지 개발의 규모도 별로 대규모라 할 수 없는 것이었다. 또한 급진적인 디자인의 변화보다는 보수적인 성향을 유지하면서 조심스레 새로운 양식을 찾고자 하는 시도들이 있었다.

이러한 대표적인 사례들을 오스발트 마티아스 웅어스(Oswald Matias Ungers)의 초기 집합주택 작품에서 찾아볼 수 있다. 웅어스는 쾰른(Köln)과 그 인근에 여러 주거단지를 설계했다. 초기 작품인 쾰른의 한자링(Hansaring) 주거블록(1959)은 벽돌건축인데, 이 건물은 매우 즉물적인 성격의 주택이면서도 벽돌이라는 재료의 조형적 가능성을 통해 건축을 해석하고자 했고, 여기서 재료의 조건이 주는 미학적 에너지를 추출하였다. 오히려 후기 모던 시대에서 나타나는 '가벼운' 건축에 반대하는 입장이었고, 건축의 조각적인 성격과 형태의 잠재력을 강조했다.[26]

이러한 개념의 연장선상에서 볼 때, 쾰른 니페스(Köln-Nippes)의 주거블록(1959) 역시 부분적으로 벽돌의 외장을 활용한 건물로서 표현주의 성향과 브루탈리즘 성향이 드러나는 사례라 할 수 있다. 변화감 있는

©Ungers Archiv für Architekturwissenschaft UAA, Köln

웅어스 설계의 한자링 주거블록

창과 발코니의 형태는 그가 벽과 창의 비례, 면과 프로필(profile)의 조화, 질감과 리듬 사이의 균형과 구성을 중요시했다는 것을 보여준다. 또한 상부층의 입면과 매스를 달리 처리하는 등의 기법은 대규모 건물에서 볼 수 없는 세심한 비례감을 위한 것이다.

또한 쾰른 폴(Köln-Poll) 주거단지 사례(1959)에서는 저층의 판상형과 빌라형 등 다양한 유형을 시도하였다. 그는 초기 작품에서 벽돌을 사용한 '클래식 모던(klassische Moderne)'을 추상적으로 해석하는 표현주의 양식을 선호했으나, 이후에는 근대 초기의 양식에서 학습한 매끈한 표면과 합리주의 양식에서 유래한 간결한 형태를 취하게 된다.

사회 공공주택(Sozialer Wohnungsbau)으로서의 비용을 의식한 듯 재료의 사용은 절제되었고, 외장은 콘크리트 위의 채색으로 저렴하게 마무리되었다. 커다란 규격화된 창이 설치되었고, 부분적으로 분절된 매스의

©전남일 출처: Helmut Bott & Volker von Haas, *Verdichteter Wohnungsbau*, Stuttgart: Kohlhammer, 1996, p.49.

쾰른 니페스 주거블록

변화를 볼 수 있다. 규모의 과시는 없었고, 전체적으로 단아하고 소박한 독일 사회 공공주택의 전형적 표상을 보여주는데, 이를 소위 신합리주의(neo rationalism)라고 칭한다.

인터바우가 열렸던 한자 지구에서 시대적 이상으로 선보였던 고층 건물이 이후 대중적으로 실현된 것은 많은 대도시 외곽에 고층의 대규모 주거지들이 경쟁적으로 개발되면서부터이다. 본격적인 고층 아파트의 전성기는 1970년대 이후로, 고층 아파트 지구는 많게는 인구 2만 정도를 수용하는 규모까지도 지어졌다.

그 이면에는 정치적·경제적·기술적 발전을 과시하고자 하는 의도가 있었다. 제2차 세계대전 후 급박한 재건 시기가 지난 이후의 경제적 호황은 이를 가능하게 한 배경이 되었다. 또한 전후 재건 시대에 주택건설의 산업화 과정에서 터득한 다양한 시공기술로 실현할 수 있는 유형의 한계가 어디까지인지를 시험해 보고자 하는 도전정신이 있었다. 때마침 독일의 사회 공공주거 공급 정책은 이를 실현하기에 알맞은 정책이었다.

©전남일

웅어스 설계의 쾰른 폴 주거단지의 다양한 주거동

독일에서는 1970년대 후반까지도 부족한 주택수가 180만 호에 달했기 때문에,[27] 이 시기 주거건축의 과제는 대량으로 저렴한 주거를 공급하는 것이었다. 특히 사회주택(social housing)에서는 비용의 제한이 있었고, 이것이 건물을 계획하는 데 제한 요소이자 디자인 요소가 되었다.[28] 이러한 건축을 '건설 경제의 기능주의(Bauwirtschaftsfunktionalismus)'라 부른다.[29] 단지와 단위세대의 계획은 철저한 수학적 계산에 의해 밀도·규모·층수 등이 계산되었고, 건설 비용 역시 계량적인 산정으로 책정되어 가장 효율적인 건설이 가능하도록 했다. 정량적 계산 기법의 발전 덕으로 '비용 대비 효과'에 대한 가장 적정한 수준을 책정할 수 있었던 것이다.

1960~1970년대 독일에서 사회주의가 집권하던 당시, 즉 주거건축과 복지에 공공이 적극 개입하던 시기에 기능주의 주거건축은 '사회 공공주거'를 위해서 경제적 측면에서는 가장 적절한 해법이었다. 1960년대는 건설되는 주택의 37.2%가, 1970년대는 28.6%가 사회주택이었다.[30] 자동적인 계산의 결과는 기계적으로 찍어낸 듯한 비슷비슷한 모양의 고층 아파트군으로 나타났다.

여기에는 건축가의 다양한 실험적 시도들 또는 건축 계획적으로 변화 있는 아이디어 등 여타 요소는 반영될 여지가 없었고, 계산의 결과 자체가 곧 건축미학이 되었다. 그렇지만 이러한 제한 내에서 탄생한 작품들은 제한 그 자체로서 나름대로의 예술적 요소를 내포하고 있었다. 이 시기의 대규모 단지 계획의 개념은 기능성·합리성·효율성이었고, '실현 가능성'에 대한 이데올로기가 지배하였다. 따라서 정량적으로 검증된, 진정한 의미에서의 기능주의 건축의 완결형이었다. 물론 이러한 주거단지들은 획일성과 단조로움, 비인간적 스케일 등이 많은 비판을 받았다.[31]

베를린의 마르잔(Marzahn) 주거단지(1968)의 사례처럼 콘크리트 벽식 구조는 그 경제성 때문에 가장 선호되었다. 하지만 건물들이 무작위적으로 일관성 없이 복제되어 배치되었고, 건물의 형태는 최적의 계산 결과에 따라 좌우되었다. 이러한 유형에는 조형성을 고려한 적절한 스케일의 분절과 디테일, 그리고 주변 환경과의 관계성이 결여되어 있었다.[32]

대규모 스케일의 정점을 찍은 사례는 일명 '한니발(Hannibal)'이라 불리는 슈투트가르트 교외의 아셈발트(Assemwald) 단지(1972)로서, 오토 예거와 베르너 뮐러(Otto Jäger & Werner Müller)가 설계했다. 이 단지는 분양주택으로 계획된 것이었지만, 그 계획의 개념은 사회 공공주거와 다르지 않았다. 원래는 유럽에서 가장 거대한 규모의 아파트 블록을 건설하려던 계획이었는데, 수정하여 동일한 세 개의 주거동으로 이루어진 단지가 완성되었다. 고층 거대 주거동의 사회적·정치적 위험성에 대한 부담으로 규모가 축소된 것이다.

17층 규모의 주거동 하나에는 380호의 단위세대를 수용하였는데, 이는 기본적으로 '산업 사회에 걸맞는 녹지 위의 고층 주거'라는 기능주

©Lanesmedienzentrun BW

슈투트가르트 교외의 아셈발트 단지

©전남일

아셈발트 단지 전경

의 집합주택의 원리를 충실히 따르는 것이었다. 또한 수직 도시를 지향했는데, 한편으로는 이를 형태상으로 표현하고자 했다. 이때 기술적으로 완벽하게 해결하고자 프리패브 콘크리트 벽식 구조로 완성되었다.[33]

여기에는 공장생산된 프리패브 콘크리트 부재들로 이루어진 구조를 '기술적 완성품'으로 형상화하고자 한 의도가 내포되어 있었다.[34] 평면은 몇몇 변화가 있지만, 기본적으로 내력벽의 위치가 평면을 한정해 주기 때문에 입면에서도 격자형의 단순명료한 외관을 갖게 되었다. 이와 같은 거대한 판상형 주거동은 기술집약적인 후기 기능주의의 표상이다.

프랭크 바이덴다이크(Frank Bijdendijk)는 「기능주의의 종말」이라는 글[35]에서 이상과 같은 대규모 주거단지의 문제와 시행착오를 지적했다. 기능주의는 인간의 특성에 대해 그것을 단일 유형, 즉 스테레오타입(stereotype)으로 분류하고, 그 안의 특성은 모두 같다고 간주한 것이 가장 큰 오류였다는 것이다. 이것은 똑같은 수요를 가정하고 대규모 고층건물을 건축했던 기본 개념이다. 이는 전문가들의 오만으로부터 기인하는 것으로서, 그들은 지식이 없는 대중들을 상대했고, 정책 수행자들은 권력을 행사하면서 전쟁 후의 수요에 부응하여 반복생산으로 비용을 절감하고자 했다. 즉 절정의 기능주의는 건축가, 건설사, 정책가들 사이에 구축된 강력한 연합체계의 결과였다.

건축과 도시건축에서 기능주의가 지배했다는 것은 도시의 기능 중 일의 기능과 주거의 기능을 철저히 분리해서 건설했다는 것을 의미하기도 한다. 각 기능의 단순한 합이 주거를 형성하는 바탕이 되었고, 이는 표준 평면과 표준 볼륨의 생산으로 이어졌다. 총체적 개념이 부재하고, 부분 기능의 합과 부분 개념의 합으로 이루어진 단순 기능(Monofunktion)이 문제가 되는 것이다.

주거는 단순 소비재가 아니므로 그 질은 다른 소비재와 같은 개념으로 논할 수 없는데, 기능주의에서 간과한 것은 '주거와 삶의 질'이었다.

특히 주거는 공공재의 성격이 강한 것임에도 불구하고, 이 당시 주거는 산업 생산물로서의 역할을 수행하는 것이 가장 큰 임무였다.

또한 기능주의의 개념하에서는 기후·구조·음향·조명·환경지수 등과 같은 물리적인 질은 평가할 수 있었을지 모르지만, 주거지와 지역의 지속적인 삶의 질은 평가할 수 없었다. 왜냐하면 이는 이해할 수 있는 것이 아니라, 감성의 문제이기 때문이다. 따라서 기능주의의 접근방식에서는 정서적인 부분과 감정적인 부분이 철저히 배제되었다는 것이 가장 큰 시행착오였다. 아울러 공간 환경에 있어서의 인간적 스케일의 부재는 더욱 큰 문제였다.

전환기의 후기 기능주의

제2차 세계대전 이후 독일에서는 다양한 건축운동이 전개되었지만, 실제로 많은 주거단지에서는 저층 국제주의 건축을 답습하였다. 저층에서 고층으로 발전하고 단지 배치에서 변화를 보인 것 외에 디자인의 변화는 미미했다. 즉 집합주택의 양식적 변화는 한동안 답보상태에 머무르게 되었다.

이후에는 저층 고밀형 주거단지 등 유형 변화에 대한 몇몇 시도가 있었지만, 건축양식을 변화하는 데까지는 이르지 못하였다. 1956년 CIAM의 와해 이후 근대건축의 위기의식이 증대되고 비판적 관점에서 다양한 모색이 시도되었음에도 불구하고, 1970년대 중반까지는 집합주택에서 커다란 변화가 가시적으로 나타나지는 않았다.

그동안 국제주의 양식의 주거단지는 강한 파급력을 갖고 계속 양산되어 지구상 많은 지역에 전파되었다. 그 결과 도시의 황폐화, 교외의 질 낮은 환경의 확산, 재래 환경과의 부조화, 추상미학과 기계미학에 따른 획일성과 무미건조성, 거주지 아이덴티티의 상실과 박탈감, 지역적 성격의 상실과 장소성의 결핍 등의 문제점들이 점차 분명하게 드러나게 되었다.[36]

미스는 과거 바이센호프 주거단지에서 아파트 블록을 대량생산과 근대주거의 요구에 대한 적절한 이상적인 해법으로 제시했다. 하지만 그는 이후 독일에서는 집합주택 설계를 더 이상 발전시키지 않았다. 대신 단독주택 등에서 근대적 주거에 대한 최상의 추상적이고 이상적인 모델을 건축적·미학적으로 완성했다.

미스의 이상과 대조적으로 그로피우스는 현실적이고 구체적인 실현 가능성을 보여주었다. 특히 주거의 고층화에 대한 예견은 수십 년 후 현실화되었고, 그의 정신을 집대성한 단지가 1971년 베를린의 위성도시인 노이쾰른(Neukölln)에서 그의 이름을 딴 그로피우스슈타트(Gropiusstadt)로 완성되었다. 총 265ha에 이르는 이 거대한 단지는 1959년 그로피우스가 도시계획을 맡으면서 시작되었고, 그가 미국에 건너가 설립한

출처: Architekten und Ingenieur Verein Berlin(Ed.), *Berlin und seine Bauten, Teil IV, Reihenhäuser*, Berlin: Ernst & Sohn, 2002, p.196.

그로피우스슈타트의 전경

©전남일

그로피우스슈타트의 주거동들

TAC(The Architects Collaborative)가 계속 그 일을 수행했다.[37] 이 단지에서 그로피우스가 설계한 고층 주거동은 현재까지도 베를린의 가장 높은 주거 타워다.

단지 계획은 당시 일반적이었던 배치방식, 즉 다양한 유형의 건물들을 분산 배치하는 방식을 따랐다. 단지 전체에는 저층 판상형, 정방형, 또는 원형의 클러스터형, 그리고 고층 아파트들이 곳곳에 임의로 산재하여 배치되었다. 유형은 다양했지만 기본적인 단지구성 방식은 그가 담머스톡 주거단지에서 구현했던 개방적 배치방식의 연장선상에 있었다. 고층 및 중층 아파트와 더불어 연립식 단독주택도 함께 배치되었는데, 이때 도시를 배제한 개별 건축물의 독자적 논리로 인해 그 유형의 다양성이 하나의 맥락을 이루지 못하는 한계를 드러내었다.

그로피우스는 주거의 사회적 수요 및 요구에 대해 철저히 정량적으로 접근했으며, 이는 두 차례의 세계대전 후 인구폭증과 도시개발에 당면한 독일의 상황에 매우 잘 부합되는 것이었다. 이 단지는 베를린에서의 최초의 대규모 개발이었으며, 베를린 시는 이를 1960년대의 후기 모더니즘에서 주장한 바와 같이 '도시주거의 진보된 교훈적 사례'로 자리매김하도록 했다. 또한 그로피우스슈타트에서는 '밀도 달성을 목표로 하는 도시성'을 모색했고 추후 주택건설의 선도적 역할을 기대하였다.[38] 그렇지만 몇십 년 후 이 지구는 삭막한 주거환경으로 인해 거주자들로부터 외면받는, 임대가 안 되는 심각한 문제에 봉착하게 되었다.

그로피우스슈타트의 주거동들은 후기 모더니즘으로부터 표현주의적 경향으로 회귀하는 전환기의 사례들을 보여준다. 예를 들어 롤프 굿브로트(Rolf Gutbrod) 설계의 고층 주거동의 블록플랜을 보면, 단위세대 평면들을 사선으로 절개하여 셋백(set back)시켜 배치함으로써 건물 외부에는 지그재그의 변화감 있는 발코니를 배치할 수 있게 했다. 이때 발코니의 일부는 로지아 형식으로 후퇴시키고 일부는 돌출하도록 하여 입면

©전남일

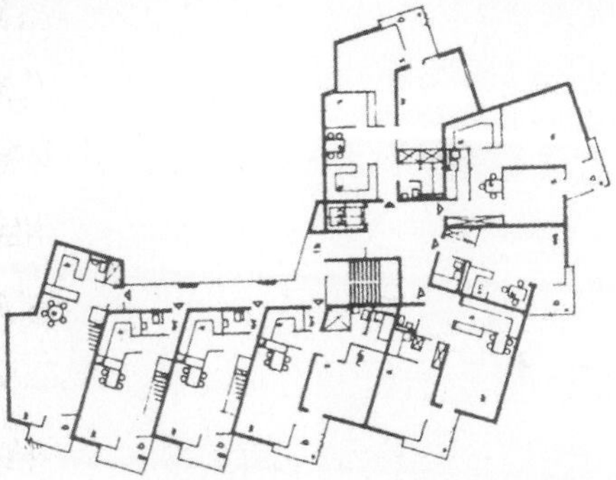

출처: Maria Berning, *Berliner Wohnquatiere*, Berlin: Dietrich Reimer Verlag, 2003, p.209.

굿브로트 설계의 고층 아파트 전경(위)과 블록플랜(아래)

의 장식적 요소로 활용했고, 전체 건물에 입체감을 부여했다. 또한 다양한 유형의 평면을 배치할 때 작은 규모의 평면은 편복도형으로 일렬 배치하고, 계단실 홀 주변과 복도의 끝단에는 큰 규모의 부정형 평면들을 클러스터형으로 배치했다.

©전남일

그로피우스 설계의 고층 아파트

이와 같은 자유분방한 평면상의 변화감은 입면의 분절로 나타난다. 그로피우스 또한 자신이 직접 설계한 30층의 고층 아파트에서 중간중간 입면의 변화를 주는 요소를 적용했고, 건물 최상부에 사선의 파라펫(parapet)을 디자인하여 보다 다이내믹하게 보이도록 했다. 1950년대 이후에는 국제주의 건축의 선봉자였던 그로피우스 역시 조형을 의식하는 성향으로 또 한 번 전향하는 태도를 보였음을 알 수 있다.

함부르크의 슈타일스후프(Steilshoop) 주거단지(1975)는 주로 6층부터 10층까지 다양한 높이를 갖는 중층 아파트이다. 몇몇 포인트 블록만 10~13층 정도인데, 이 주거단지에 적용된 계획의 방향 역시 '밀도 달성을 통한 도시성(Urbanität durch Dichte)'이었다.

계획 당시에는 함부르크 가장 최신의 주거단지였으며, 당시 시장은 "이제까지의 대규모 단지에서 보지 못했던(이는 일자형 판상형 주거단지를 뜻함) 폐쇄적인 도시 주거지의 이념을 실현시키고자 한다"[39]라는 의지를 천명했다. 그동안의 지루하고 장소성이 결여된, 규격화된 일자형 주거단지와는 다른, 그리고 거대한 판상형의 고층 아파트 유형과는 다른 대안을 모색했음을 알 수 있다. 이 주거단지는 콘크리트 벽식 구조였으며, 내부 단위세대의 규모는 한 가족에 대해 충분한 면적으로 계획되었다. 또한 내부에는 스플릿 레벨(split-level)형과 메조넷(mesonnette) 형식의 단위세대도 함께 계획했다.

계획의 의도는 1920년대와 제2차 세계대전 이전의 전형적인 함부르크 주거단지를 모델로 하였고, 건물 규모는 거대하지만 그 안에서는 형태의 다양한 분절과 매스의 조형적 구성을 모색했다. 또한 파사드에는 다양한 재료를 사용하였다.[40] 그러나 이 주거단지는 똑같은 유형의 건물을 기하학적으로 분할된 대지 위에 반복 배치하여 지루한 분위기를 갖고 있고, 폐쇄형 블록을 구성했음에도 불구하고 그 큰 스케일로 인해 판상형의 연속된 유형과 비슷한 경관을 형성한다. 그 이유는 공업생산된 프

출처: Hafner, Thomas et al., *Wohnsiedlungen*, Basel, Birkhäuser, 1997. p.66.

함부르크 슈타일스후프 주거단지 배치도

©Wikimedia Commons

함부르크 슈타일스후프 주거단지 전경

리패브 부재를 사용한 생산방식, 그리고 거대구조 안에 개별 단위주거를 단순 배열하는 이전 시대의 관행에서 벗어나지 못했기 때문이었다.

이러한 몇몇 사례는 1970년대의 고층 아파트 단지 계획을 답습하는 데서 벗어나서 고층 고밀도[41]이더라도 과거 도시의 역사적 유형을 재현하고자 했던 시도들이다. 그러나 의도와는 달리 거대한 단지들은 대부분 블록 자체의 규모가 매우 커졌기 때문에 인간적 스케일을 넘는 상당히 위압적인 환경으로 조성되었다.

따라서 결국 동시대 베를린 등 다른 도시에서 유행했던 메가스트럭처(megastructure) 주거단지와 별반 다르지 않은 경관을 형성했다. 또한 콘크리트 벽체, 펀칭의 개구부, 콘크리트 난간의 개방된 발코니 등을 적용함으로써 전형적인 고층 아파트에서의 외관 디자인 관행에서 벗어나지 못했고, 근본적인 미적 완성도도 달성하지 못하였다.

주

1 Schoenauer, Nobert, 김연홍 역, 『집, 6,000년 인류주거의 역사』 (다우, 2004), p.465.

2 Risebero, Bill, 박인석 역, 『건축의 사회사 — 산업혁명에서 포스트모던까지』 (열화당, 2008), p.292, 305.

3 Berning, Maria, *Berliner Wohnquatiere* (Berlin: Dietrich Reimer Verlag, 2003), pp.162-164.

4 Hafner, Thomas et al., *Wohnsiedlungen* (Basel: Birkhäuser, 1997), p.12.

5 이 미국 원조주택은 전쟁 후 독일 15개 도시에서 모두 3,000여 호 건설되었다.

6 Simon, Christina & Thomas Hafner, *Wohnorte* (Stuttgart: Karl Krämer, 2002), p.114.

7 팀텐은 10차 CIAM을 준비하는 팀이라는 뜻으로, 네덜란드 건축가 알도 반 아이크(Aldo van Eyck)와 바커마(J. B. Bakema)가 주축이 되어 결성하였다.

8 Gelernter, Mark, 최아사 역, 『보이는 건축 보이지 않는 생각 — 건축디자인의 비판적 역사』 (한길사, 2007), p.335, 339.

9 Simon, Christina & Thomas Hafner, *Wohnorte* (Stuttgart: Karl Krämer, 2002), p.112.

10 Glancey, Jonathan, *The Story of Architecture* (London: Dorling Kindersley Book, 2000), p.192.

11 Flagge, Ingeborg(Ed.), *Geschichte des Wohnens* vol.5 (Stuttgart: DVA, 1999), p.826.

12 Flagge, Ingeborg(Ed.), *Geschichte des Wohnens* vol.5 (Stuttgart: DVA, 1999), p.827.

13 Simon, Christina & Thomas Hafner, *Wohnorte* (Stuttgart: Karl Krämer, 2002),

p.110.

14 Schneider, Friederike, *Grundrißatlas — Floor Plan Atlas* (Basel: Birkhäuser, 1997), p.29.

15 Faller, Peter, *Der Wohngrundriß* (Stuttgart: DAV, 2002), p.93.

16 Risselada, Max et al., *Funktionalismus 1927-1961, Hans Scharoun versus die Opbouw* (Sulgen: Niggli, 1999), p.7.

17 Risselada, Max et al., *Funktionalismus 1927-1961, Hans Scharoun versus die Opbouw* (Sulgen: Niggli, 1999), p.143.

18 Berning, Maria, *Berliner Wohnquatiere* (Berlin: Dietrich Reimer Verlag, 2003), p.180.

19 Flagge, Ingeborg(Ed.), *Geschichte des Wohnens* vol.5 (Stuttgart: DVA, 1999), p.279.

20 Schtiftung Denkmalschutz Berlin(ed.), *Hundert Jahre Architektur in Berlin* (Berlin: Jovis, 2003), p.93.

21 Lampugnani, Vittorio Magnago & Wolfgang Nagel(Ed.), *Deutsche Architektur im 20. Jahrhundert* (Berlin: Jovis, 2000), p.115.

22 Lampugnani, Vittorio Magnago & Wolfgang Nagel(Ed.), *Deutsche Architektur im 20. Jahrhundert* (Berlin: Jovis, 2000), p.115.

23 Curdes, Gerhard.. *Entwicklung des Städtebaus* (Aachen: RWTH Aacher 1996), pp.472-473.

24 Faller, Peter, *Der Wohngrundriß* (Stuttgart: DAV, 2002), p.251.

25 Flagge, Ingeborg(Ed.), *Geschichte des Wohnens* vol.5 (Stuttgart: DVA, 1999), p.855.

26 Ungers, Lieselotte, *Über Architekten — Leben, Werk & Theorie* (Köln: DuMont, 2002), p.342.

27 Hafner, Thomas et al., *Wohnsiedlungen* (Basel: Birkhäuser, 1997), p.96.

28 Lampugnani, Vittorio Magnago & Wolfgang Nagel(Ed.), *Deutsche Architektur im 20. Jahrhundert* (Berlin: Jovis, 2000), pp.83-84.

29 Pahl, Jürgen, *Architekturtheorie des 20. Jahrhunderts* (München: Prestel, 1999), p.127.

30 Hafner, Thomas et al., *Wohnsiedlungen* (Basel: Birkhäuser, 1997), p.96.

31 Flagge, Ingeborg(Ed.), *Geschichte des Wohnens* vol.5 (Stuttgart: DVA, 1999), pp.312-313.

32 Faller, Peter, *Der Wohngrundriß* (Stuttgart: DAV, 2002), p.212.

33 Hafner, Thomas et al., *Wohnsiedlungen* (Basel: Birkhäuser, 1997), p.46.

34 Simon, Christina & Thomas Hafner, *Wohnorte* (Stuttgart: Karl Krämer, 2002), p.140.

35 ETH Wohnforum(Ed.), "Für wen bauen? Innovative Strategien im internationalen Vergleich" (Zürich: 2006).

36 전남일 · 유우상, 「집합주택 건축에 있어서 포스트모던 양식의 특징과 의미」, 『대한건축학회지회연합회 논문집』 9권 1호 (2007), pp.9-19.

37 Architekten und Ingenieur Verein Berlin(Ed.), *Berlin und seine Bauten*, Teil IV Reihenhäuser (Berlin: Ernst & Sohn, 2002), p.197.

38 Berning, Maria, *Berliner Wohnquatiere* (Berlin: Dietrich Reimer Verlag, 2003), pp.206-207.

39 Schubert, Dirk, *Hamburger Wohnquatiere* (Berlin: Dietrich Reimer Verlag, 2005), p.258.

40 Hafner, Thomas et al., *Wohnsiedlungen* (Basel: Birkhäuser, 1997), p.67.

41 독일 기준으로 고밀도이며, 용적률은 블록에 따라 약 100~180%까지의 밀도를 갖는다.

생산 이념과 기술의 미학:
1960년대 중반~1980년대 중반

구조 형식의 시험과 메가스트럭처

1960년대 독일은 대규모 단지 건설의 전성 시대라 할 수 있다. 수백만 호의 주택건설이 필요했던 당시의 상황을 고려해 본다면, 주거단지 규모가 수천 호에서 수만 호 이상에 이르는 것은 보통이었다. 신시가지가 개발되고 단지 규모가 커지면서 다양한 층수, 다양한 형태의 건물들이 하나의 부지 안에 개방된 구성으로 배치된 것이 일반적인 모습이었다. 소위 메가스트럭처를 구성하는 건물 형태가 모여 새로운 도시 조직을 만들어냈던 것이다.

1960년대는 이론·설계·연구 등에서 다양한 시험적 작업들이 이루어졌던 건축적 실험의 절정기라 할 수 있다. 특히 집합주택의 구조에 대한 다각적인 연구와 시도가 이루어졌는데, 구조에 대한 아이디어는 곧 건물의 형태를 형성하는 데 결정적 요소가 되기도 했다. 기존의 기둥식 콘크리트 가구식 구조, 벽식 구조 등과 함께 창의적인 구조가 조합된 복합구조도 등장했으며, 이는 평면 구성 및 주거동 블록플랜과 연동한다. 즉 단위세대의 공간들을 각각의 실(室) 또는 영역으로 분할하고 이를 구조 시스템과 연계하여 다양한 방식으로 자유분방하게 조합하는 방식이다.

예를 들어 교차벽식 구조(Kreuzwandtyp)는 내력벽이 가로·세로 방향으로 교차되는 구조 시스템으로, 서로 맞물리면서 매우 튼튼한 구조체를 형성한다. 사각형 박스와 같은 구조체는 수직적으로는 단순히 적층되며, 수평적으로는 단위세대의 자유로운 배치가 가능하다는 장점도 있다. 구조체 박스 외의 공간 역시 자유롭게 구성할 수 있다. 그렇지만 한 방향으로 구조체가 설치되는 내력벽 구조에 비해 단위세대 평면은 보다 치밀한 설계의 아이디어를 요구한다.[1]

결과적으로 평면상 다양하게 조합되는 블록플랜으로 변화 있는 주거동 형태를 구성할 수 있다. 벽식이나 콘크리트 가구식에 비해 구조적

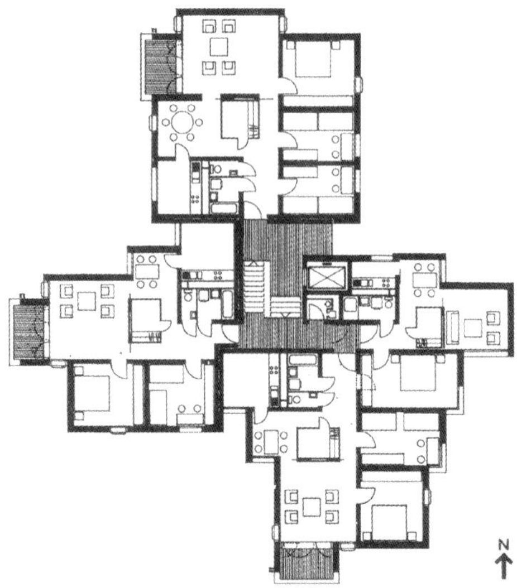

출처: Peter Faller, *Der Wohngrundriß*, Stuttgart: DAV, 2002, p.43.

교차벽식 구조의 주거동 블록플랜

명료성은 드러나지 않지만, 이러한 불규칙성과 자유분방함 그대로가 이 형식의 특성이라 할 수 있다. 특히 지루한 판상형 아파트 블록에서의 획일적인 박스형 평면에 싫증을 느낀 거주자들에게 변화감 있는 내부공간의 구성에 대한 요구는 날로 커지고 있었다. 결국 박스의 틀을 벗어난 변화 있는 평면은 외관상의 변화감과 직결되는 근본적인 요소가 되었다.

국제주의 양식의 규범이 약화된 1960년대 건축계에서는 개인적 표현이 모더니즘의 주류를 이루었는데, 많은 건축가들에게는 독창적 형태 생성이라는 접근 그 자체가 목적이 되었다. 자연의 변치 않는 원리를 표현하고 기능적 요구를 해결하기 위한 건축이 아니라, 창의적인 3차원적 조각으로서의 건축을 추구했다.[2]

특히 기하학적 조형에 대한 관심은 뜨거웠다. 그렇지만 주거건축에서는 생활을 담아야 한다는 의무가 있었기 때문에, 이러한 기하학적 조형을 해석하는 방식이 다를 수밖에 없었다. 그것은 사적 및 공적 영역, 또는 각각의 기능을 담는 부엌, 침실, 거실 등의 공간을 하나하나 파편화한 후, 그 몇몇 영역들을 다시 조합하여 기하학의 공간적 틀 안에 수용하는 방법이다. 이것은 앞서 설명한 교차벽식 시스템의 기하하적 속성과 잘 결합할 수 있었다.

웅어스 설계의 쾰른 제베르크(Köln-Seeberg) 주거단지(1964)는 구조적 특성이 외관의 형식으로 나타나는 사례이다. 단위세대 평면에서 구조체 박스 하나에는 침실과 같은 사적 공간을, 또 하나의 구조체 박스 안에는 현관 홀과 부엌을 배치했다. 그리고 다른 부분에는 거실 및 식당 등의 공적 공간을 개방적으로 배치했다. 구조 시스템이 창의적으로 개발되었고, 이에 합당한 각 실의 배치가 동시에 이루어진 것이다.

그 결과 구조체가 있는 부분에서의 솔리드한 매스와 펀칭(punching) 창, 그리고 그렇지 않은 부분에서의 가벼운 매스와 로지아가 대조적으로 교차 구성되는 외관이 형성되었고, 또한 이것이 다양하게 조합되어 매스의 변화감이 독특한 건물이 완성되었다. 이러한 형식은 기본적으로 수직·수평 방향으로의 매스의 증식 가능성을 내포하고 있으므로 메타볼리즘(metabolism)의 속성을 갖고 있다고 볼 수 있다.

괴츠 라이흘레(Götz Raichle)가 설계한 에슬링엔(Esslingen) 주거블록(1970)에서는 박스에서 돌출된 평면을 볼 수 있다. 이때 거실과 식당이 S자형으로 유연하게 흐르도록 하여 공적 영역을 이루었고, 사적 영역인 침실은 한쪽으로 치우쳐 분리·배치되었으며, 그 사이 부엌·욕실 등 설비가 집중된 기능적 영역이 배치되었어 있다. 이 세 영역은 각각의 독자적인 형상을 갖고 있다. 평면은 기능에 따라 분화되었고, 여러 면의 방향성을 갖는다.[3]

판상형이나 타워형 블록에서 흔히 볼 수 있는 평면구성 방식, 즉 단위세대 평면을 사각형 안에서 분할하는 '나누기식(divisionally)'을 따르지

©전남일

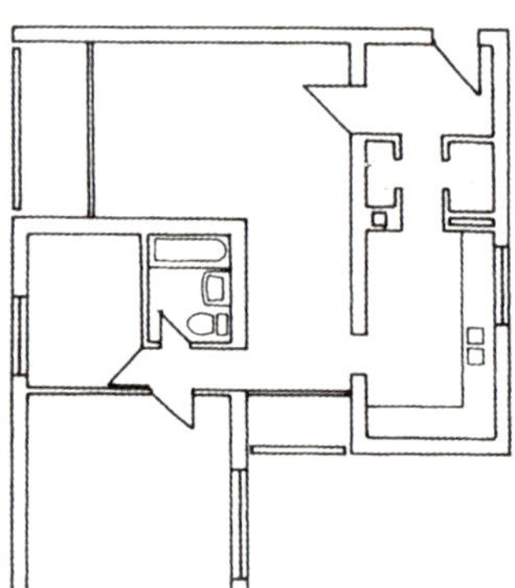

출처: Helmut Bott & Volker von Haas, *Verdichteter Wohnungsbau*, Stuttgart: Kohlhammer, 1996, p.59.

웅어스 설계의 쾰른 제베르크 주거단지 전경과 단위세대 평면

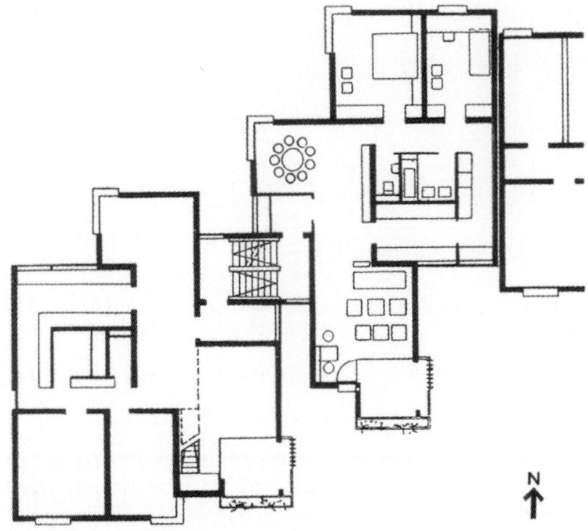

출처: Peter Faller, *Der Wohngrundriß*, Stuttgart: DAV, 2002, p.21.

에슬링엔 주거블록

않고, 각 개별 영역의 형상을 정교하게 서로 더하여 평면 형태가 만들어지는 '더하기식(additionally)'을 따르고 있다. 그 결과 건물 외곽에는 다양한 코너와 돌출부가 생기게 되고, 변화감 있는 요철(凹凸) 형상을 도출한다. 특히 90도로 드러나는 모서리는 직각 창의 설치 또는 발코니의 부착으로 더욱 강조된다.

개별 단위세대 내부를 이루는 평면의 구성이 '더하기식'을 따르는 것과 마찬가지로, 블록플랜도 각각의 단위세대가 자유롭게 만나서 형성되는 '더하기식'을 따르고 있다. 즉 주거동은 요철 있는 단위공간이 다양하게 증식하는 시스템으로 구성된다.

베를린의 메르키쉐 지구(Märkisches Viertel, 1963~1974)의 단위세대와 주거동 블록플랜 역시 이 방식을 따르고 있다. 다양한 윤곽을 갖는 단위세대는 인접 세대와 직각으로 맞물려 있으며, 전체 주거동 평면상의 윤곽도 직각으로 꺾여 다양한 요철감을 보인다. 평면은 가구배치와 활동의 치수를 고려하여 공간의 낭비 없이 각 실에 꼭 알맞은 규모로 계획되었다. 또한 주거 내 공적 영역과 사적 영역이 구분된 조닝(zoning)과 함께, 각 실의 배치와 동선도 합리적으로 짜맞추어진 기능적 구성이다. 이러한 사례는 평면의 기능에 중점을 둠으로써 기능 및 사용의 논리가 건물의 구축 및 형태의 논리보다 우선시된다.[4]

1960년대 이후 대규모 단지에서 볼 수 있는 콘크리트 더미의 거대 조직은 기본적으로 '주택생산의 산업화'와 맞물려 있다. 이때 동일한 규격의 콘크리트 외장재가 무한 반복되는 시스템이 곧 건물의 형태로 나타난다. 단위부재가 모여서 단위세대가 되고 이 단위세대들이 수평적·수직적으로 집적되는 양상은 매우 다양하다. 이는 콘크리트 벽식 구조로서 조성할 수 있는 건물의 형태와 규모가 다양하다는 특성과 잘 맞는다. 특히 주거공간에서 필요로 하는 공간의 규모는 다른 건축물보다 작기 때문에, 구조로서 공간을 제한하지 않는 이상 원하는 치수와 그것들의 조합은 무궁무진해질 수 있는 것이다.

이를 넓은 의미에서 콘크리트의 '가소성'이라 부를 수 있는데, 그동안의 전형적인 평면형에 식상한 거주자들을 위한 좋은 해법이 되었다. 물론 오픈 플랜을 통해 가변성과 융통성을 높여 거주자 스스로 다양한 요구를 채우도록 하는 방식이 있었다. 그렇지만 실제로 과거의 이러한 융통성 평면에서 거주자가 경량 칸막이 벽체를 직접 옮기고 다시 조립하는 등의 작업은 입주 후 거의 이루어지지 않는다는 비판 또한 있었던 것이 사실이다. 이러한 점을 감안하면 이렇게 미리 다양한 평면형을 시장에 제공하고 거주자가 선택할 수 있는 여지를 많이 주는 것 또한 하나의 방법이 될 수 있었다.

한편, 주거단지 내 배치는 사선 배치, 클러스터형, 구불구불 굽이치는 배치, 꺾인 형태에 이르기까지 매우 다양하며 일관된 형식이 없다. 이는 다양한 건물 형상으로 나타나는데, 형태의 다양성에 비해서 건물의

출처: Friederike Schneider, *Grundrißatlas - Floor Plans Manual - Housing*, Basel: Birkhäuser, 2004, p.214.

메르키쉐 지구 일부의 전경

입면을 구성하는 면적인 요소는 매우 한정되어 있다.

전면은 주로 수평적 요소인 발코니 또는 펀칭된 정형적인 창의 반복으로 이루어져 있으며, 후면 역시 수평적 편복도 또는 이를 분절시키는 수직적 요소인 계단실로 한정되어 있다. 이와 같은 건물 매스의 증식은 종종 원칙 없는 무질서한 양상으로 주거동의 규모를 확산시키는 경우가 많았다. 그 결과 입면은 거대한 스케일로 인해 차폐성이 매우 강하며 위압적이다. 이렇게 형태 논리가 부족한 것에 대해 평론가 헤르베르트 슈탄츠(Herbert Stanz)는 "건축은 죽었다"라고 단언하였다.[5]

가장 대표적인 사례는 여러 건축가가 참여하여 총 10년의 건설기간을 갖고 완성된 베를린의 메르키쉐 지구다. 거대한 건물 매스가 굽이치는 형상으로 끊임없이 연결되면서 다양한 층수로 변화를 주는 기법이 단조로움을 없애는 수단이 되었다. 주거동은 단위세대가 사방으로 고리와 같이 연결된 형태로서, 꺾이거나 쌓여지거나 계단식으로 단차를 이루거나 하여 리드미컬한 조형성을 갖는다. 입면은 요철이 풍부한 평면상의 복잡함을 수직적으로 단순히 적층하는 방식으로 디자인되었다. 발코니는 외부로 드러나지 않으며, 모두 입면으로부터 후퇴한 로지아 형태이기 때문에 건물의 매스감은 더욱 강조된다.

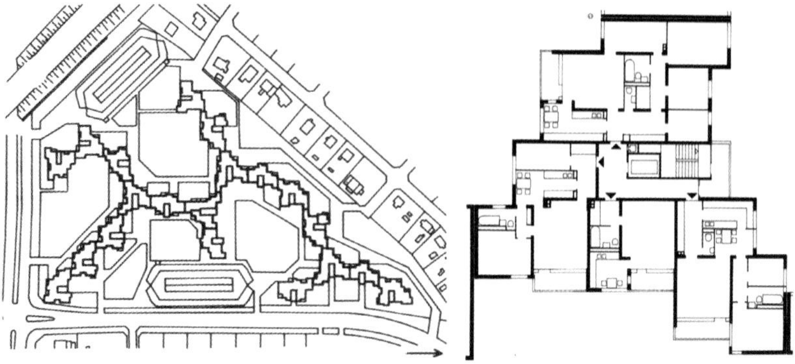

출처: Friederike Schneider, *Grundrißatlas – Floor Plans Manual – Housing*, Basel: Birkhäuser, 2004, p.214.

메르키쉐 지구의 배치도 및 블록플랜 일부

이 주거단지에서는 물결치는 형태의, 외부공간을 감싸안는 위요형(圍繞形) 주거동을 계획하여 자일렌바우에서의 장소성 없는 개방적 외부공간의 문제를 해결하고자 했다. 또한 다양한 층고를 계획하여 변화감 있는 스카이라인을 형성했다.

웅어스의 경우 특히 제베르크 주거단지나 메르키쉐 지구에서 주안점을 둔 부분은 안과 밖, 적극적(positive) 공간과 소극적(negative) 공간, 즉 건물 및 평면과 외부공간의 관계를 새로이 정의하는 것이었다. 그는 이 두 영역이 다양한 조합에 의하여 서로 다른 공간의 질을 담보할 수 있으리라 여겼다. 여기에는 외부공간과 건물 사이의 무의미한 이분법적 분리로부터 탈피하고 외부공간에 성격을 부여하고자 하는 의도가 있었다. 기능주의 주거건축의 개방형 배치와 무미건조함의 본질이 솔리드와 보이드 공간의 상호관계가 소홀히 다루어짐으로써 건물들의 고립감이 커진 데서 기인한다는 점을 파악했기 때문이다.

비록 1960년대의 대규모 주거단지가 경제적 상황과 건설시장의 필요에 의해 생성된 것이기는 하나, 그는 사회적 이슈와 이데올로기적 논의를 차치하고 여기서 건축 형태의 잠재성을 바탕으로 '유형'을 새로운 관계 속에서 해석하고자 했다.

예를 들어 메르키쉐 지구의 주거동 플랜에서는 기존 법규의 테두리 내에서 내부 평면을 유기적으로 조직하였으며, 이를 통해 어떠한 특정 평면 유형을 탐색하는 것이 아니라 보다 유연한 방식으로 평면 구성의 전략을 세우고 여기에 새로운 질서를 부여하고자 했다.[6] 건물은 종종 도시 스케일까지 확장되어 전체 지구를 지배하는 모뉴멘털(monumental)한 경관을 형성하면서 거대한 차폐감을 형성한다. 때문에 의도와는 달리 고층건물의 유일한 장점이자 미덕이었던 개방성을 상실하였다. 이 단지는 개방성이 큰 특징이었던 자일렌바우의 종말을 고하는 단지로서 그 의미가 있다.[7]

메타볼리즘[8] 건축의 과시성

1960~1970년대의 사회적 정서는 인간기술의 한계에 도달하고자 하는 열망이 강했고, 건축도 그 영향을 받아 가능성을 타진해 보고자 하는 의욕이 팽배했다. 특히 유토피아를 꿈꾸는 상상력이 동원되어 인간의 정주환경에 대한 끝없는 도전정신이 주거건축에도 큰 영향을 미치게 되었다. 또한 건축기술에 대한 한계를 거대 구조물과 초고층 빌딩 등 구조적인 아이디어들이 적용된 건축물들을 통해 다양하게 시험해 보고자 했다. 공상과학에서의 판타지가 도시주거에 적용되면서 구조체와 규모 확장에 대한 끊임없는 창의적 시험이 동반되었다.

이때 등장한 개념 중 하나가 메타볼리즘(metabolism)으로, 건축물이 하나의 유기체로서 끝없이 성장하고 증식하는 형태를 제시한다.[9] 메타볼리즘은 세포나 캡슐 같은 단위의 증식이라는 측면에서 볼 때, 단위세대 및 그것의 집합으로 이루어지는 집합주택의 속성과 매우 부합된다. 이때 건축물로서의 집합주택은 완결된 형태의 예술적 조형물로서가 아니라, 실내와 실외, 방과 방의 조합이나 연속성 등이 끊임없이 결합되면서 공간성과 기능을 창출하며 만들어진다.[10]

메타볼리즘은 생물학적 형태인 바이오로지컬(biological) 또는 바이오모픽(biomorphic)적인 속성을 디자인에 접목시킨 접근방법이다. 이는 도시 및 건물의 새로운 요구를 충족시키기 위해 끊임없이 변화하고 성장하는 방식을 자연 현상에 대입하여 과장적으로 표현하는데, 이때 새로운 건설 기술과 테크닉이 적용되어 새로운 형태를 낳는 것이다.[11]

주거건축에 있어서 단위세포 또는 단위세대는 하나하나 분해된 상태로 경계 없이 수직·수평 방향으로 무한 확장된다. 하나하나의 조각이 모여서 전체를 이루며, 결합한 결과로서의 형태는 '열린' 형태의 '불규칙한 매스'로 대변된다. 따라서 정해진 형태는 없으며 같은 단위가 반복된다. 이때 일렬로 끝없이 이어지는 단순함에서 탈피하여 특정 단위가 일정하게 리듬감을 갖고 셋백(setback)되면서 변화무쌍한 시각적 효과를 발휘한다. 즉 거대한 집합체 속에서 개개의 단위 또한 강조되는 것이다.

이를 한편으로는 바이오모픽 건축이라 하는데, 그 특징은 내·외부로의 형태의 무한 확장성으로, 다양한 공간 경험을 중요시하고 공간들이 고리와 같이 연속되는 개념을 갖고 있다는 점이다. 특히 사용자의 시각적 경험과 공간 인식에 대한 면밀한 검토의 결과로서, 이러한 개개 공간의 조합이 다양성을 창출한다.[12] 이처럼 분산된 형태는 일본에서 유래한 메타볼리즘에서 보여주었던 메가스트럭처를 연상케 한다.[13] 이때 건물의 매스는 분해되고 파편화되는데, 그 집적(集積) 양상에 따라 한 방향으로의 증식이 이루어지거나 또는 불규칙한 형태를 갖기도 한다.

예를 들어 뮌헨(München)의 보겐하우젠(Bogenhausen) 집합주택(1970)은 단위세대가 선적(線的, linear)으로 배치되면서 수평적으로 증식할 수

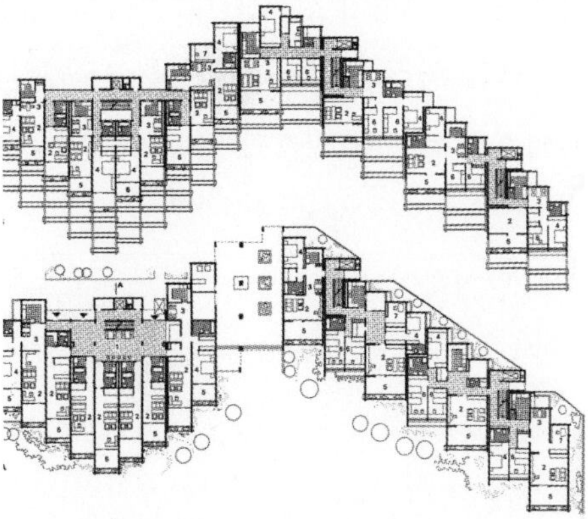

출처: Walter, Meyer-Bohe, *Wohngruppen*, Stuttgart: Alexander Koch, 1979, p.154.

출처: Ch. Edouard Geisendorf et al., *Dichte individuelle Wohnformen*, Niederteufen: Verlag Arthur Niggli, 1983, p.260.

뮌헨의 보겐하우젠 집합주택

있는 구조의 시스템을 읽을 수 있다. 동시에 층별로 단위세대를 셋백시킴으로써 단위세대가 하나의 세포(cell)와 같은 이미지로 명확하게 하나씩 구분되며, 이들의 집합체는 리듬감 있게 배열되어 역동적인 경관을 도출한다.

이러한 메타볼리즘의 속성이 소위 현대사회의 자유분방하고 유동적인 삶을 상징하는 아나키즘적 특성을 갖고 있기는 하나, 건축 프로젝트들에서는 오히려 일정한 질서와 밀집한 덩어리로서의 조직으로 존재한다. 이때 각각의 개별 주거는 철저히 근원적인 가족의 사적 영역을 '내향적(introversion)'으로 형성하여 외부로부터는 폐쇄적이고 은둔적인 모습을 보인다. 이러한 양상은 전후 시대 가족과 개인이 사회와 현실로부터 도피하고자 하는 욕구를 상징한다. 구체적으로는 구조와 뼈대라는 1차적 요소, 거주와 생활을 포함하는 공간이라는 2차적 요소가 완벽하게 결합하는 이상적 건축을 지향한다.

예를 들어 콘크리트 매스들로서 공간의 골조를 이루거나, 인공지반을 만들어 거대 구조체를 형성하거나, 수평적으로 확산되는 구조를 수직적으로도 확산시켜 비대한 3차원의 증식을 이루거나, 서랍식 또는 플러그 인(plug-in)의 구조를 형성하는 등의 시도가 모두 이러한 개념으로부터 출발한 것이라 할 수 있다.[14]

메타 도시(Metastadt)의 개념이 실현된 대표적인 사례로는 리하르트 디트리히(Richard Dietrich) 설계의 불펜(Wulfen) 집합주택(1972)이 있다. 새로운 건설 시스템을 적용한 일종의 시험주택으로서, 원래 변화하는 공간적 요구에 대응하고 이러한 개념을 새로운 주거 형태로 전환해 보고자 한 것이었다. 이 사례는 도시 차원에서의 가변형 주택의 모델로서도 의미가 있는데, 그 기본 개념은 수직·수평적으로 무한히 확장할 수 있는 시스템으로서의 집합체이다. 이때의 형태 논리는 야심찬 조각적인 거대장식(mega ornament)을 형성하고, 개별 단위세대를 파편화된 장식의 요소로 활용하는 것이다.[15]

기본 구조 모듈은 4.2m×4.2m의 평면 단위에 3.6m 높이를 갖는 3차원 입체로, 주된 지지 기둥은 매 16.8m마다 배치되고, 8.4m의 캔틸레버(cantilever)가 허용되었다. 이 구조적 틀 안에서 내부공간의 볼륨은 필

©Wulfen Wiki

불펜 집합주택

요에 따라 자유로이 배치된다. 내력벽, 비내력벽, 설비 등은 서로 독립적이어서 언제든지 교체 가능하고 새로 투입 가능하다. 이상적 시스템을 목표로 한 도시구조를 지향했지만, 이 집합주택은 기술적 완성도가 부족해 발생한 문제들로 인해 1980년 철거되었다.[16] 이 사례는 구조와 기술이 이상적 개념만으로는 지속 가능할 수 없다는 예를 보여준다.

메타볼리즘적 속성을 갖는 집합주택의 극단적인 사례를 게오르그 하인리히스(Georg Heinrichs) 설계의 베를린 빌머스도르프(Wilmersdorf) 아우토반(Autobahn) 집합주택(1982)에서 볼 수 있다. 고속도로 위에 500m에 이르는 주거블록이 조성되었고, 기본적으로 도로 양편으로 테라스하우스를 구축했다. 그 위에 적층형의 아파트 주거동을 수직적으로 연결하여 고밀도의 거대 블록을 형성한다.

하나하나의 단위 셀이 집적된 구성으로, 이 단위 셀은 기본적으로 6.10m의 콘크리트 내력벽 간격을 모듈로 한다. 그렇지만 단위 셀은 테라스하우스의 특성상 벽체와 평행한 방향으로 공간의 깊이를 여러 단계로 설정할 수 있기 때문에, 내부에서는 다양한 단위세대 타입이 만들어질 수 있다. 또한 복층을 구성할 수도 있다. 따라서 이 주거블록 전체에는 이러한 방식으로 총 120가지의 서로 다른 평면 유형이 존재한다.[17]

그럼에도 불구하고 외부에서 인지할 수 있는 것은 다양성이 아니라 하나의 단위 셀이다. 공간을 이루는 2차적 요소는 단순화된 윤곽과 형태를 갖는 것이어서 마치 콘테이너 박스와 같은 모습으로 쌓여지는데, 개개의 박스들은 공장생산과 대량생산을 전제로 하는 것이다. 다만 불펜 집합주택과 다른 점이라면, 단위공간이 증식하는 방향성이 선적으로 한 방향성을 갖는다는 것이다.

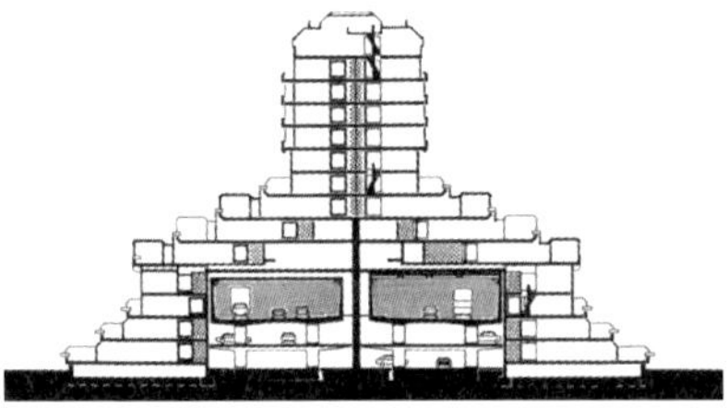

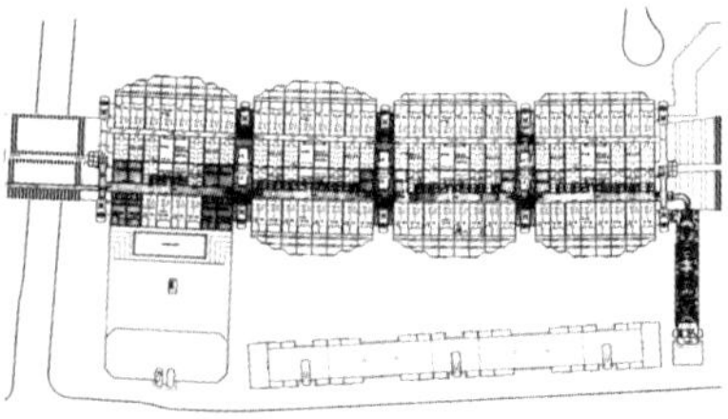

출처: Friederike Schneider, *Grundrißatlas - Floor Plans Manual - Housing*, Basel: Birkhäuser, 2004, p.203.

하인리히스 설계의 아우토반 집합주택 단면도 및 배치도

©전남일

하인리히스 설계의 아우토반 집합주택 전경

신생산주의와 공업화 주택의 시험

근대 기능주의자들이 한정된 구조와 재료하에서 제한된 공업화 건축을 실현했다면, 1970년대 이후의 건축가들은 구조 및 재료가 다양하게 발달한 가운데 복잡한 디테일들을 기술적으로 해결하면서 기술 기반의 창의적인 디자인을 실현하는 경향을 보인다. 또한 이전 시기에서처럼 모든 사례에서 거의 동일하게 보이던 통일된 양식이 아니라, 건축가에 따라 다양한 창의성이 발휘되는 아이디어의 발상이 돋보이며, 구조에 대한 아이디어가 형태를 결정짓는 데 하나의 모티브로 작용하게끔 했다.

오토 슈타이들레(Otto Steidle)는 주택설계에서 프리패브(prefab) 부재를 사용한 조립 시스템을 하나의 건축 주제로 지속적으로 추구해 온 건축가이다. 1974년 완공된 뮌헨(München)의 집합주택은 1970년대의 기술력과 그것이 공간과 어떻게 최적으로 상호 결합될 수 있는가를 보여준다. 여기서 뼈대를 이루는 1차적 구조체(skeleton/support)와 2차적 공간 구성재(infill)는 서로 독립적이다,

기둥과 보로 이루어진 조립식 철근 콘크리트 가구식을 기본으로, 여기에 2차 요소인 바닥·벽면·창호 등이 끼워지는데, 이 인필(infill) 요소는 공간을 제공해 주는 역할을 하며 뼈대와 상호 보완된다. 또한 1차, 2차 요소 모두 필요에 따라 확장·축소가 가능하다. 이러한 조건을 효율적으로 구현하기 위한 방법은 평면에서의 모듈과 그리드 시스템으로 나타난다.

이 사례에서는 합리적 구축법과 거주자를 위한 융통형 내부공간 구성이 아이디어의 핵심이다. 단위세대 내부에서의 융통성이 확보될 뿐만 아니라, 세대 간의 병합과 분리를 통해 다양한 단위세대 규모가 가능한 융통성도 확보되도록 구성했다.

단위세대 자체도 전면·측면·수직 방향으로 확장 및 축소됨으로써

©Otto Steidle

©전남일

©전남일

슈타이들레 설계의 뮌헨 집합주택 구조 시스템

©Otto Steidle

철근 콘크리트 가구식 구조 건설 모습

다양한 면적의 세대구성이 가능하다. 정해진 단위세대 내에서도 거주자는 공간을 건물 전후 면으로 증축하거나 또는 오픈스페이스화하여 사용할 수 있다. 즉 모듈화된 평면이지만 내부 벽체는 이동 및 개폐 변화가 가능하여 다양한 평면으로의 전환이 가능하다. 구조체와 같이 꼭 필요한 부분이 원하는 만큼 제공되고, 나머지 미완의 부분은 거주자가 자유로이 구성할 수 있는 여지로 남는 것이다. 불변의 요소는 뼈대를 이루는 구조 시스템이고, 이것이 이 건물의 핵심적인 미학적 요소이자 건축 개념으로 작용한다.

내부공간은 스플릿 레벨(split level)로 되어 있어 더욱 변화감 있는 단위세대 단면 구성과 층고의 조합을 가능케 한다. 막힌 공간과 열린 공간, 그리고 그 사이의 완충 공간도 다양하게 구성할 수 있어 발코니, 테라스, 온실 등이 곳곳에 형성되고 적극적으로 이용되고 있다. 이로써 건물 파

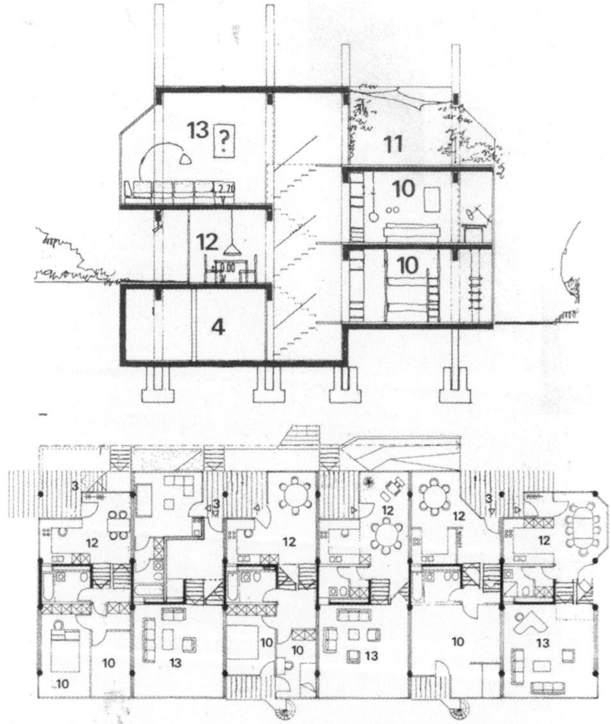

출처: *Architecture + Urbanism*, 1984년 11월호, p.81.

슈타이들레 설계의 뮌헨 집합주택 단면도와 평면도

사드에 다양한 표정이 부여되며, 풍부한 생활의 내용을 표현한다.

전쟁 후 일반적인 관 주도의 재건 시대를 넘어 개개인의 개성이 존중되고 거주자의 다양한 요구를 충족시키기 위한 시도가 양식으로 표현되는 현상을 볼 수 있다. 콘크리트와 금속 패널, 채색 패널 등을 표면에 드러내어 '절제의 미학'이 아닌 '풍부한 표현의 미학'을 추구한다. 주택의 생산과 사용에 대한 새로운 이상은 구조적 시스템을 시각화하는 것으로 구현되었다. 또한 내부의 가변성은 외관의 가변성으로 이어진다. 즉 거주의 내용은 시간에 따라, 사용방식에 따라 예기치 않은 다양한 모습

©전남일

뮌헨 집합주택의 전경 및 부분

으로 변화한다.

구조 프레임으로서의 콘크리트 슬래브와 기둥은 외부로 노출되어 솔직한 구조지향적 성향을 나타내는데, 근대 기능주의 건축에서 보여주었던 밋밋한 표면에 대항하는 입장을 취한다. 슈타이들레는 구조주의자이면서도 구조의 경직성으로부터는 탈피하고자 하며 유연한 다양성을 추구한다. 즉 1차적 요소인 구조체가 고정적이라면, 2차적 요소인 공간은 처음부터 완성되는 것이 아니라 시간의 경과에 따라 차츰 채워지거나 변경되면서 살아 있는 유기체 같은 생명력을 갖도록 하는 것이다. 거칠고 저렴한 다양한 재료의 특성을 빈티지한 느낌으로 살리고, 여기에 식물의 유기적 요소를 부가하여 독특한 분위기를 발산한다.

이와 같은 사례는 공업생산을 근간으로 하는 근대 초기의 기능주의 및 후기 기능주의와 개념상 공통점이 있지만, 구조와 내장이 분리되면서 구현되는 디테일은 기계적 미학을 강하게 드러낸다. 즉 단순미로 흡수된 모더니즘의 '차가운' 감성보다는 재료와 생산방식을 통해 표출되는 섬세함이 더욱 부각된다. 이렇게 생산성과 결부된 건축적 요소를 중요한 디자인의 요소로 보는 경향을 케네트 프램튼(Kenneth Frampton)은 신생산주의(neo-productivism)로 규정했다.[18]

카셀(Kassel)에 위치한 도큐멘타 어바나(Documenta Urbana) 단지(1982)는 당시 선도적인 건축가들이 초빙되어 137호 규모의 주거단지를 새로운 건축 개념으로 합동으로 개발한 곳이다. 여기서 슈타이들레는 복도식 집합주택을 설계했다. 기본적으로 경량 건식(乾式) 구조를 바탕으로, 구조와 재료의 결합은 단순한 기술로도 가능토록 했다. 그가 설계한 주거동에서 복도는 정확히 말하면 계단을 포함하여 복합적으로 구성된 단위세대 출입 및 주거동 공용공간을 통합하여 일컫는 공간인데, 이 공간의 독특한 구성은 궁극적으로 구조체로부터 파생된 것이다.

구조 자체는 매우 단순하다. 슬래브를 얹어놓을 수 있는 콘솔이 반

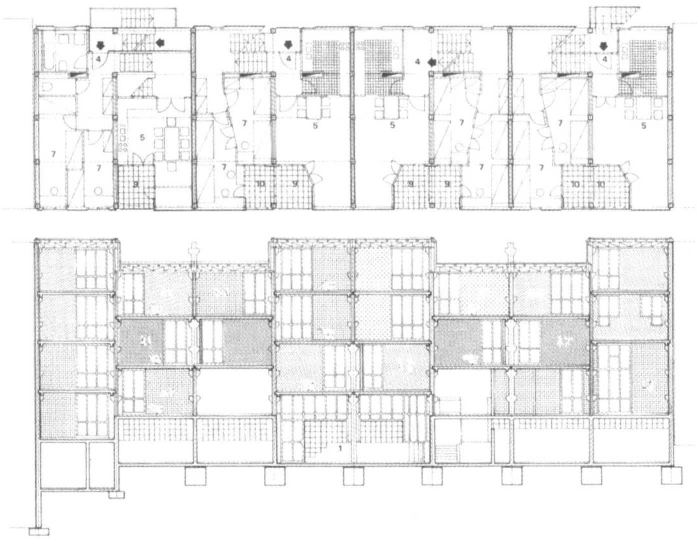

출처: *Architecture + Urbanism*, 1984년 11월호, p.75.

도큐멘타 어바나의 주거블록 평면도와 단면도

층 간격으로 달려 있는 기둥 구조체는 각 단위세대 유닛들이 반층 차이로 엮혀지도록 한다. 이 반층 간격의 콘솔은 외관상 더욱 명쾌히 드러난다. 이러한 독창적인 개념을 통해 프리패브 부재의 활용으로 발생하는 평면의 경직성 문제가 무리 없이 해결되었고, 구조적 요소를 건축적 표현의 한 수단으로 활용하였다.

그는 원천적으로 박스 안에 갇힌 단위세대의 고정성을 부정하며, 벽식 구조에서는 볼 수 없는 '열린' 방식의 평면 구성을 지향한다. 또한 다양한 단면 계획을 통해 메조넷이나 복층형의 단위세대를 구성하여 풍부한 내부의 공간감을 살리고자 했다. 이 사례에서도 평면 계획은 뮌헨 집합주택에서의 원칙과 비슷하다.

여기서도 내부공간을 이루는 요소는 다양한 방식으로 조합되는데, 일부 삭제하거나 일부 더 첨가하는 것이 가능하여 '즉흥적이고 미완성

©전남일

도큐멘타 어바나의 주거블록 전면

©전남일

도큐멘타 어바나의 주거블록 후면

인'[19] 인상을 부여하는 데 일조한다. 건축가는 의도적으로 주민들이 자발적으로 디자인한 것과 같은 효과를 노렸고, 실제로 이러한 효과는 수년 후 사용자들이 각자 요구에 맞추어 가변적 요소들을 변형시킴으로써 가시적으로 나타났다. 자연스러운 생활 모습들이 건축물의 입면을 살아 있는 생명체처럼 변화하도록 한 것이다.

이 사례에서는 공업화의 원칙을 지키면서 그동안의 박스형 평면 설계에서 탈피하여 풍성한 공간들을 담아낼 수 있도록 계획한 아이디어를

©전남일

도큐멘타 어바나의 단독주택 실험작

볼 수 있다. 반층씩 차이 나는 스플릿 레벨형의 평면에서는 레벨이 다른 바닥들을 단순 복층형보다 한층 부드럽게 연결시켜 준다. 주거건축에서의 기술적 측면과 거주의 측면을 이상적으로 연계하고자 한 노력들을 엿볼 수 있다. 오르락내리락 하는 계단실은 입면에 그래픽적 효과를 줌과 동시에 열림과 막힘이 교차하도록 함으로써 표면에 대비감을 부여한다.

도큐멘타 어바나 단지에는 집합주택 외에도 일련의 단독주택 군(郡)이 계획되었다. 이때도 모듈화된 건축 요소들이 채택되었고, 이 요소들 역시 구조체와 삽입체로 구분되었다. 공간을 수용하는 삽입체는 마치 콘테이너 박스를 끼워넣거나 적층한 것과 같은 개념을 갖고 있는데, 실제로 재료의 물성 또한 콘테이너 박스와 유사하다. 이는 저비용 주택으로서의 실험적·키치적 디자인을 보여준다.

오픈 플랜 및 융통형 주택

1960년대 이후는 융통형 주거에 대한 관심이 증폭된 시기였다. 시간의 흐름에 따라 변화하는 요구에 능동적으로 대처할 수 있는 주거에 대한 요구는 더욱 증대되었다. 그동안의 획일화된 주거형에서 탈피하고자 하는 열망과 생산성 향상, 공업화에 대한 애착과 미련이 복합적으로 분출되었다. 이때 이 융통성이란 개념은 가변성뿐만 아니라 기능의 융통성, 주거 내·외부의 구조적 융통성, 주택 보급의 융통성, 주거 계획에 있어서의 융통성 등을 동시에 포괄하는 종합적 시스템을 의미한다.

특히 독일의 경우 구축법에 대한 견고한 신뢰는 종종 건물의 라이프사이클(life cycle)을 연장시키는 생태주의 및 친환경주의와 결합하였다. 설계경기 등에서 제시된 '융통형 주택 평면'에서는 구체적으로 여러 요건들을 충족시키는 대안을 제시하도록 요구되었다.

이러한 개념에는 기본적으로 건물의 지속 가능한 품질과 인간의 요구를 연계시키고자 한 고민이 있었다. 이때 변경 불가능한 장수명의 뼈대를 변경 가능한 단수명의 내장재로부터 철저히 분리시킴으로써 건축물의 수명을 연장하고자 했다. 동시에 건물의 소유 및 임대 관계, 건축기술, 운영체계 등에 대한 고려가 총체적으로 이루어졌다. 예를 들어 사용자는 뼈대로 이루어진 공간을 임대하고, 공급자는 뼈대의 소유자가 될 수 있는 것이다. 구조체의 뼈대는 다용도로 활용이 가능하고, 건물의 내용도 주거·업무·상업의 용도로 전환되는 것이 가능하다.

특히 단위세대 내의 융통성은 여러 방법으로 현실화할 수 있다.

첫째, 기능의 융통성이다. 이는 단위세대 내 각 개별 공간을 다양하게 조합할 수 있도록 하거나, 각 실의 다양한 기능을 가능케 하도록 가구 배치의 가변성을 주는 방법이다. 이를 위해서는 각 공간의 폭과 길이에 대한 적당한 비례를 계산한 계획이 필요하며, 특히 단위세대 내 설비 및 코어 부분을 일정 위치에 집중 배치하고 다른 부분을 비워둠으로써 가변성을 수월하게 하는 방식이 권장된다.

둘째, 주거 내·외부의 융통성이다. 단위세대 내부에 내력 구조를 가능한 적게 사용하고, 대신 거주자가 수월하게 설치할 수 있는 경량 가변형 벽체를 사용하는 것이다. 이는 거주자 생활의 변화와 라이프사이클의 변화에 따른 공간의 확장 및 축소가 가능하도록 해주는 것이다.

셋째, 용도의 융통성이다. 거실·침실 등에 대해 용도를 정해놓지 않음으로써 사용자의 필요에 따라 공간을 교환하여 사용할 수 있도록 하는 것이다.

넷째, 계획의 융통성이다. 프리패브 부재 등을 다양하게 응용하고, 새로운 건축 시스템을 적용하여 각 부분의 시스템이 다양하게 조합될 수 있도록 하는 것이다.

몇몇 사례 중 하랄드 다일만(Harald Deilman)의 계획(1973)을 살펴보면, 계단실을 중심으로 두 단위세대가 반층 차이로 연결된 형식을 취한다. 정사각형 평면의 중심부에 있는 욕실과 부엌의 설비 코어 부분만 고정 벽체로 되어 있고, 그 외에는 기술자의 도움 없이 쉽게 설치 및 철거할 수 있는 경량의 가변형 벽체로 구성되어 있다. 이로써 각 실의 크기를 변화시키거나 가구 배치를 변화시키는 것이 가능하다. 즉 용도 변용 등 거주하면서 행해지는 단기적 융통성, 그리고 다양한 평면형을 초기에 제공할 수 있는 장기적 융통성이 무리없이 가능하다. 하지만 이러한 평면을 수용하는 건물의 구조는 벽식 조립식을 유지하고 있다.

이와 달리 '엘레멘타(Elementa) 72'라 이름붙인 설계경기에서는 단위세대와 실 크기의 변화에 따라 융통성을 발휘하는 평면 시스템을 제시했고, 또한 발전하는 주택의 냉난방 시설, 설비 등에 적절히 대응하여 후일 저렴한 가격으로 쉽게 바꾸거나 보충할 수 있는 기술적 시공 시스템이 동시에 개발되었다. 구조체와 함께 내·외벽, 욕실, 부엌, 계단 등의 요소를 모듈화하거나, 한 주거동을 구성할 때 단위세대들이 다양하게 조합·배분될 수 있게 하여 다양한 건물 형태가 도출되도록 하는 등의 아이디어들이 제시되었다.

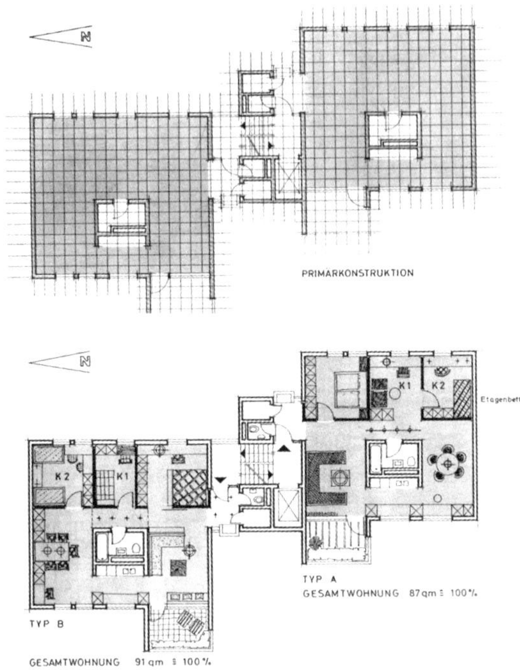

출처: Ulrich Schröder, *Variabel nutzbare Häuser und Wohnungen. Grundrißlösungen, anpaßbar an Familiengröße und Lebensform*, Wiesbaden: Bauverlag, 1979, p.134(위), p.136(아래).

출처: *Architektur und Wettbewerb*, vol.74, 1973, p.2.

다일만 설계의 융통형 평면과 건물 외관

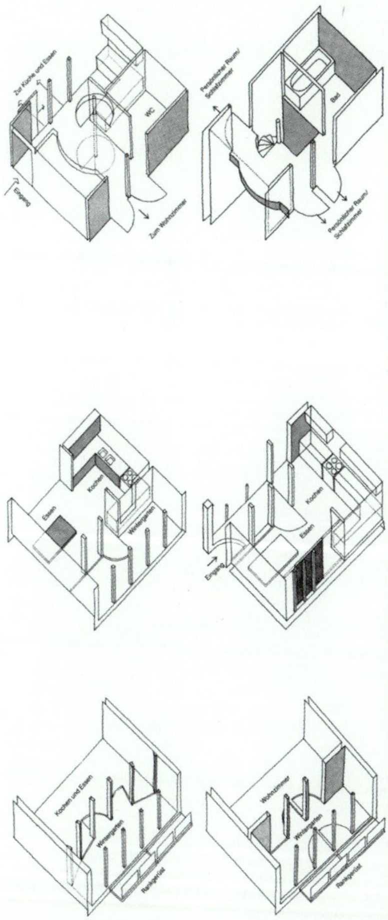

출처: Friederike Schneider, *Grundrißatlas - Floor Plans Manual - Housing*, Basel: Birkhäuser, 2004, p.82.

©전남일

선반형 주택의 개념도와 외관

소위 ‘선반형 주택(Wohnregal)’이라 불리는 슈튀르츠베허와 닐룬드(Stürzebecher & Nylund) 설계의 집합주택(1886)은 IBA(Internationale Bauausstellung) 지구 내 프로젝트로 지어졌다. 값싼 RC(reinforced concrete) 기둥식 구조와 슬래브는 하나의 ‘선반’ 단위와 같이 거주자에 의해 변화할 수 있는 프레임을 제공하는데, 이를테면 파사드, 파티션, 경량 벽체 등을 자유롭게 변경할 수 있다. 주거지 블록의 일부를 채워넣은 이 유형에서 건축가는 기본적인 요소인 철근 콘크리트 골조와 바닥 평면을 개발하고, 비숙련 거주자가 개인적 요구와 선호에 따라 자신만의 입면, 칸막이, 발코니 등을 건설할 수 있게끔 하는 혁신적인 목재 건축 시스템을 고안했다.[20]

평면을 이루는 인필 요소들은 1m 그리드상에서 움직이는데, 이것은 창·문·복도 등을 구성하는 기본 단위가 된다. 수직적 요소에도 그리드가 적용되었고, 이 역시 입면의 창과 문 등의 요소를 결정짓는 단위가 된다. 여기서 중요시되는 것은 거주자 스스로 변화시킬 수 있는 가변적 요소들로서, 단위세대와 단위세대 사이의 가변성, 단위세대 내부적인 가변성을 모두 확보해 준다.[21]

따라서 이 주택의 미적 기본 원칙은 고정된 요소들의 조합 및 그들의 조화가 아니라 단위 셀, 즉 그리드 단위의 다양한 배치의 결과로 나타나는 예상치 못한 효과라 할 수 있다. 이 건물의 그리드는 비계처럼 보이며, 공사가 진행 중인 것처럼 보이는 미완의 인상을 풍긴다. 입면은 가볍고 얇은 격자형 프레임이 강하게 드러나는데, 유동적인 공간의 변화감을 의도적으로 보여주고자 하는 디자인이다.

'모던의 비전'과 테크놀로지

1980년대 중반부터는 '모던(modern)'에 대한 의미를 새로이 정립하고자 하는 시도가 다각적으로 이루어졌다. "우리는 그동안 모던이 이루어 놓은 열정적 성과가 계속 유효하다는 것을 전제로 한다. 동시에 교조적으로 충만했던 경직된 모던의 원칙이 약화되었다는 것을 전제로 한다"라는 선언과 함께 독일 건축박물관(Deutsches Architekturmuseum)에서는 1984년 개관 전시로 '모던의 수정(Revision der Moderne)'[22]이라는 전시회를 열었다. 이는 근대건축에 대한 노선을 수정해야 한다는 의미를 천명한 것이었다. 근대의 정신은 이어받되, 그것을 표현하는 건축적 어휘는 새로 갱신되어야 하며, 이때 고전적·양식적 형태 등이 새로이 적용되어야 함을 강조하였다. 이때의 전시는 포스트모던과 후기 모더니즘을 어느 정도 의식한 것이었다.

그로부터 2년 후인 1986년, 독일 건축박물관에서는 '모던의 비전(Vision der Moderne)'이라는 전시회가 열렸다. 이 전시회는 모던과 포스트모던의 양극단화를 떠나서 현재의 건축이 당면한 이데올로기들을 총체적인 시각으로 미래의 전망과 함께 고찰해 보고자 하는 시도였다.

이 전시에서는 이제까지의 모던이 '절제된 입체기하학(Reduktions-stereometrie)'을 철칙으로 삼아 매끈한 원초적 형태를 고집하고, 그로피우스와 르 코르뷔지에의 철학을 지속적으로 답습해 온 것에 반하는 입장을 취했다. 대신 그 출발점을 모던 탄생의 원천이자 모던의 의미 자체였던, 그러나 그동안 '백색의 정육면체'에 몰입함으로써 잊고 있었던 '구조주의(Konstruktivismus)'로부터 찾았다. 바우하우스식의 조형 원리나 형태 원리보다는 '구조의 원칙(Das Prinzip Konstruktion)'에 힘을 싣고자 한 것이었다. 즉 형태 안에 구조가 숨겨져 있던 기능주의의 원리에 대한 반발이었다.

그 원리 때문에 기능주의에서의 형태가 '백색의 정육면체'가 되고, 그것이 곧 미학적 규범이 된 것에 대한 반항이었다고 볼 수 있다. '구조의 원칙'을 그로피우스식의 '1차적 형태(Primärform)'와 대척점에 있는 또 하나의 모던의 원칙으로 삼은 것이다. 이러한 의미에서 구조를 포함한 건설의 새로운 테크놀로지는 그 자체로서 미학을 완성시키고 보증할 수 있는 수단이 됨을 강조했다.

이 중 일부 개념의 경우 구조주의는 유토피아적 이상과 결합되어 있었다.[23] 하지만 이때의 유토피아는 기술력이 극한으로 적용된 상상 속의 세계를 꿈꾸는 것으로서, 미래 도시에 대한 환상과 기술에 대한 과신으로 과도하게 흐르는 경향이 있었다. 일종의 픽션(fiction)과 같은 개념은 현실적으로는 보통 사람들의 정서가 반영된 주거에 당장 적용하기에는 한계를 보일 수밖에 없었다. 그러나 주택의 공업생산과 기술적 가능성에 대한 도전으로부터 출발한 여러 미래지향적인 신선한 발상들은 생산 이념을 점차 중요시하는 현대 주거 건설시장에서 여전히 유효한 아이디어들을 제공해 주었다.

1960년대 전후 복구의 시기 볼프강 되링(Wolfgang Döring)은 조립식 주택과 모듈 유닛에 관한 다양한 시험을 하였다. 그의 작품은 미국 건축가 벅민스터 풀러(Buckminster Fuller)에 견줄 만큼 혁신적이었다. 공장생산된 유닛을 전제로 한 구조적 명료함을 건축 디자인의 가장 중요한 모티브로 삼았다. 하나의 단위세대는 플라스틱과 같은 경량화된 캡슐로 디자인되어 공장으로부터 손쉽게 운반하여 현장에서 조립할 수 있는 것이었으며, 또 수명이 다했을 때 해체 가능한 시스템이었다. 이러한 시스템을 지역과 기후에 상관없이 언제 어디에서 적용할 수 있다는 발상은 국제주의 건축의 연장선상에 있다고 할 수 있다.

이때 단위캡슐 시스템은 뼈대라는 1차적 요소에 삽입할 수 있는 2차적 요소로서의 역할을 하는 시스템과, 단위캡슐 자체가 구조체가 되어

©Wolfgang Döring

되링의 구조 모형

쌓을 수 있는 시스템 두 종류로 구분된다.

첫째 사례는 철골로 뼈대를 디자인하고 쉘(shell) 구조로 이루어진 단위세대를 인필 요소로 삽입하는 개념이다. 근대건축의 공업생산 개념을 따르고, 이를 보다 참신한 아이디어와 디자인으로 발전시켰다. 또한 주거를 '살기 위한 기계' 개념으로 인식하고, 생활을 담는 주거공간으로서 규격화된 캡슐을 제안했다. 단위세대는 캡슐 안에 고정되어 있어 공간이 매우 경직되어 있지만, 여기에는 치밀하게 계산된 기능이 무리없이 수용된다.

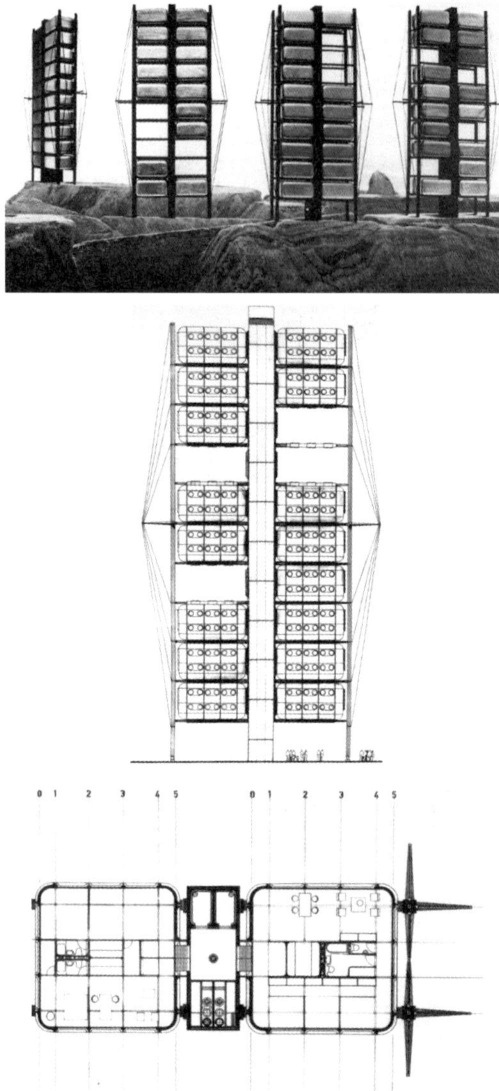

©Wolfgang Döring

되링의 메타 도시 주거 개념

이 계획안은 공장생산 단위의 이동식 구조 및 경량화를 염두에 둔 진보적인 발상으로, 구조와 내장을 분리하는 원칙을 보다 확고하게 보여준다.

둘째 사례는 성장과 확산의 가능성을 내포하는 개념인 메타 도시(Metastadt) 구조와 같은 맥락으로서, 구조적으로 견고한 단위캡슐을 수평·수직적으로 중첩시킴으로써 거대한 구조체를 이루는 방식이다.

한편, 토마스 헤르초크(Thomas Herzog)는 기술 개념을 유토피아적으로 발전시키기보다 현실적인 공업생산의 가능성을 타진한 실험적 작품을 선보였다. 또한 생태환경의 변화를 예측하고 '지속 가능한' 건축을 위한 기술들을 개발했다. 기본 개념은 기존의 자연환경과 역사를 훼손하지 않는 한에서 '단순한 건물'을 추구하는 것이었다.[24]

뮌헨의 리히터(Richter) 집합주택(1982)은 경사지붕에 태양열 집열판이 일체화된 형태의 건물이다. 패시브(passive) 태양열 설비가 바닥까지 내려오는 거대한 규모의 지붕에 설치됨으로써 기계적 요소를 형태적 요소로 확장하여 도전적으로 디자인했다. 주로 목재와 유리를 사용한 건물은 엄격한 기하학적 형태를 유지하며 투명성이 강조되었다. 투명성은 생태주택이라는 개념에 걸맞게 자연과의 간접적인 교감을 상징적으로 보여준다. 이 사례가 시사하는 것은 '기능'이라는 요인을 테크닉적 요인으로 파악했다는 점이다. 즉 기능에 대한 새로운 개념이 건축적으로는 적절한 표현의 수단으로 구현될 수 있다는 것을 보여준다.[25]

이때 파사드는 건축물리학적으로 철저히 계산된 결과를 가지고 구축했으며, 건물의 구조와 디테일에 이르기까지 모든 요소는 모듈화된 치수로 규격화되어 공장생산이 가능하게끔 설계했다. 차갑고 날카로운 이미지는 통상적인 생태주택 또는 친환경 주택에서 볼 수 있는 저렴주택의 이미지와는 달리, 기계화된 논리적인 미학을 추구한다.

치밀한 공학적 기반 위에서 건축되는 '살기 위한 기계'로서의 높은

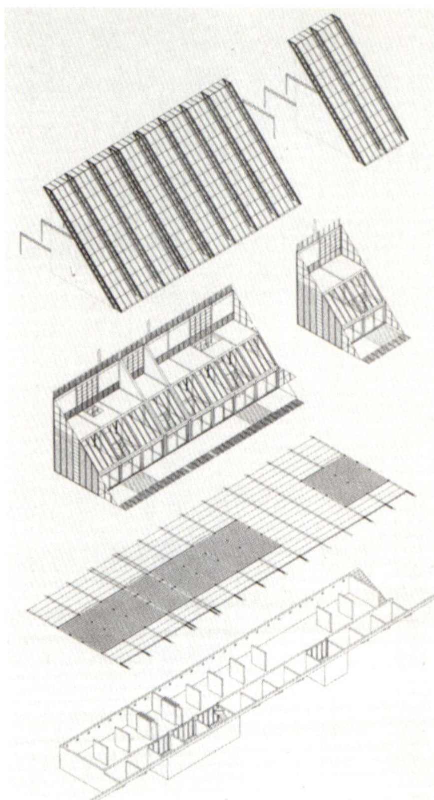

출처: Deutsches Architekturmuseum, *Vision der Moderne - Das Prinzip Konstruktion*, München: Prestel, 1986, p.274(아래), p.275(위).

헤르초크 설계의 리히터 집합주택 외관과 디테일

완성도를 보여주는 이 건물은 실험적 프로젝트의 성격이 매우 강하지만, 주거건축이 기술과 결합할 경우 지향해야 할 방향성을 제시해 주었다는 데 그 의의를 둘 수 있다.

주

1 Bott, Helmut & von Haas; Volker, *Verdichteter Wohnungsbau* (Stuttgart: Kohlhammer, 1996), p.59.

2 Gelernter, Mark, 최아사 역, 『보이는 건축 보이지 않는 생각 — 건축디자인의 비판적 역사』(한길사, 2007), p.339.

3 Faller, Peter, *Der Wohngrundriß* (Stuttgart: DAV, 2002), p.21.

4 Berning, Maria, *Berliner Wohnquatiere* (Berlin: Dietrich Reimer Verlag, 2003), p.213(도판).

5 Hafner, Thomas et al., *Wohnsiedlungen* (Basel: Birkhäuser, 1997), p.16.

6 Ungers, Lieselotte, *Über Architekten — Leben, Werk & Theorie* (Köln: DuMont, 2002), p.347.

7 Faller, Peter, *Der Wohngrundriß* (Stuttgart: DAV, 2002), p.186; Schneider, Friederike, *Grundrißatlas — Floor Plan Atlas* (Basel: Birkhäuser, 1997), p.23.

8 메타볼리즘은 1960년대 중반에 모세 사프디(Moshe Safdi), 요나 프리드만(Yona Friedman), 그리고 일본의 몇몇 건축가들에 의해 제시된 것으로서, 생물학적 원칙처럼 건축물이 유기적으로 합성되거나 분해되면서 성장·증식한다는 개념이다.

9 Flagge, Ingeborg(Ed.), *Geschichte des Wohnens* vol.5 (Stuttgart: DVA, 1999), pp.838-839.

10 하즈다 토오루, 김동영·조극래 역, 『모방과 창조의 공간사』(보문당, 2003), p.198.

11 Glancey, Jonathan, *The Story of Architecture* (London: Dorling Kindersley Book, 2000), p.210.

12 Pahl, Jürgen, *Architekturtheorie des 20. Jahrhunderts* (München: Prestel, 1999), p.127.

13 Flagge, Ingeborg(Ed.), *Geschichte des Wohnens* vol.5 (Stuttgart: DVA, 1999), p.325.

14 Deutsches Architekturmuseum, *Vision der Moderne — Das Prinzip Konstruktion* (München: Prestel, 1986), p.59.

15 Schneider, Tatjana & Jeremy Till, *Flexible Housing* (Amsterdam: Architectural Press, 2007), p.213.

16 Deutsches Architekturmuseum, *Vision der Moderne — Das Prinzip Konstruktion* (München: Prestel, 1986), p.59.

17 Schneider, Friederike, *Grundrißatlas — Floor Plan Atlas* (Basel: Birkhäuser, 1997), p.195.

18 Framton, Kenneth, *Modern Architecture and the critical Presents* (London: Architectural Design Profile, 1980), p.61.

19 Deutsches Architekturmuseum, *Vision der Moderne — Das Prinzip Konstruktion* (München: Prestel, 1986), p.304.

20 Ghirardo, Diane, 최왕돈 역, 『모더니즘 이후의 현대건축』 (시공사, 2002), pp.127-128.

21 Schneider, Tatjana & Jeremy Till, *Flexible Housing* (Amsterdam: Architectural Press, 2007), p.99.

22 여기서 사용된 단어 vision과 revision은 어휘 뉘앙스의 유희이다. 비전을 제시하되, 여기에 re라는 접두어를 붙임으로써 수정된 비전이 곧 비전이 되리라는 의미이다.

23 Deutsches Architekturmuseum, *Vision der Moderne — Das Prinzip Konstruktion* (München: Prestel, 1986), pp.9-21.

24 Deutsches Architekturmuseum, *Vision der Moderne — Das Prinzip Konstruktion* (München: Prestel, 1986), p.270.

25 Pahl, Jürgen, *Architekturtheorie des 20. Jahrhunderts* (München: Prestel, 1999), p.123.

새로운 라이프스타일과 주거유형: 1970년대~1990년대 초반

유형의 양식화

1960년대 이후 독일은 전쟁 후 베이비붐 시대를 맞이하여 인구가 급증했고, 경제성장에 따라 소득이 향상되어 중산층이 급격히 늘어났다.[1] 1960년대는 전후 재건이라는 과업에서 차츰 벗어나고 있었던 시기였다. 주택 공급이 충분히 이루어졌고 개별 주거의 질도 향상되었으나, 거주자들은 내적으로는 삭막한 주거환경에서 피로감을 느끼기 시작했고 잃어버린 정서에 대한 향수가 강했다.

또한 경제적인 수준이 급격히 향상되어 그에 합당한 새로운 주거에 대한 요구가 대두되었다. 그동안의 주거건축이 생산성에 초점을 맞추고 그로부터 나온 결과로서의 미학을 우선시했다면, 이 시기의 주거건축은 공간의 계획이 건축과 그 미학의 가장 기본이 되었다.[2] 또한 1960년대 집합주택 건설에 있어서의 큰 흐름은 전쟁 후의 '공동의 거주'라는 패러다임이 '사적인 것으로의 회귀'라는 패러다임으로 바뀌게 된 것이다.

과거 뢰머슈타트를 설계했던 사회개혁가이자 건축가였던 마이조차도 이러한 흐름을 거역하지 못하고 새로운 도시의 주거유형을 '마당이 있는 단독주택'으로 설정하였다. 그는 주거가 보다 쾌적하고 자연에 가까워야 하며, 동시에 교육·문화·쇼핑 등 도시생활을 지원하는 시설과도 가까워야 한다고 주장했다.

마이의 뢰머슈타트나 타우트의 후프아이젠 주거단지에서는 단지의 구심적 공간이 가시적으로 드러났는데, 이것은 집합주택을 통해 '집합성', '사회적 결속력', '중심성' 등을 강조하고자 한 것이었다. 그러나 이는 더 이상 집합주택 계획의 주안점이 아니었다. 그보다는 '개별성', '사생활', '가족 안의 친밀성' 등이 더욱 중요한 가치로 떠오르게 되었다. 예를 들면 단위세대의 평면이 대부분 1~3명의 자녀가 있는 가족에 적합하게 계획되었다는 점에서도 그 원칙을 찾아볼 수 있다. 대부분 부부침실을 비롯하여 개인 공간인 침실들이 여럿 계획되고, 거실은 사적 영역과 어느 정도 분리되어 배치된다. 또한 부엌이 분리되고, 거실과 식당은 적절히 연계된 형식이 전형적이며, 가족 공용 공간은 테라스 등의 외부공간에 접해 있어 자연과 함께 가족의 단란함을 누릴 수 있게 하였다.

한편, 20세기 후반의 문화현상 중 가장 두드러지는 것은 개인화일 것이다. 전쟁의 혼란기에 강조되었던 사회적 일치와 단결, 전제적 획일성은 개별적으로 삶의 방식을 자유롭게 펼치는 방향으로 분위기가 바뀌어 갔다. 따라서 단독주택에 대한 향수가 더욱 부상했다. 또한 획일적으로 대중의 평균에 맞춘 주거가 아니라, 개별 거주자의 생활 공간으로서의 주거를 건축하는 것으로 그 방향이 바뀌기 시작했다.

물론 거주자들은 한편으로는 공동체 생활과 교류를 원했지만, 그것은 건축적 강요에 의한 것이 아니라 각자의 선택의 문제였고, 오히려 너무 친밀한 교류보다는 '익명의 집합성'을 원하게 되었다. 거주자들은 사회적 접촉에서도 일정한 거리감을 요구했고, 가족만의 오붓한 주거를 원했다. 그렇지만 단독주택 유형이 모든 주거지를 뒤덮게 되는 현상 역시 현대 도시의 속성상 바람직한 것은 아니었다.

또한 단독주택만으로는 양적 부족을 해결할 수 없었기 때문에, 주택 생산과 공급에서 있어서 집합성과 개별성 사이의 균형 있는 건축계획적 전략이 필요했다. 이때 마이는 '체계적인 계획적 해법을 통한 조화로운 단독주택 단지'를 제안했다.[3] 집합적으로 건설되는 '집합주택으로서의 단독주택'을 의미했는데, 이때 '집합성'의 의미는 공동의 생활적 측면이 아니라 건축물의 물리적 집합체로서의 의미가 강화되었다.

예를 들면 거창한 사회적 모토가 아니라, 작은 정원이 있는 소박한 집의 모습이 아름다움에 대한 가치 판단에 더욱 중요하게 작용하였다. 건축적 이상과 신념을 통해 만들어진 콘크리트 더미의 거대 건축물이 아니라, 거주자의 입장에서 좋은 평면으로 이루어진 인간적 스케일의 주거가 선호되기 시작한 것이다. 따라서 생산의 측면에서는 어느 정도 집합화를 수용하고, 거주의 질 측면에서는 프라이버시를 확보할 수 있는 유형이 필요했다.

이러한 경향은 건물 형태에도 적용되는데, 적당한 변화감을 주는 매스들은 개인적 영역들을 외부에서도 식별할 수 있도록 해주고 자신의 공간에 대한 정체성을 확보하는 수단으로 작용하기도 한다.[4] 이는 곧 건물의 형상이 거주의 사회적 양상과 상호작용하는 일면을 보여준다.

산업사회의 풍요가 절정에 이르렀을 때 가장 중요한 가치는 '가족'이었다. 독일의 1960~1970년대 교외의 단지형 연립주택은 전쟁 후의 궁핍에서 벗어난 중산층의 이상적 주거형태였다. 그 발생 배경에는 당시 확산되던 베이비붐과 함께 이상적인 핵가족의 라이프스타일에 대한 열망, 아이들이 뛰어놀 수 있는 마당 있는 집에 대한 동경, 게다가 때마침 등장한 마이카 시대의 도래로 교외에서도 도심으로 손쉽게 출퇴근할 수 있는 여건 등이 복합적으로 존재한다. 또한 행복한 가정상을 꿈꾸며 임대보다는 소유를 더욱 선호하는 것도 하나의 추세가 되었다.

당시는 '교외'의 범위에 드는 도시 주변의 물리적 외연이 지금보다 훨씬 작았기 때문에 이것이 가능했다. 풍요로운 가정생활을 위한 중산층의 교외주거 선호는 주거건축의 패러다임이 바뀌는 중요한 계기가 되었다. 이 시기 독일 주거건축의 정책 방향은 '가족을 위한 도시계획(familienfreundliche Stadtplanung)'으로 요약할 수 있다.

한편, 외부공간과 주거동의 관계가 단절된 중·고층 아파트에서의 무미건조함과 거주성의 결여는 항상 비판의 대상이었다. 이에 따라 1960년대경부터는 저층 고밀형이라는 새로운 주거계획으로의 전환을 요구하기에 이르렀다. 주어진 대지와 밀도의 한계 내에서 외부공간의 분할과 분배를 통해 단위세대와 외부공간의 밀접한 연계를 모색했으며, 이를 통해 거주자의 개별성과 프라이버시를 확보해 주고자 했다.

출처: Walter Meyer-Bohe, *Wohngruppen*, Stuttgart: Alexander Koch, 1979, p.36(오른쪽), p.95(왼쪽).

가족의 사생활을 중시하는 주거유형

단지형 연립주택 단지, 타운하우스형 연립주택, 중정형 주택, 테라스하우스, 저층 고밀의 언덕형 주거(Wohnhügel) 등은 이에 매우 적합한 유형이었다. 건물의 매스 역시 단위세대 규모 또는 소수 단위세대 집합체 규모로 분할되어 결국 총체적으로 새로운 건물 유형을 창출하였다. 이 시기는 건물과 개별적 외부공간이 적극적으로 혼재되는 저층 집합주택 유형이 가장 다양하게 등장하는 때이다.

다양한 주거유형을 통해서 밀도도 다양하게 적용할 수 있었다. 예를 들어 저층 고밀 주거형이 건물 전체의 매스가 거대 스케일로 나타나는 집적형(集積形) 고밀을 유지하는 것이라면, 단지형 연립주택은 개별 단위세대가 독자성을 갖는 분산형이라 할 수 있으며, 상대적으로 저밀의 주거환경을 조성한다.

단독주택들을 단순히 조합하는 것과 같은 연립주택 단지는 건물을 구성하는 데 있어서 전체의 형상이나 경관에 대한 고려보다는, 하나하나

주택의 공간성과 거주성에 대한 고려를 우선시한다. 특히 지루한 적층형 아파트 단위세대 내부의 평면적 구성과는 대조적으로 변화감 있는 공간의 경험을 중시하여, 단면의 형상으로 보았을 때 복층형, 메조넷형, 스킵플로어형 등 복잡하고 입체적인 공간을 설계하는 경향이 두드러졌다. 그 결과 불규칙한 매스의 조합과 지붕 스카이라인이 조성되었다. 또한 이러한 유형은 적층형이 아니기 때문에 경사지붕이 가능하다는 장점이 있었다. 이 역시 내부공간의 질을 높이는 요소로 작용했고, 주거의 정서적 충족감을 만족시켜 주어 거주자들이 선호하게 되었다.

그렇지만 단독주택에 대한 선망과 함께 때로는 과도하게 통속적인 미학으로 흐르기도 했다. 이러한 경향으로 말미암아 철근 콘크리트의 혁신성을 과시했던 근대주거의 대표적 표상이었던 평지붕보다는, 콘크리트 구조이더라도 경사지붕으로 디자인된 소시민적 감성의 주택들이 더욱 각광을 받았다. 이 경우 대부분 연립주택의 형식을 갖는다.

평면의 형상을 보면, 장방형, L형, 사선의 꺾인 형, U형, 불규칙한 형 등 다양한 형상의 외곽(外廓)을 갖는다. 이처럼 개별성을 강조하게 되면서 집합주택으로서의 전체적 통일성에 대한 고려는 다소 부족하여 불규칙적이고 산만한 조형으로 나타난다. 예를 들어 사선으로 절개된 다양한 형상의 테라스가 배치·반복되면서 건물의 매스에 깊숙이 침투하거나, 또는 그것으로부터 돌출되어 건물의 형태를 조작적으로 입체화하는 역할을 하고 있는 사례들을 볼 수 있다. 또한 평면, 입면상 서로 다른 단위세대 유형들이 한 건물 내에서 3차원의 퍼즐을 조합하듯이 서로 엮이도록 구성하기도 한다.

이렇게 독자적 공간성을 갖는 개별 단위세대들을 다양하게 집합적으로 배치할 수 있는 속성상, 평면 및 단면 계획에 따라 다양한 유형 및 규모가 혼재된 주거동이 생성된다. 따라서 '사회적 단일구조(soziale Monokultur)'가 아닌 사회적 혼합의 거주자 구성, 즉 '사회적 통합(soziale

Integration)'[5]을 모색할 수 있다.

외부공간의 재해석

가족을 위한 주거유형에서 가장 중요시되는 것은 개인이 사용할 수 있고 거주성이 향상된, 그리고 대지로부터 직접 진·출입이 수월한 친밀한 외부공간의 확보였다. 즉 이러한 집합주택에서 추구하는 중요한 계획의 개념과 그 특성들은 각 단위세대에 개별적으로 제공된 외부공간으로 나타난다. 이는 정원 및 마당의 계획이었고, 곧 접지성을 의미했다. 그 결과 하나의 주거동을 구성하기보다는, 단위세대를 다양하게 조합하여 매스가 다양한 방식으로 분절되는 방식을 취한다.

또한 외부공간과 건물이 밀접하게 상호 결합되고 각각의 단위세대 역시 복잡하게 얽혀, 전체 주거단지 차원에서 보이드(void) 공간과 솔리드(solid) 형상이 다채롭게 혼재된다. 이때 건물의 상부면과 측면은 외부공간을 이루고 한정하는 적극적 요소가 된다. 이러한 공간은 건물 상부를 이용한 외부공간인 옥상정원 및 테라스, 내부화된 외부공간인 중정 및 아트리움(atrium)으로 구체화된다.

접지성이 향상됨으로써 단지의 가로로부터 각 세대로 진입하는 현관은 개별성을 확보하였고, 반사적 영역인 전정(前庭) 등을 갖추게 되었다. 예를 들어 연립주택, 중정형 주택, L자형 주택으로 이루어진 카펫하우징(carpet housing)[6]을 비롯한 여러 유형의 단위세대들은 다양한 규모와 형태의 외부공간들을 동반한다. 또한 단위세대로 파편화된 건물과 건물 사이에 존재하는 외부공간 역시 다양한 성격을 갖는다.[7]

거주자들의 사회적 관계를 고려하여 형성된 외부공간에는 공적인 성격과 사적인 성격 사이의 위계가 다양하게 설정되었고, 인동 간격을 확보하기 위해 단순히 비워둔 외부공간과는 질적으로 다른 장소성이 부여된다.

일자형 연립주택에는 전정과 함께 개별 세대별로 영역화된 외부공간인 후정(後庭)이 계획되었다. 또한 저층 고밀형 주거유형인 카펫하우징에는 내부화된 외부공간인 소규모의 중정과 아트리움이 계획되었다. 예를 들어 에센 케트비히(Essen-Kettwig)의 카펫하우징(1972)은 아트리움과 옥상정원을 갖는 2층 규모의 단위세대로 구성되었다. 약간씩 다른 규모의 평면과 외부공간은 서로 엇갈리게 배치됨으로써 변화 있는 경관을 만들고, 내부공간과 강하게 결합한 내향성의 마당은 내부공간의 연장으로 기능한다.

한편, 중정 및 아트리움 등 외부공간에서는 폐쇄적 특성이 더욱 강하게 드러나는데, 이 경우 모든 주거공간이 중정 및 아트리움을 향하는 내향적 성격을 띠고 있어 사적 영역성이 더욱 강화된다. 이러한 외부공간은 외부공간이면서도 내부공간과 거의 동등한 거주성과 친밀성, 안정성을 확보하게 된다.[8]

테라스하우스나 타운하우스형 연립주택은 단독주택과 집합주택의 속성을 동시에 갖고 있다고 할 수 있다. 플랫(flat)형, 즉 아파트와 같은 적층형(積層形) 집합주택과 가장 다른 점은 주거동이라 불리는 건물로 진입하는 공용의 현관이 없으며, 그 대신 개별로 진입하는 현관이 있다는 것이다. 즉 계단실과 복도로 대표되는 주거동 내 공용공간(common access area)이 없다는 점이 특징이다. 때문에 단독주택과 같은 최대한의 개별성이 확보된다. 이때 관건은 한정된 대지 안에서 최대한 많은 개별 세대에 접지성을 제공해 주고자 하는 것이다. 그러므로 토지의 효율적 이용이라는 측면이 강조되어 가로에 면하는 전면 폭이 잘게 분할되는 방식, 즉 세장형(細長型)을 주로 취한다.

요약하면, 타운하우스는 주거환경의 매우 중요한 조건인 '대지'라

출처: Ch. Edouard Geisendorf et al., *Dichte individuelle Wohn-formen*, Niederteufen: Verlag Arthur Niggli, 1983, p.114.

출처: Walter Meyer-Bohe, *Wohngruppen*, Stuttgart: Alexander Koch, 1979, p.109.

폐쇄적 개별 외부공간을 갖는 에센 케트비히 카펫하우징

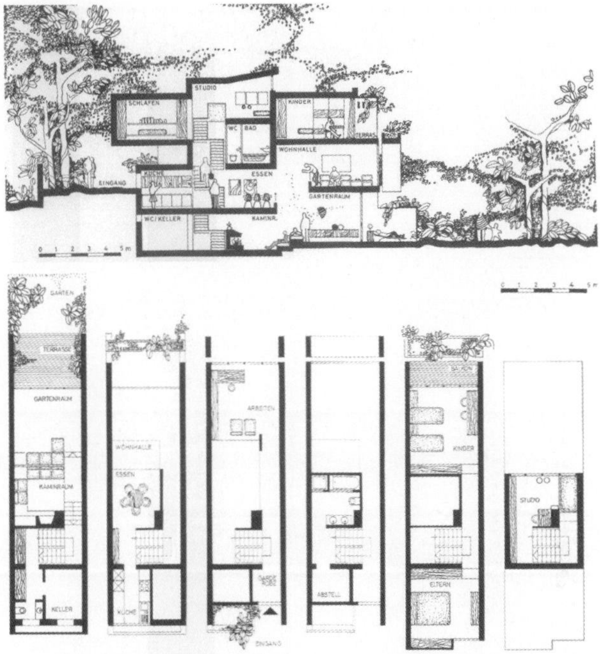

출처: Walter Meyer-Bohe, *Wohngruppen*, Stuttgart: Alexander Koch, 1979, p.95.

변화 있는 단면을 갖는 뒤셀도르프 리터스베르크 타운하우스

는 자원을 최대한 합리적으로 공유하고 나누려는 이타적 속성을 갖는다. 또한 '적층'보다는 '벽체를 공유하는 연속성'이 가장 중요한 유형적 특징이다. 타운하우스형 연립주택의 경우에는 단위세대가 수평 방향으로 확장되는 것이 아니라 수직 방향으로 확장되어 2~3층의 복층형(duplex/triplex), 스킵형, 메조넷 등으로 입체적으로 구성되고, 이들이 연속적으로 벽체를 공유한다. 적층도 가능하지만, 이때 엘리베이터 없이 도달할 수 있는 한도 내에서만 상부 세대의 적층이 이루어진다.

접지성의 의미를 좀 더 확장하면 경사진 대지를 따라 밀집해 지어지는 테라스하우스(terrace house)에서 그 특성이 더욱 잘 나타난다. 이 유형

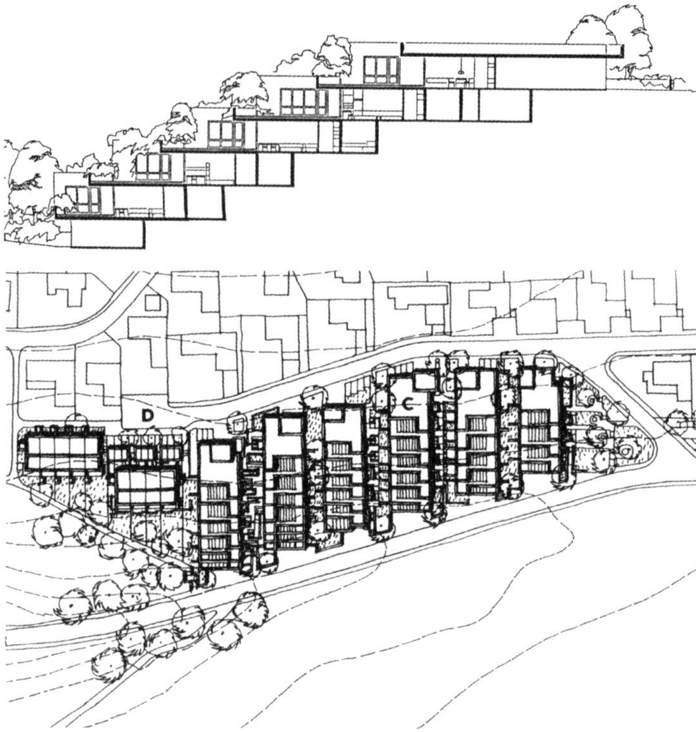

출처: Friederike Schneider, *Grundrißatlas – Floor Plans Manual – Housing*, Basel: Birkhäuser, 2004, p.198(아래), p.199(위).

경사지를 이용한 테라스하우스

은 고밀도의 중·고층 아파트를 대지 경사면에 따라 사면으로 배치하면서 각 단위세대를 대지에 밀착하는 방식이다. 이로써 고밀과 접지를 동시에 충족하고자 했다. 또한 하부층 세대의 지붕면, 즉 건물 표면을 이용하여 옥상정원과 테라스를 확보한다.

이러한 유형의 집합주택은 다양한 작은 매스들의 조합이 특징이다. 테라스하우스에서와 같이 지형에 따라 매스들을 유연하게 배치하는가 하면, 각 세대에 외부공간을 주기 위해 매스들을 다양하게 셋백시킴으로

©전남일

아틀리에5 설계의 함부르크 로터바움 집합주택

써 경직되지 않은 자연스러운 형태 및 경관을 조성한다. 이때 주거단지 계획에서 가장 우선시되는 점은 '안락함'이라는 측면이다. 따라서 친숙하고 작은 규모의 공간감을 추구한다. 또한 사적 공간이 적당히 외부로부터 차단되고 보호받는 느낌의 공간적 장치들을 활용한다.[9]

이러한 유형은 최근까지도 새로운 디자인으로 재해석되어 다양한 주거유형으로 탄생된다. 아틀리에5(Atelier5) 설계의 함부르크(Hamburg) 로터바움(Rotherbaum) 집합주택(1998)은 백색의 단위 유닛들이 셋백되고 중첩되면서 주거동 상부의 옥상정원을 형성한다. 또한 주거동과 주거동 사이에는 마치 골목길과 같은 외부공간을 형성하며 변화 있는 스케일의 주거지 환경을 조성하였다.

저층 고밀형 주거단지로의 전환

1960년대에 독일 대도시에 지어진 주거유형은 거의 모두 고층 아파트였다. 주거의 내용과 질보다는 양적인 공급이 우선시된 결과였다. 그러다가 이후에는 고층 주거건물에 대한 반감이 작용하면서 삭막한 주거환경에 대한 비판과 논쟁이 고개를 들게 되었다. 또한 전쟁 후의 도시 재건이라는 목표 아래 어쩔 수 없는 선택이었다는 근대주의자의 주장이 있는가 하면, 고층 아파트가 대중을 위한 일반적 주거형이 되는 것에 대한 우려가 대두되기도 하였다. 고층 아파트가 '가족'이라는 거주자 유형에 알맞은 것인가 하는 점, 고층 아파트 건설 시 상승하는 건축비에 대한 문제, 적극적인 도시개발로 인한 용지공급 결과 더 이상 밀도의 문제가 그다지 심각하지 않다는 점 등이 논쟁의 중심에 있었다.[10]

고층 아파트는 밀집한 형태이기 때문에 저층 주택보다 토지 활용도가 높고, 따라서 저층 건물이 대지를 뒤덮게 되는 상황을 피할 수 있는 방법이라는 긍정적 논의도 있었다. 하지만 그 획일성에 대한 비판, 그리고 고층 주거가 주는 병리적 현상에 대한 비판은 피할 수 없었다.

도시에서의 밀도 문제는 여전히 중요한 이슈였는데, 고층 아파트의 대안으로서 저층 고밀형 개발이 제안되었다. 소위 '언덕형 주거(Wohnhügel)'[11]라는 개념으로, 집적된 건물 유형이지만 개별 세대에 다양한 외부공간을 제공하고 보다 '개별성'이 확보된 단위세대를 배치하는 방법이다. 저층 고밀 주거유형인 테라스하우스나 언덕형 주거는 보통 300호 이내의 규모로 지어지며, 내부적으로는 융통성과 변화 있는 공간감을 제공하는 경우가 많다.

페터 팔러(Peter Faller) 설계의 슈투트가르트 교외 슈니츠(Schnitz) 테라스하우스(1974)는 각 단위세대에 배치된 테라스가 사생활을 철저히 보장해 주는 계획이었다. 이때 개별적으로 제공된 테라스는 고층 주거에서 가질 수 없었던 오픈 스페이스로서, 개인이 쉽게 접근할 수 있는 생활의 중요한 공간이다. 외관에서 짐작되듯이 이 테라스하우스 내부에는 다양한 유형의 단위세대가 배치되어 있다. 1층 세대에는 전용 개별 정원이, 상부층 세대에는 테라스 및 옥상정원이 제공되었다.

단위세대 구성도 단순한 플랫형뿐만 아니라 복층형, 메조넷형 등 다양하다. 즉 외부에서 보이는 조형적 형태는 형태만을 위해 인위적으로 만들어진 것이 아니고, 내부공간의 단면적 복잡성 또는 다양성이 솔직하게 표현된 결과이다. 내부공간의 입체적 구성은 풍부한 공간 경험을 가능하게 해준다. 예를 들면 메조넷 형식을 통해 만들어지는, 부분적으로 열린 내부의 보이드 공간은 단위세대 상·하부의 시각적 긴장감, 공간적 열림과 닫힘의 변화감을 제공한다.

이러한 유형에서 공간과 매스를 구성하는 원칙은 거주자의 거주성을 우선적으로 고려한다는 점이다. 건물의 형태적 완결성보다는 개별 단위가 모여서 집합체를 이룬다는 원칙하에 단위세대의 완결성을 우위

©전남일

팔러 설계의 슈니츠 테라스하우스

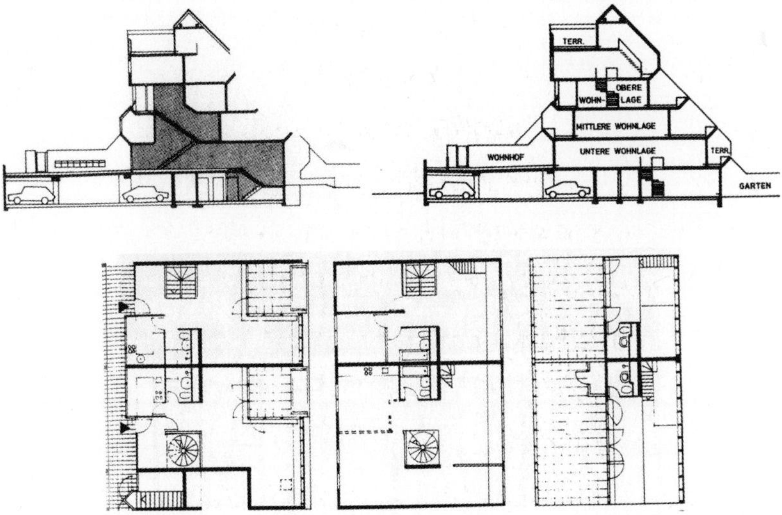

출처: Friederike Schneider, *Grundrißatlas - Floor Plans Manual - Housing*, Basel: Birkhäuser, 2004, p.200(위), p.201(아래).

슈니츠 테라스하우스 단면도와 단위세대 평면

에 둔다. 즉 일관된 형태보다는 개별적인 요구들을 최대한 해결해 주고, 이를 건축적으로는 도시 상황에 맞추어 집약적으로 구축하는 접근방식이다.

슈니츠 테라스하우스의 경우 단면의 형상이 복잡한 반면, 평면상에서 벽체는 내력벽 간격인 6.19m 그리드상에 배치되고 이것이 공간을 구획한다. 따라서 한 방향으로 증식할 수 있는 선형(線型, linear) 집합주택의 특성을 보인다. 이때에도 메타볼리즘의 속성을 확인할 수 있다. 이를테면 형태에 갇힌 것이 아니기 때문에 단위세대가 다양한 방식으로 증식하면서 수평·수직적으로 확장되는 형태를 계속 창출할 수 있는 것이다. 이러한 원칙으로 계획된 다른 여러 테라스하우스의 사례들에서도 역시 일견 자유분방하게 단위 형태가 증식되어 붙여 지어지는 건물의 형태적 특성을 확인할 수 있다. 이러한 콘크리트 매스의 분할방식이 콘크리트라는 물성과 결합되면 자유자재로 불규칙한 조형을 창출하는 브루탈리즘적 성향으로 종종 나타나기도 한다. 또한 '기술과 구축 시스템의 구체화'[12]라는 브루탈리즘의 속성을 다분히 내포하고 있다.

고층 아파트가 건물로서의 일체화된 조형성과 매스감을 드러낸다면, 이러한 저층 고밀형은 매스의 해체와 분산, 그리고 단위 요소의 분절이 특징이다. 매스 사이사이 파고드는 작은 스케일의 외부공간, 즉 발코니, 옥상정원, 중정 등이 이를 가능케 한다. 하나하나의 세포와 같은 단위가 모여 있고, 이것이 파사드에서 인식된다는 측면에서 이들은 한편으로는 '네오 브루탈리즘(neo-brutalism)' 성향의 건축물로 분류된다.

또한 이러한 부류의 집합주택은 콘크리트의 물성을 활용한 균질한 재료 사용이 특징이다. 단순한 재료 사용은 작은 요소들로 분할된 입면의 복잡함을 상쇄시킨다. 콘크리트의 조소성을 활용하여 자유분방하게 성장·증식하는 구조를 갖는데, 콘크리트 벽식 구조에서 드러나는 노출 콘크리트 조립식 벽체의 거친 특성과 단위세대의 증식성이 네오 브루탈리즘의 특성을 잘 보여준다.[13]

팔러와 슈뢰더((Faller & Schröder) 설계의 슈투트가르트 타파흐가(Tapachstr.) 테라스하우스(1971)는 고층 주거에서 인동 간격으로 인해 필연적으로 형성되는 광대한 외부공간을 대신하여 가능한 개별적으로 '지붕 없는', '정원과 같은' 외부공간을 주고자 했다. 따라서 거주자들은 개별적으로 식재를 하고 정원을 가꿈으로써 주거의 아이덴티티를 확보할 수 있게 되었다. 각각의 외부공간을 장식하는 차양, 난간 장식 등 역시 건물에 표정을 부여하는 요소로 작용한다.

1층에는 개별 정원이 있고, 이 공간은 담장으로 차폐되어 외부로 드러나지 않는 사적 공간으로서의 성격을 더욱 명확하게 해준다. 이 테라스하우스는 사적 영역과 공적 영역 사이를 분리하고 연결하는 데 있어서 균형 잡힌 계획을 제시해 주고, 한편으로 단독주택과 공동주택 사이의

©전남일

팔러 설계의 타파흐가 테라스하우스

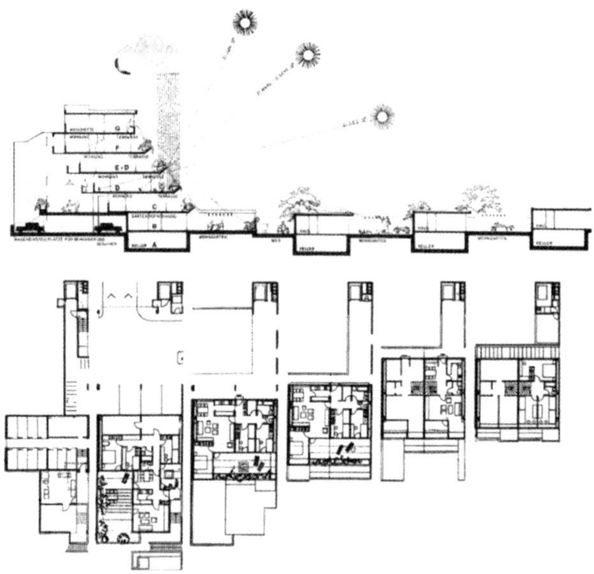

출처: Christina Simon & Thomas Hafner, *Wohnorte*, Stuttgart: Karl Krämer, 2002, p.143.

타파흐가 테라스하우스의 단면 개념과 평면도

중간적 성격의 고밀 주거를 성공시켰다는 데 의미가 있다.[14]

이 건물은 언덕형 주거형의 변형으로, 건물의 한쪽 면을 경사지게 처리하여 단위세대는 후면으로 자동적으로 셋백되는 형식이다. 후면은 주거동 공용공간으로서의 편복도를 형성하고, 하부에는 주차장이 배치되었다. 주차장 상부는 공중가로와 같은 넓은 반공적 영역을 제공해 준다.

식물을 식재할 수 있는 난간은 경사형으로 처리하여 상·하부층의 시각적 간섭을 최소화하도록 했으며, 이 사선의 조형 요소는 난간으로 연결된 경사지붕과 함께 다이내믹한 느낌을 준다. 전·후면은 대조적인 조형성을 갖고 있다.

©전남일

팔러 설계의 노이게로이트 테라스하우스

후면으로 후퇴한 매스 및 사선 처리는 불안한, 움직이는 조형감을 보여주고, 전면의 경사지붕은 단일 건물과 같은 시각적 효과를 준다. 특히 후면은 거친 느낌의 콘크리트 물성과 조소성이 더욱 극명하게 표출되는데, 이는 난간과 슬래브의 중후한 매스감과 함께 브루탈리즘적 성향을 강화해 준다. 또한 건물과 분리된 후면의 엘리베이터 타워는 건물의 모뉴멘털하고 거대한 인상을 더욱 배가시킨다.[15]

유사한 사례로 '언덕형 주거'인 마를(Marl) 테라스하우스(1968)를 들 수 있다. 이 집합주택은 사선으로 절개된 매스, 즉 경사지붕이 건물 하부까지 연장된 형태가 특징이다. 거대하게 확대된 건물의 스케일 안에 단위세대를 다양하게 조합하여 배치했고, 위로 올라갈수록 셋백되는 건물의 특성을 이용하여 옥상정원 형태의 테라스를 사이사이 배치했다. 외부공간은 경사형 건물의 매스 안에서 다양한 부분적 절개를 형성한다.

접지성과 개별성이 강조된 저층 고밀형 집합주택은 지상에서 사적인 공간에 이르기까지의 경로가 적층형 고층 아파트에서와는 다른 방식으로 계획되어야 한다. 즉 각 개별 세대를 구성하는 매스의 적층과 수평·수직적 확장이 변화무쌍하게 전개되기 때문에 단위공간으로의 접근 역시 다양하게 이루어진다. 이는 건물과 외부공간, 공적 공간과 사적 공간 사이의 완충공간으로서 흥미로운 건축적 공간이 생성되는 요인이 되고, 동시에 조형의 요소가 된다.

또한 이 공간을 다채롭게 구성하는가 아닌가 하는 문제는 결국 주거동의 형상과 외관의 문제와도 연결된다. 예를 들면 엘리베이터 홀, 계단실, 편복도 및 중복도 등으로 구성된 천편일률적인 공용공간보다는, 개방된 공중가로나 마당에서 바로 진입하는 직출입형 현관 등이 생성된다. 이러한 다양성은 집합 주거단지 내 사용자로 하여금 다양한 공간적 경험을 할 수 있는 장소를 제공하며, 작게 분절된 매스 혹은 외부공간은 인간적 스케일의 변화 있는 경관을 형성한다. 또한 이 공간을 다양하게 구성

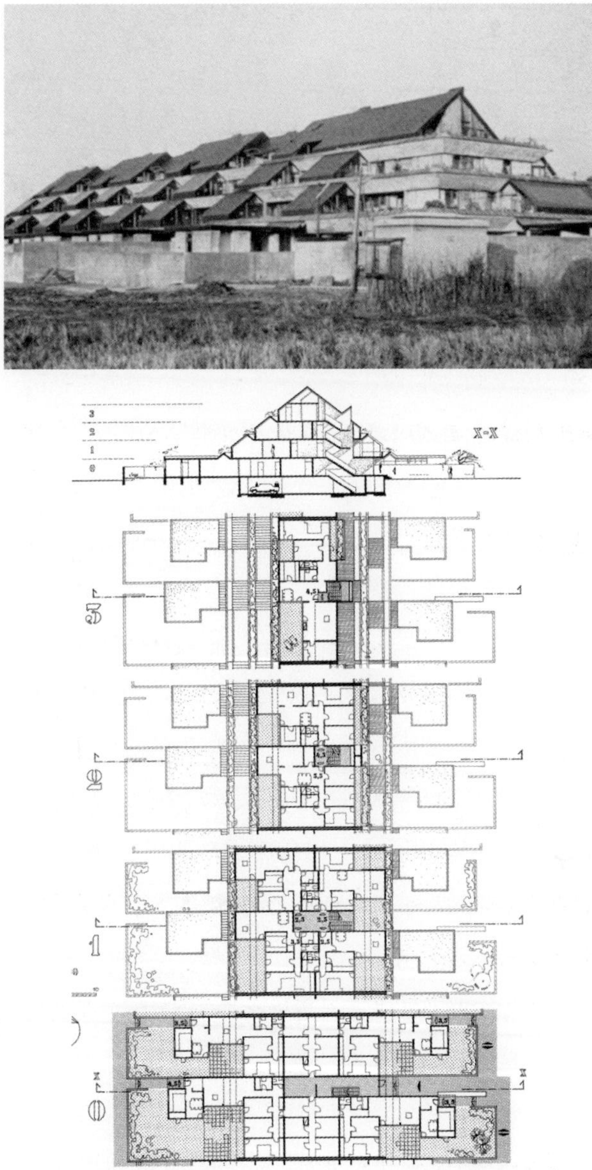

출처: Ch. Edouard Geisendorf et al., *Dichte individuelle Wohnformen*, Niederteufen: Verlag Arthur Niggli, 1983, p.181(아래), p.182(위).

언덕형 주거인 마를 테라스하우스 블록

한다는 것은 곧 다양한 평면, 입체적인 단면을 갖는 평면을 구성하는 것과 직결된다.

주거동 내 공용공간 또는 단위세대까지의 경로에 대해 관심을 갖기 시작한 것은 1970년대 초반부터이다. 이 시기가 주택의 양적 공급이 어느 정도 해소된 시기와 일치하는 것은 우연이 아니다. 전후 개발의 시대에 경제적 논리에 밀려 잃어버렸던 주거공간에서의 가치를 재발견한 것이다. 공적 가로 및 광장과 개인의 사적 공간 사이에 형성되는 완충공간으로서의 반공적·반사적 공간은 다양한 활동이 일어날 수 있는 장소이며, 풍성한 공간감을 줄 수 있다는 점을 인식했다. 완충장치인 전정(前庭), 알코브(alcove), 포치(porch), 계단 등은 보통 대중적 취향의 소박한 건축어휘들로 완성된다.

한편, 이러한 유형의 몇몇 사례들에서는 각각의 요소들이 낭만적인 경향으로 흐르기도 했다. 단독주택에 대한 향수가 지속적으로 유효한 가치가 되기 때문에 경사지붕이나 토속적 재료들을 사용하는 사례가 빈번하고, 결과적으로 통속적인 디자인이 되는 사례 역시 볼 수 있다.

저층 고밀형 주거의 특징은 자연과의 결합이다. 개인적 외부공간과 완충공간으로서의 외부공간이 다양하게 주어진다는 점은 개별 거주자가 사용하고 가꿀 수 있는 외부공간이 많다는 뜻이기도 하다. 이에 따라 일종의 유기적 성향 또한 일부 드러나고 있다. 건물은 살아 있는 유기체로서 성장하고 변화하는 모습을 보인다. 건물의 사용을 통해 자연친화적 생활을 유지한다는 의미에서 이러한 유형들은 다분히 친환경적이고 생태적인 속성을 갖고 있다고 볼 수 있다. 화초나 식물들이 발코니나 테라스, 옥상정원 등 건물 곳곳에 식재되는데, 이는 거주자의 개성과 정체성을 보여주는 수단이 되기도 하고, 동시에 건물 표면에는 시간의 흐름에 따라 변화하는 표정을 부여한다.

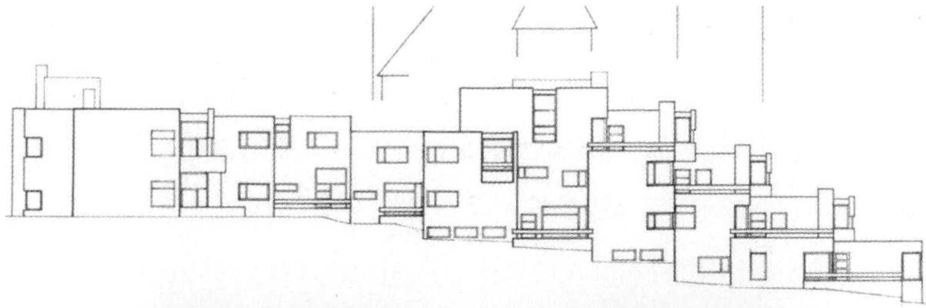

출처: Walter Meyer-Bohe, *Wohngruppen*, Stuttgart: Alexander Koch, 1979, p.174.

테라스형을 취한 저층 고밀형 주거블록

지역주의와 친환경 건축

1974년의 석유위기 이후 독일에서는 환경에 대한 관심이 급부상했으며, 에너지 절감과 친환경은 모든 건축과 주거의 개념을 지배하는 패러다임이 되었다. 인간과 환경과의 긴밀한 공조관계를 적극적으로 인식하고 물리적 환경을 이에 합당하게 계획하고자 하는 의식이 건축에도 반영되어 이에 대한 구체적 실현 방안들이 많이 등장했다.

특히 인간과 가장 가까이 호흡하는 주거건축에서 더욱 설득력이 강해 친환경주의, 생태주의, 건강주택 등의 다양한 계획 이념들로 구체화되었다. 이는 도시화가 진행되면서 그동안의 도시주거가 산업사회에서 토지와 에너지, 자원을 소모하는 주범이었다는 반성에서 출발한 것이었다. 거시적인 사회 시스템하의 생태적이고 경제적인 측면을 건축행위와 결부시켜, 건축물의 설계 및 사용에도 생태적 측면을 고려해야 한다는 논의가 공감을 얻게 되었다.

나아가 인간 본위의 건축으로서 인간환경의 인공적 창조와 자연환경 보존 사이의 타협을 모색하고, 사회적 이슈와 미래 환경의 변화에 주목했다. 주거건축에서의 친환경적 입장은 매우 광범위하게 적용되어, 엔트로피를 증가시키지 않는 모든 공정, 구축법, 에너지 사용, 생활행위 등을 포함한다. 그리고 구조와 형태의 솔직함, 치장 재료 사용의 절제를 통한 가용 자원의 절감을 목적으로 한다. 또한 기존 자연환경에의 순응, 공간의 절약, 에너지 절감, 건설비용 절감과 함께 후일의 유지·보수 비용 절감에 이르기까지 환경을 의식하게 되었다. 결국 거시적 측면에서 물리적·사회적 지속 가능성을 추구하는 것이다. 이때 대량생산의 주택건축에서 유발된 급조된 주거환경은 그 생명력이 길지 않으며, 또한 그것은 탄생·사용·소멸의 과정에서도 환경에 부담을 주는 시스템일 수밖에 없다는 인식을 기본으로 한다.

주거건축에서의 이러한 패러다임은 1970년대 이후 현재까지도 독일의 다양한 주거건축 양식의 흐름 속에서도 맥이 끊이지 않고 꾸준히 그 힘을 잃지 않는 하나의 주류로 자리매김해 오고 있다.

1980년대 이후는 도시를 떠나 교외에 주거를 마련하는 계층들이 늘어났다. 이들은 전형적인 핵가족으로, 아이들이 뛰어놀 수 있는 주택, 넓은 주거면적, 주거의 비용 대비 질, 그리고 임대가 아닌 소유에 대한 요구가 가장 많은 계층이다.

이러한 사회적 추세를 고려하여 1981년에는 독일연방 사업으로 '실험적 주거건축과 도시건축(Experimentelle Wohnungs- und Städtebau,

ExWoSt)' 사업이 시행되었으며, 이를 통해 '비용 및 면적 절감형 주택(kosten und flächensparendes Bauen)'에 대한 최초의 모델 프로젝트가 진행되었다.[16] 이를 계기로 저비용 주택은 큰 주목을 받게 되었고, 보통 수준의 사람들을 위한 지불 가능한 주택 모델에 대한 꾸준한 탐구와 실험이 이루어졌다. 특히 '내 집을 갖고자 하는 욕구'를 충족시키기 위해 최초의 건설 비용, 에너지 소모 비용, 유지·관리 비용 등을 모두 고려한 실용적 주거가 대안으로 제시되었다.

또한 가족과 지역사회의 공동체적인 활기찬 삶과 교류 또한 중요한 이슈가 되었다. 그러나 도시탈출 경향이 무분별한 주거지의 확산을 초래하고 토지를 잠식하여 토지이용의 측면에서 비효율적이라는 비판 또한 없지 않았다.

이러한 개념으로부터 출발하여 공공 사회주거 프로그램의 일환으로 최초의 친환경 시범단지가 건설되었는데, 1985년 튀빙엔(Tübingen)에 지어진 샤프브륄(Schafbrühl) 주거단지가 그것이다. 여기에는 재생 가능한 건축재료가 사용되었고, 패시브 태양열 집열판이 설치되었다. 자동차가 들어오지 않는 주거단지로 계획했으며, 조경과 건물의 배치 또한 최대한 자연스러움을 살려 계획되었다.[17]

또한 친밀한 인간적 스케일로의 회귀, 지역적 색채를 살린 지역주의의 복구라는 목표를 달성했다는 점도 중요한 의미를 갖는다. 하지만 이러한 건축물들은 설비 등을 친환경 목적에 맞게 해야 하기 때문에 건축에서 추구하는 미적 이상을 실현하기에는 많은 어려움이 있어서 나름대로의 새로운 미학을 찾아가기 시작했다.

샤프브륄 주거단지의 특징을 보면, 우선 그동안의 국제주의 건축양식에 의지했던 대규모 집합주택에서는 찾아볼 수 없었던 기와를 얹은 경사지붕이 재등장했다. 이를 통해 합리주의적 생산방식으로부터 기인한 경직된, 즉물적인 건물 형태에서 탈피했음을 볼 수 있다.

출처: Ingeborg Flagge(Ed.), *Geschichte des Wohnens*, vol.5, Stuttgart: DVA, 1999, p.367(왼쪽), p.368(오른쪽).

샤프브륄 주거단지

친환경 주택에서는 건축을 기계문명의 한 부분이 아니라 자연물의 한 부분으로 파악해 이전의 기계식 인공 건축에서 탈피하고자 하였으며, 오히려 장인적이고 수공적인 전래의 건축방식에 대한 애착을 보였다. 또한 자연 재료의 사용을 중요시했다. 그렇지만 자연 재료들을 사용했다고 해서 복고적 의미에서 전통적인 형태 그대로를 재현한 것이 아니고, 현대기술의 지원으로 다채로운 형태로 제작하여 활용했다. 그리고 재료와 친환경 설비들이 건물 디자인의 중요한 요소가 되었다.

전체적인 단지의 분위기는 자연스러운 분위기를 가지고 있으나, 친환경 요소들을 적용하는 데 있어서는 매우 섬세하게 시공되었고, 또한 디자인 어휘들이 간결하게 정리되어 다분히 '현대적'이다. 예를 들어 경사 지붕선은 직선으로 깔끔하게 계획되었으며, 온실 등의 창 프레임도 정확한 디테일로 간결하게 처리되었다. 전통적 모티브를 현대적으로 재구성하고, 또 여기에 발달된 설비를 적용하여 조화시킨 이러한 범주의 주택들은 건축가의 독선적 디자인을 절제함으로써 독일인의 평균 정서에 맞는 전형적 주택의 모습으로 자리매김했다.

1990년대 이후에도 많은 건축가들은 지속 가능한 저비용 주택에

출처: Walter Stam-Taske, *Preiswerter Wohnungsbau 1990-1996*, Düsseldorf: Beton Verlag, 1996, p.35.

자연과 함께하는 친환경 주택, 잉골슈타트 주거단지

대한 실험들을 다양하게 해오고 있다. 저비용 건축을 추구하는 몇몇 사례들에서는 저렴하고 손쉽게 구할 수 있는 건축자재를 다양하게 사용하였다.

핑크와 요허(Fink & Jocher) 설계의 잘츠바흐(Salzbach) 주거단지(1995)는 저렴한 재료를 사용한 단순한 직육면체 형태의 콤팩트한 건물들로 이루어져 있는데, 이는 목조로 지은 것이다. 외벽의 목재 마감과 얄팍한 양철지붕 등은 키치적 순박함을 독특하게 표현한다. 또한 불필요한 요소들을 제거하고 최소한의 재료를 사용하여 금욕적인 순수미를 표현한다.

한편, 친환경 주거의 중요한 이슈는 에너지 절감이다. 집합주택에서 가장 손쉬운 방법은 전면에 유리온실을 설치하여 열을 가두는 방법으로, 1980, 1990년대 유행처럼 확산되기도 했다. 그 목적은 건물에 이중 외피를 구성하여 보온 효과를 꾀하고, 거주공간 가까이 자연을 누리고자 하는 것이었다.[18]

많은 사례에서 철재 프레임의 온실이 건물 전면의 두드러진 건축 요

출처: Ingeborg Flagge(Ed.), *Geschichte des Wohnens*, vol.5, Stuttgart: DVA, 1999, p.408(왼쪽), p.409(오른쪽).

핑크와 요허 설계의 잘츠바흐 주거단지

소로 작용한다. 이러한 수직적이고 투명한 요소는 단순한 외관의 집합주택에 부가되어 주거의 기능을 기술적으로 해결하고자 하는 테크놀로지의 미학을 보여준다. 또한 테크놀로지와 자연주의적인 생태 개념이 결합한 그 시대 특유의 대중적 건축미를 보여준다. 하지만 친환경 및 생태주의 건축이 토속미와 절제미만을 강조하는 것은 아니었다. 전통건축에서 아이디어를 얻은 다양한 실험적 시도들, 그리고 자연주의 요소들에서 모티브를 얻은 미적 요소들이 적용되었다.

생태주택의 통속적인 경향에서 벗어나서 이를 현대적으로 해석한 사례는 뤼디거 크람(Rüdiger Kramm) 설계의 다름슈타트(Darmstadt) 베슝어가(Beschungerstr.) 주거단지(1988)이다. '자연과의 친화'를 계획 개념으로 삼았는데, 이때 건물의 조형적 어휘들은 하이테크적 이미지를 발산한다. 일자형 주거동은 전체적으로 유리가 주조로 사용되어 파사드에 가벼운 느낌을 부여한다. 또한 유리 파사드의 백색 프레임 및 개방된 복도,

©Dieter Leistner

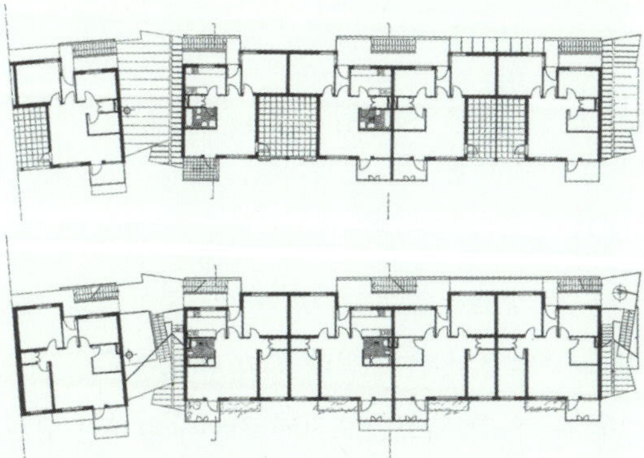

출처: Thomas Hafner et al., *Wohnsiedlungen*, Basel: Birkhäuser, 1997, p.185(위), p.187(아래).

크람의 다름슈타트 베숑어가 주거단지

그리고 계단에 설치된 격자형 프레임 역시 경관에 현대적 미를 주는 요소이다. 특히 건물 후면의 개방된 계단실이 건물에 투명성을 더해 주며, 건물 전면의 유리온실 또한 마찬가지이다. 에너지 절감을 위한 옥상정원, 온실, 그리고 편복도와 로지아 등 친환경 건축 요소는 현대적 이미지의 건축적 어휘로 재탄생되었다.

비슷한 사례로 발터와 발터(Walter & Walter)의 프랑크푸르트 보나메스(Bonames) 주거단지(1993)를 들 수 있다. 이 건축물 역시 에너지 절감형으로 설계되었는데, 미학적으로 강조되는 점은 '투명성'이라는 요소이다. 온실 등 전체적으로 유리가 많이 사용되었고, 이에 더해 개방적인 계단실 역시 위의 사례와 유사하다.

특히 이 사례에서는 철골 구조가 사용되어 내부공간의 개방성 및 융통성도 확보하고 있으며, 철골 기둥식이 주는 모듈의 규칙성이 외관의 철재 프레임으로 시각화되어 나타난다. 발코니는 이 격자 중 한 칸에 선택적으로 배치되고, 각각의 세대에 하나씩 제공되는 방식으로 배분되었다. 이때 독특한 점은 반드시 이 그리드상의 경계에서 세대 간 경계가 구획되지는 않는다는 점이다. 평면상에서 세대 간 벽체를 포함한 모든 벽체를 구조체인 기둥과 상관없이 설치했기 때문이다. 이는 건물의 구조를 전체 블록플랜 차원에서 해결한 결과이다.

집합주택에서 흔히 볼 수 있는 단위세대 간 개별성이 인식되지 않고 그를 위한 표식은 존재하지 않는다. 즉 주거건물로서의 정체성보다는 건물 전체를 관통하는 구축의 형식을 더 중요시했다.

1990년대에 이르면 독일에서는 또 다른 방향으로의 사회 변화가 진행되어 주거와 삶의 방식에 대해 진지하게 고민하게 되었다. 가족이 해체되고 1인 가구가 증가하며 고령자 사회로의 변화가 가속화되면서, 주거와 거주자의 관계에 대한 재고도 필요해졌다. 그래서 나온 다양한 아이디어들은 '통합주거(intergriertes Wohnen)', '실험주거(experimentelle Wohnung)', '대안주거(alternatives Wohnen)' 등으로 시도되었다. 이들 사례는 주거와 사회, 생활의 측면을 동시에 고려한 실질적 '생활의 장'으로서의 주거를 지향하면서 대부분 저비용 주택으로 지어졌다.

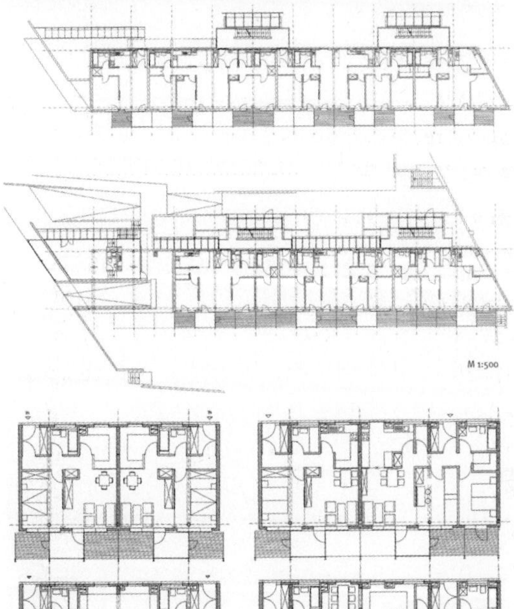

출처: Walter Stam-Taske, *Preiswerter Wohnungsbau 1990-1996*, Düsseldorf: Beton Verlag, 1996, p.78(위), p.80(가운데, 아래).

프랑크푸르트 보나메스 주거단지

생활지향적 생태주택과 유기적 건축

생태건축의 기본 취지는 '인간적인 건축'이었다. 1985년 독일연방 정원박람회의 일환으로 베를린 마리엔도르프(Berlin Mariendorf)에 건설된 시범 생태주택 단지는 데게보(DEGEWO)[19]에 의해 수행되었다. '녹색'이란 슬로건하에 주택과 풍토, 주거와 이웃 교류, 자연과 공동체의 상호 연계를 목표로 한 주거단지는 생태주택의 새로운 이정표가 되는 것이었다. 소규모 단지의 소박한 건물에 온실, 덩쿨식물이 자라기 위한 지지대, 유리 천장의 외부공간, 잔디지붕 등을 계획하여 그동안 중요시되지 않았던 일상 속의 생활 요소들이 건축적 어휘가 되도록 했다.[20]

헤르초크 등 건축가들의 작품에서는 원래 통속적이고 일상적인 생태건축의 어휘가 하나의 전형적 미학체계를 완성해 나가고 있는 것을 볼 수 있다. 예를 들어 유리온실은 벽체와 대비되어 차가운 감성을 지닌 투명한 요소로서 건물에 강·약 대비를 주는 역할을 한다. 때로는 경사지붕, 원통형 지붕 등과 결합하여 친근하면서도 풍부하고 아기자기한 변화를 주면서 포스트모던적 성향을 표현하기도 한다.

이때 교조적인 건축이론에 얽매이지 않는, 거주자들의 정서에 맞춘 실용적 디자인이 핵심이며, 무엇보다도 건물이 자연과 조화되도록 하는 것이 외관 디자인의 주된 목표이다. 작은 요소들에 집중하고 색채를 활용하여 전체의 조화를 꾀하기도 한다.

한편으로 넓은 의미에서의 생태주택의 개념은 토지를 재활용하고 자원의 순환을 도모하자는 취지로, 이전의 공장이나 광산 지대를 주거단지로 재개발하는 시도들로 확장되었다. 이때의 구체적 건축 개념 역시 '저비용의 친환경 건축'이 주류를 이루었다. 특히 사회적 약자를 위한 주거에 대한 아이디어들이 다각적으로 다루어지기 시작했으며, 건축가들도 이에 적극 참여했다.[21]

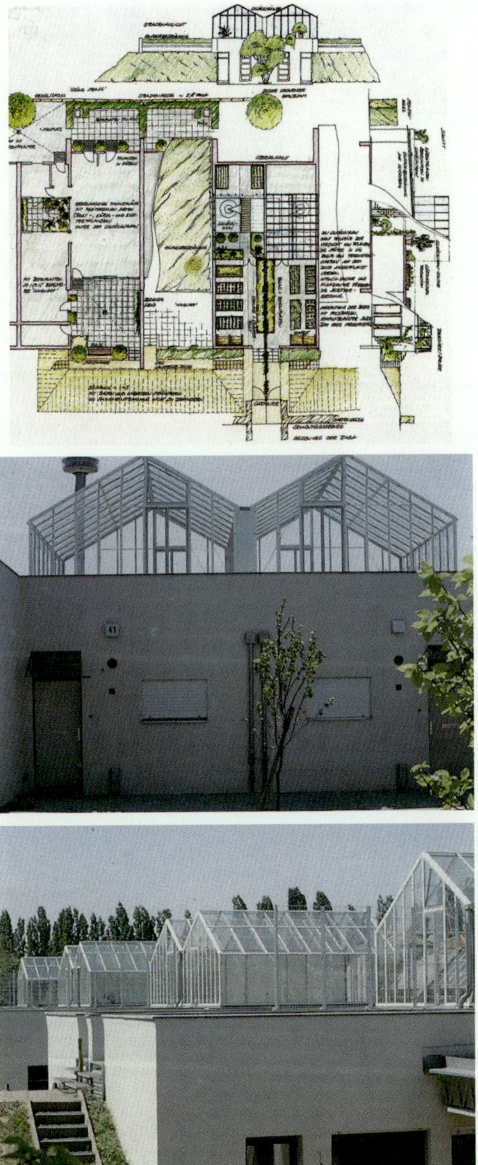

출처: Deutsches Architekturmuseum, *Vision der Moderne - Das Prinzip Konstruktion*, München: Prestel, 1986, p.278(가운데, 아래), p.279(위).

헤르초크 설계의 마리엔도르프 시범 생태주택 단지

IBA 국제건축전(Internationale Bauausstellung)의 한 사례인 엠셔파크(Emscherpark) 지구(1989~1999)도 토지의 리사이클링(recycling)이라는 측면에서 넓은 의미의 생태적 개념이 적용되었다. 이 중 쉬츠코비츠와 코발스키(Szyszkowitz & Kowalski)가 설계한 겔젠키르켄 퀴퍼스부쉬(Gelsenkirchen-Küppersbusch) 지역의 경우 거주자가 참여하여 간단하게 지을 수 있는 비용절감형 주거의 소박한 미학을 볼 수 있다. 조형의 특징은 요소요소들을 분할하여 거칠게 파편화하고 분절시키면서 요철을 형성하고, 또 다채롭게 지붕과 창문, 발코니 등을 디자인하는 것이다. 생기있는 디자인은 소수를 위한 고상한 '건축예술'이 아니라, 다수를 위한 '일상의 건축'을 추구한다.[22]

이 단지의 배치는 '딱딱하지 않은, 그러나 배치상 조형성을 읽을 수 있는 배치'로 요약할 수 있다. 단지의 구심점을 이루는 소위 '렌즈(lense)' 형태의 중심 오픈 스페이스는 커뮤니티를 의식한 것이다. 콘크리트 기둥으로 지지되어 렌즈 형태로 광장을 둘러싸고 있는 금속 프레임은 빗물을 모으는 생태적 기능이 있는데, 단지의 정체성을 조형적으로 강하게 드러내는 요소로 작용한다. 또한 이를 둘러싸는 건물들은 그리드를 배제한 자유로운 축을 형성한다.

이밖에도 많은 단지들이 에너지 절약, 수자원 절약과 탄소배출 감소를 지향하는 주거를 표방하였다. 건물의 형태는 연립주택, 저층 아파트 등 매우 다양하다.[23]

한편, 이때에도 각 단위세대가 외부공간에서 직접 출입하도록 하여 접지성을 최대한 살린 주거유형들이 각광을 받았다. 단독주택에 대한 향수도 반영되어 그 장점을 살린 주거유형의 설계가 다양하게 이루어졌다. 이러한 범주의 주택들에서는 건축가의 미적 감성에 의지했던 근대 국제주의 건축양식에서의 절제미 및 단순함과는 거리가 있는 순박한 조형의식을 엿볼 수 있다.

©Michael Scholz

©Gert von Rassewitz

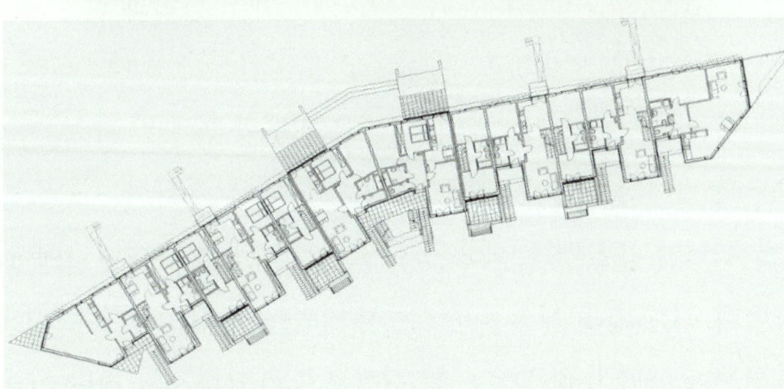

출처: Frank R. Werner, *Räume und Freiräume - Wohnsiedlung Küpperbuschgelände Gelsenkirchen*, Graz: HDA-Baudokumentationen, 1999, p.52.

겔젠키르켄의 퀴퍼스부쉬 생태주거단지 전경 및 2층 평면도 다소 거칠게 표현되는 재료의 특성과 마감은 저비용 주택이라는 특성을 직설적으로 보여준다. 대부분 가벼운 느낌의 차가운 소재들을 이용하지만, 다양한 건축적 어휘가 적용되어 차가운 느낌을 상쇄시키며, 여유로운 배치와 자연적 요소의 도입으로 공원과 같은 주거를 지향한다.

이들 주택의 특징은 저렴하게 짓되, 기능주의 건축에서와는 그 적용방식에 있어서 큰 차이를 보인다. 비용절감이란 목표를 시리즈화된, 공업화된 반복생산을 통해서 이루는 것이 아니라, 지역주의에 기반을 두고 이루고자 했다. 예를 들어 그 지방에서 생산된 값싼 재료를 사용하고, 미숙하나마 실제 거주자가 시공에 참여함으로써 비용절감을 꾀하는 것이다. 즉 신재료를 생산하고 이를 지역을 초월하여 이동하고 현장에서 조립하는 과거의 국제주의 건축에서의 접근방식과는 매우 다른 것이었다.

따라서 공장생산을 의식한 반복적 대량생산이 아니기 때문에 모두 똑같은 획일적 규모와 부재의 치수를 유지할 필요가 없다. 다양한 거주자의 요구가 반영되고, 여기에 생활 프로그램을 지원하는 공간을 제공하면서 주거공간들은 오히려 자유분방한 형태로 생산된다. 이는 결과적으로 다양한 경관으로 나타난다. 또한 부재를 공장생산하여 조립하는 건식구조보다는 수공예에 가까운 시공방식을 택한다. 여기에 그 지방의 토속적 재료를 사용하는 것은 건축 생산 과정에서 에너지를 줄이는 방법이기도 하다.

이와 같은 원칙하에 지어진 주택들은 형태와 배치의 자유로움, 그리고 재료 사용의 자유로움과 다양성을 보여준다. 모듈화되고 표준화된 시스템하에서는 재료와 재료, 재료와 구조체가 정밀하게 맞아들어야 하나, 필요에 따라 그때그때 제작된 생태주택에서의 부재들은 서로 덧붙여지기도 하고 어긋나기도 하면서 이를 개성으로 표현하기도 한다.

이러한 속성은 1990년대 이후 등장한 '부재들의 해체'라는 해체주의 성향과 어느 정도 일맥상통하는 경향을 보인다. 즉 여기서 볼 수 있는 분산된 이미지, 다양한 질감과 색상의 재료 사용, 거친 디테일, 재료와 재료의 자유로운 중첩 등이 이미 해체주의적 미학을 내포한다고 할 수 있다.

친환경적이고 생태적인 라이프스타일을 반영하는 양식에서는 통속적이고 지역주의적인 정서에 호소하는 경향 역시 하나의 큰 주류이다. 거주자가 주택의 건설 및 보수 과정에 직접 참여하는 방식은 다양한 조직활동을 통해 구체화되고, 이를 통해 개조를 줄이고 비용을 절감하는 것이다. 이러한 부류의 생태주거는 도심보다는 저밀도의 도시 근교 저층 집합주택 단지에서 많이 볼 수 있다.

1986년 시행된 뮌스터(Münster)의 생태주거 설계경기는 주변 자연환경과 도시의 성격을 잘 접목시키고, 공장생산식 건축이 아닌 장인적·수공예적 건축방법으로 그 지방에서 나는 자연 재료를 써서 건강한 주택을 건축하고자 하는 것이었다. 이는 자연히 기후적응력이 강하고 에너지 절감 효과가 큰 건물형으로 나타나게 되었다. 또한 지표면은 포장을 없앰으로써 숨쉴 수 있도록 열어두었고, 주변에 많은 식물들이 자라도록 하여 자연주의적 라이프스타일을 반영했다.

1993년에는 슈투트가르트에서 국제정원박람회(IGA, Internationale Gartenbauausstellung)가 개최되었다. 그중 하나의 프로젝트로 '2000년을 위한 실험주거(Wohnen 2000)' 단지가 계획되어 국제적으로 명성 있는 건축가들이 초대되어 새로운 주거의 개념을 선보였다. 단지는 정원박람회장 양편으로 나뉘어 각각 연립주택 부분과 기존 블록에 연결된 적층식 중층 주거 부분으로 구성되었다. 주제는 '도시에서 자연과의 책임 있는 공존'으로, 장차 도시주거가 나아가야 할 방향을 보여주고자 했다.

미래지향적인 주거가 친환경 및 생태주택이라는 큰 테두리 내에서 이루어져야 함을 전제로 했는데, 그 접근방식은 과거와는 다소 다른 면을 보인다. 특히 에너지 효율을 높이기 위해 컴퓨터 제어 등을 통한 혁신적 기술들이 적용되었다.

특히 중층 주거에서는 소음을 방지하고 동시에 에너지 절감도 꾀하는 목적으로 다양한 형태의 온실이 부착된 디자인들이 적용되었으며,[24] 이 온실은 건물 전체를 관통하는 입면의 중요 요소로 표현되었다. 이때 투명 유리가 많이 사용된 파사드는 발코니를 대신한 온실의 존재와 함께 매끈한 표면을 강조하는 데 일조한다. 형태는 다채로운 조형성을 갖는데, 과거의 그것이 저비용 주택으로서 토속적인 면모를 더욱 강조하는 방향이었다면, 1990년 이후에는 기술과 결합한 보다 현대적인 디자인을 가미하여 기계미학적인 미를 추구하는 경향을 보인다.

생태주의와 친환경 건축이 기술적 해법이라면, 유기적 건축은 그 이념은 그것들과 공유하되, 이를 미학적·심미적 대상으로 여겨 감성적인 건축적 어휘로 풀어낸다는 특징을 갖는다. 유기적 건축은 차가운 이성이 지배하는 근대건축에 대항하여 향수를 불러일으키는 토속적인 양식들을 채택한다. 물론 그 이유는 공장생산이 아니라 그 지역에서 생산되는 전통적 재료를 선호하는 원칙과 맞물려 있고, 국제주의 건축과는 반대선상에 있다.

가공 과정을 많이 거치지 않은 블록, 목재, 흙과 점토들을 사용하여 생태주의 원칙에 맞게 재료의 기능을 살리면서 한편으로는 표현의 수단으로 활용한다. 이는 대량생산된 전후 집합주택이 갖는 파괴성과 반환경적 측면들에 대해 재고하고, 무분별한 도시주거의 증식을 가져온 이제까지의 패러다임을 바꾸고자 하는 시도였다.

©전남일

슈투트가르트 국제정원박람회 주거블록

토속 재료와 자연미의 과잉

지역주의 건축의 시각으로 본다면, 생태건축은 '건축가 없는 건축'으로서 미숙련된 설계자나 시공자에 의해 수공예적인 건설기법을 동원하여 자생적 필요에 의해 지어진 것을 포함한다. 그렇다면 지역주의 주거는 그 바탕을 토속과 전통에 두고 있으며, 그것을 설계·시공하는 자와 사용자 사이의 간극이 그리 멀지 않다는 것을 뜻하기도 한다.

바꾸어 말하면, 지역주의 건축은 '손수 짓는(self-build)' 개념을 내포하고 있다. 그래서 지역주의 개념과 결합한 그동안의 저비용 생태주택은 미학적 측면에서는 대부분 거칠고 난잡한 면이 없지 않았다.

그러나 시간이 지나면서 생태주택의 형태와 질에 대한 요구가 높아졌고, 건축가들은 수요자 측면에서 지불 가능한 비용으로 건물의 형태와 평면을 결정하고 외부공간과 전체 경관을 조성하면서 혁신적 아이디어로 그 질까지 담보하는 아이디어들을 모색했다. 1980년대의 생태주택은 화려하지 않지만 일상의, 보통의 건축이 지향해야 할 방향을 제시해 주었다. 이는 단순하고 소시민적인 비더마이어(Biedermeier)적인 미학을 내용적으로 충족시키고자 한 시도였다.[25]

디자인에서는 저렴한 자재들이 기간이 경과됨에 따라 자연적으로 낡게 되고 녹슬며 풍화되는 변화를 의도적으로 감안했다. 진정한 건물의 모습이란 건축가가 일방적으로 제시하는 것이 아니라, 거주자의 삶의 방식이 묻어나는 것이라는 건축가들의 철학도 반영되었다.

또한 거주자들이 스스로 지은 것과 같은 느낌도 의도적으로 부여하고자 했다. 이러한 실용적이고 소시민적인 주거건축은 생태건축 및 저비용 건축의 컨셉트와 결합하여 독자적인 형태미를 구축하였다. 한편으로는 1960년대 표현주의적 성향이 1980년대 중반 생태주택 및 토속주거에 대한 향수를 대변하는 경향과 결합하여 다시 등장한 것으로 해석할 수 있다.

1979~1982년 사이에 카셀(Kassel)에서 시행된 도큐멘타 어바나(Documenta Urbana) 계획은 여러 건축가의 합동 설계로 이루어진 시험적 프로젝트였다. 도큐멘타 어바나 주거블록의 일부인 힌리히와 인켄 발러(Hinrich & Inken Baller), 그리고 헤르만 헤르츠베르흐(Herman Herzberger) 블록에서 재료의 속성을 있는 그대로 가감 없이 솔직하게 표현함으로써 자연주의적 경향에 심취한 사례들을 볼 수 있다. 이러한 부류의 작품들은 거친 재료를 사용한 불규칙하고 복잡한 형태를 갖는다. 목재, 시멘트 블럭 등을 가공하지 않고 사용하여 자연미와 재료의 물성을 부각시켰는데, 산만하고 자유분방한 조형이 특징이다.

헤르츠베르흐의 블록은 콘크리트, 중공(中空) 시멘트 블록, 유리, 벽돌 등 다양한 토속 재료들이 혼재하면서 그 물성을 다각적으로 표현하고 있다. 마치 모자이크와 같이 어우러지는 재료의 질감들은 풍부하고 자유로운 감성을 표출한다.

한편에서는 이러한 성향이 과장되게 흐르는 경향도 목격되었다. 자연미를 추구하는 건축, 보통 유기적 건축이라 통칭되는 건축은 곡선형과 유선형의 조형 요소들과 전통건축에서의 디테일과 장식적 요소들을 많이 차용했다. 또한 진흙 건축과 같이 야심차게 시작한 실험적 프로젝트들도 있었다.

베를린의 IBA 전시회 작품 중 하나인 힌리히와 인켄 발러의 베를린 프렝켈우퍼(Fränkelufer) 주거블록(1984) 등이 이러한 부류의 작품이다. 이 주거블록에서는 평면과 외적 표현이 유기적으로 일체화되었다는 것을 볼 수 있다. 살아 있는 유기체와 같은(organoid) 형태로 평면과 입면이 구성되었으며, 평면 또한 규격에 얽매이지 않는 자유로운 벽체와 공간들로 연결된 점이 특징이다. 건물은 3차원적 조형물로서의 일관성 있는 통합을 이루고 있다.

©전남일

도큐멘타 어바나 주거단지의 일부

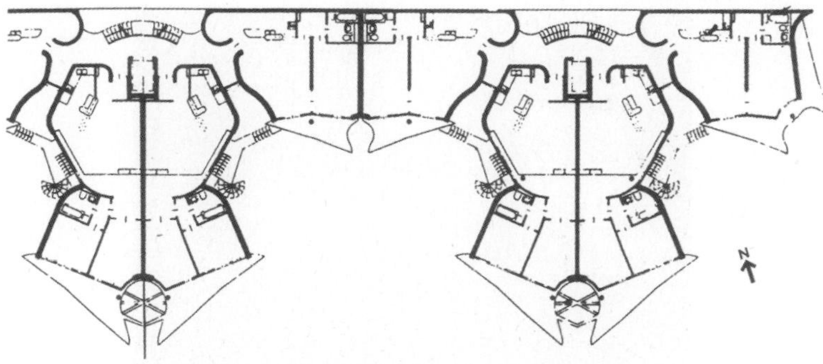

출처: Peter Faller, *Der Wohngrundriß*, Stutgart: DAV, 2002, p.120

프렝켈우퍼 주거블록 블록플랜

이러한 건물은 생태주의적 삶을 지향하는 특별한 거주자의 취향에 맞추어져 있다. 직선을 배제한 구불구불한 요소는 진흙 등과 같은 유기적 재료의 물성에 적합한 표현수단이 되었다. 토속적인 재료의 사용을 표현주의적 디자인으로 접근했는데, 곡면의 요소는 입면의 장식뿐만 아니라 평면상의 벽체 등에도 적용되어 경직된 구축적 요소를 부정한다.

이러한 작품의 경우 입면에서의 디자인 모티브는 안토니오 가우디(Antonio Gaudi)의 유기적 디자인을 연상시킨다. 입면에는 동물의 몸체나 식물의 줄기와 같은 불규칙한 곡선을 적용했고, 일견 그로테스크한 감흥을 불러일으킨다. 또한 날개를 펼친 것과 같은 발코니 슬래브는 콘크리트의 조형성을 이용하여 건물에 표현주의적·조각적 미를 부여하고 있다. 또한 최상층은 토속건축에서 볼 수 있었던 유연한 곡면의 지붕을 채택하고, 도머 창(domer window)을 설치하여 지역성에 기반을 둔 전통건축에의 향수를 표현했다. 같은 블록의 다른 쪽 일부에서는 좀 더 과감하게 유기적 요소들을 도입한 경우도 볼 수 있다. 그러나 일부 사례에서는 지나친 형태적 모험, 그리고 디테일과 재료의 남용으로 큰 공감을 얻지 못한 경우도 많았다.

©전남일

발러 설계의 프렝켈우퍼 주거블록

©전남일

프렝켈우퍼 주거블록의 또 다른 부분

주

1 Hafner, Thomas et al., *Wohnsiedlungen* (Basel: Birkhäuser, 1997), p.12.

2 Lampugnani, Vittorio Magnago & Wolfgang Nagel(Ed.), *Deutsche Architektur im 20. Jahrhundert* (Berlin: Jovis, 2000), p.103.

3 Flagge, Ingeborg(Ed.), *Geschichte des Wohnens* vol.5 (Stuttgart: DVA, 1999), pp.249-250.

4 Geisendorf, Ch. Edouard et al., *Dichte individuelle Wohnformen* (Niederteufen: Verlag Arthur Niggli, 1983), p.19.

5 Geisendorf, Ch. Edouard et al., *Dichte individuelle Wohnformen* (Niederteufen: Verlag Arthur Niggli, 1983), p.36.

6 카펫하우징은 마치 카펫을 깔아놓은 것 같이 낮은 건물들이 지표면에 빽빽히 배치된 유형을 말한다.

7 Schramm, Helmut, *Low Rise-High-Density* (Wien: Springer Verlag, 2005), pp.37-38.

8 Schramm, Helmut, *Low Rise-High-Density* (Wien: Springer Verlag, 2005), pp.45-46.

9 Geisendorf, Ch. Edouard et al., *Dichte individuelle Wohnformen* (Niederteufen: Verlag Arthur Niggli, 1983), pp.34-35.

10 Flagge, Ingeborg(Ed.), *Geschichte des Wohnens* vol.5 (Stuttgart: DVA, 1999), p.277.

11 언덕형 주거란 주거동을 셋백(setback)시키면서 마치 언덕에 경사지 주택을 세운 것 같은 건물의 유형을 만든다는 의미로 풀이된다. 대개 하부층의 지붕이 상부층 세대의 정원으로 이용되기 때문에 테라스하우스로도 부른다. 따라서 테라스하우스란 개념은

언덕형 주거와 경사지 주택 모두를 가리키는 용어로 사용된다.

12 Hafner, Thomas et al., *Wohnsiedlungen* (Basel: Birkhäuser, 1997), p.16.

13 Hays, K. Michael, 봉일범 역, 『1968년 이후의 건축이론』 (스페이스타임, 2003), p.330.

14 Simon, Christina & Thomas Hafner, *Wohnorte* (Stuttgart: Karl Krämer, 2002), p.142, 143.

15 원래 노출 콘크리트였으나, 1990년대 콘크리트 보수작업을 통해 광물성 재료로 칠해졌다. 그러나 이 표면 역시 콘크리트의 물성과 유사한 느낌을 준다.

16 Simon, Christina & Thomas Hafner, *Wohnorte* (Stuttgart: Karl Krämer, 2002), p.31.

17 Flagge, Ingeborg(Ed.), *Geschichte des Wohnens* vol.5 (Stuttgart: DVA, 1999), pp.366-367.

18 Faller, Peter, *Der Wohngrundriß* (Stuttgart: DAV, 2002), pp.111-112.

19 임대주택과 사회주택을 공급하는 베를린의 주택건설 기관.

20 Architekten und Ingenieur Verein Berlin(Ed.), *Berlin und seine Bauten*, Teil IV, Reihenhäuser (Berlin: Ernst & Sohn, 2002), pp.204-209.

21 Flagge, Ingeborg(Ed.), *Geschichte des Wohnens* vol.5 (Stuttgart: DVA, 1999), p.394.

22 Werner, Frank R., *Räume und Freiräume — Wohnsiedlung Küpperbuschgelände Gelsenkirchen* (Graz: HDA-Baudokumentationen, 1999), p.28.

23 Flagge, Ingeborg(Ed.), *Geschichte des Wohnens* vol.5 (Stuttgart: DVA, 1999), p.667.

24 Simon, Christina & Thomas Hafner, *Wohnorte* (Stuttgart: Karl Krämer, 2002), p.168.

25 Flagge, Ingeborg(Ed.), *Geschichte des Wohnens* vol.5 (Stuttgart: DVA, 1999), pp.909-910.

역사주의 양식과 도시성의 발견:
1980년대 초반~1990년대 후반

맥락주의와 유형학으로의 회귀

1980년대 초반까지 독일 도시에서의 주거지 개발은 거의 외곽지역 위주로 진행되었다. 도심의 주택들은 모두 전쟁의 흔적을 그대로 간직했거나 낙후되어 있었기 때문에, 질 좋은 주택을 선택하기 위해서는 도심을 떠나야 했다. 그러나 1975년 시행된 유럽 건축기념물보호법은 오래된 도시와 역사적 건물에 대한 관심을 고조시키는 계기가 되었고, 이로써 도심이 주거지역으로서 다시 그 가치를 인정받고 선호되기 시작했다.

특히 도시주거는 생산과 공급의 측면에서 인식되어 온 그동안의 시각에서 탈피하여 도시화된 사회 안에서 삶의 개성을 표출하는 수단으로 재인식되기 시작했다. 건축의 모토는 '유지하기(Erhalten)·새롭게 하기(Erneuern)·기억하기(Erinnern)'였고, 이에 따라 교외로의 주거지 확장이나 신축보다는 도심에서의 재건축, 도시재생, 낙후된 주거블록의 점진적 교체 등에 더욱 관심을 기울이게 되었다.[1] 우선 독립 고층주거로부터 탈피하여 '저층 고밀'이라는 새로운 유형을 통해 도시의 고밀을 해결하고자 했다. 또한 이것이 복합개발로 이어질 경우 결국 점진적인 도시재생을 이루고 친환경적인 미래가치에 부응한다는 점을 인식했다.

낡은 주거지역에 다시 새 주택을 건설해야 했을 때, 건축가들은 기존의 역사적인 건축물들과의 조화를 고려하지 않을 수 없었으며, 이러한 태도는 이전보다 더욱 풍부한 형태미를 찾는 노력으로 이어졌다. 건물 설계에 있어서 다시 비례·분절·질서 등과 같은 조형 원리를 재발견하고 적용하기 시작했다. 초기에는 이것들이 기능과 구조로부터 자연스럽게 도출된 것이 아니라 미숙하게 표면적인 장식에만 치우치는 경향도 있었지만,[2] 시간이 지나면서 포스트모던의 색채를 띠면서 하나의 원숙한 양식으로 자리잡게 되었다.

또한 전쟁 후 도시주거를 지배했던 대규모 스케일과 대규모의 단지

구성에서 탈피하여 거주자 입장에서 요구되는 작은 스케일의 건축에 더욱 집중하였다. 고층 아파트는 정책적으로도 그리고 건축의 프로그램에서도 점점 사라지게 되었다.[3]

잃어버린 도시의 흔적을 복원하고자 하는 시도는 오늘날 메링 광장(Mehringplatz)으로 불리는 베를린 프리드리히(Friedrich) 지구의 재건 사례가 그 시발점이라 볼 수 있다. 이곳은 원래 18세기 중반부터 '론델(Rondell, 원형 광장)'이라 불리던, 명칭 그대로 바로크식 원형 광장이 있었던 곳인데, 이 지구의 중심을 이루는 세 광장 중 하나였다. 그러나 제2차 세계대전 이후 이곳은 몇몇 건물을 제외하고 파괴되어 원래의 광장 모습을 잃어버렸다.

이 지역을 재건하자는 움직임은 1950년대 후반부터 있었고, 처음에는 1955년 그로피우스에게 그 계획을 의뢰하였다. 그가 제시했던 제안은 당시의 대표적 개발 양상에 따라 고층 판상형 아파트를 개방형 단지 형태로 건설하는 것이었다. 그러나 여러 가지 사정으로 실현되지 못하였고, 결국 1962년 샤로운의 마스터플랜이 채택되었다. 그의 제안에 따라 광장은 두 겹의 저층 주거동 링이 감싸 안는 형태로 복원되었고, 그 주변으로 13~20층의 다양한 형태의 고층 아파트가 배치되는 절충안으로 결정되었다.

두 건축가의 대조적 제안 중 후자가 선택되었다는 것은 자일렌바우로 대표되는 그로피우스 계열의 국제주의 건축양식의 종말을 의미하는 것이었으며, 도시주거의 패러다임이 전환되는 계기가 되었다. 새로운 계획안에 따라 개별 건축은 베르너 뒤트만(Werner Düttman) 등 여러 건축가가 담당했고, 1975년 완성되었다.

원형 광장을 둘러싸는 저층 주거동이 다양한 건축적 요소에 의해 분절되고 또한 비례도 다양하게 구성된 반면, 외곽의 판상형 아파트는 같은 요소의 반복으로 상당히 단조로운 형태를 보여 대조적이다. 원칙적으

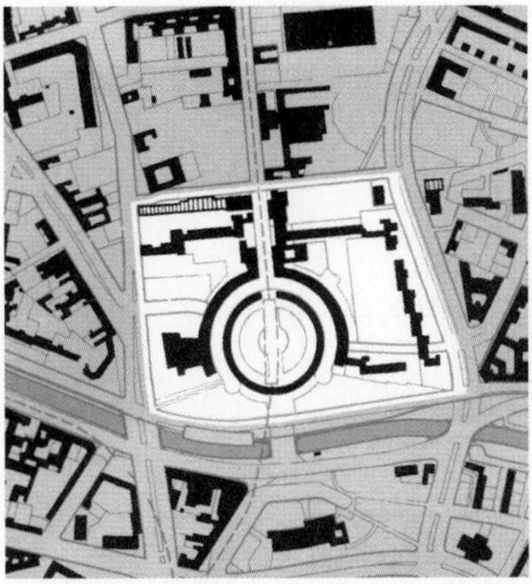

출처: Maria Berning, *Berliner Wohnquatiere*, Berlin: Dietrich Reimer Verlag, 2003, p.190(왼쪽), p.193(오른쪽).

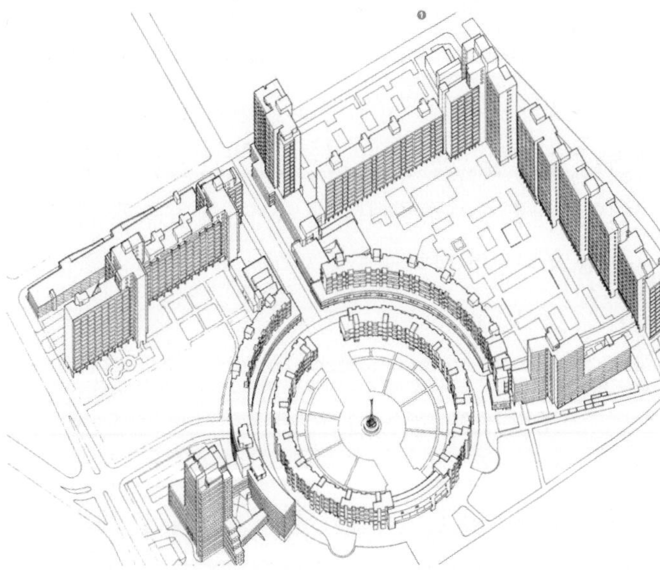

출처: Friederike Schneider, *Grundrißatlas – Floor Plans Manual – Housing*, Basel: Birkhäuser, 2004, p.220.

베를린 메링 광장의 재건

로 중심부와 외곽의 건물들을 서로 다른 프로젝트 건물처럼 보이도록 했다. 같은 개발 프로젝트 안에서 이질적인 조합을 모색했는데, 이는 이후 베를린의 주거지 재생에서 자주 채택하는 방식이 되었다.

단지 외곽의 고층 아파트들은 원형 주거동들을 다시 둘러싸면서 내향적인 공간을 형성하는 동시에, 당시 베를린에서 흔했던 도시주거, 즉 대규모 적층형 아파트의 속성을 그대로 반영했다. 하지만 광장의 기하학을 유지하며 대칭의 축을 강조한 점은 다분히 바로크식 도시주택의 접근방식을 따른 것으로 볼 수 있다.

또한 바깥쪽의 원형 주거동에서는 공용계단실을, 안쪽의 원형 주거동에서는 부엌을 돌출시켜 계획하고, 이것이 적층되면서 입면에서 수직적 요소로 역할을 하도록 했다. 특히 계단실은 최상층 엘리베이터 부분의 높이가 더해져서 수직적 분절이 더욱 강조된다. 그 밖의 공간들도 약간씩의 요철을 형성하게끔 했다. 따라서 거대한 주거동임에도 불구하고 원형의 두 주거동 입면은 외곽의 판상형과 달리 지루하지 않은 변화감을 형성한다.

각각의 주거동들은 전쟁 후 남겨진 파편화된 건물 조각들을 이어 붙이면서 새로운 도시조직을 형성했다. 즉 도시맥락을 보존하고 한편으로는 재창조하는 작업으로, 시대를 반영하는 새로운 접근방식이었다. 메링광장의 사례는 과거의 기억과 흔적들을 복원하고 장소에 대한 역사적 의미를 부여하는 작업이었고, 이후 베를린의 주거지 재생에 있어서 중요한 선례가 되었다.

그러나 이 역시 한꺼번에 전체를 개발하는 '단지(Siedlung)'라는 개발방식을 따랐고, 광장 역시 오로지 단지의 내부지향적인 공간으로서만 존재한다. 따라서 형태적으로는 복원되었음에도 불구하고 원래 있었던 광장의 도시성(urbanity)을 살리지 못했다는 한계를 갖는다.[4]

한편, 앤터니 비들러(Antony Vidler)는 도시 내에서 주체와 객체 사

©전남일

메링 광장 주거블록

이의 관계를 이루는 전체적인 이미지와 구조를 생산하는 건축의 능력을 '제3의 유형학'의 역할이라 규정했다. 그는 특히 역사 및 그것을 둘러싸고 있는 세계에 매여 있는 오늘날에는 유형의 문제를 이해하는 것이 중요하다고 말한다. 건축적인 대상은 더 이상 하나의 단일하고 고립된 사건으로 고려될 수 없기 때문이라는 것이다. 또한 라파엘 모네오(Rafael Moneo)는 유형에 대해 "서로 관련되어 있는 사건들의 연쇄를 이루어내는 것", 그리고 "그 속에서 공통된 형식의 구조를 발견하는 것"이라고 설명한다. 이때 도시는 분류를 위한 재료를 제공하며, 시간을 두고 쌓인 그 인공물의 형태들은 재구성을 위한 기반을 제공한다.[5]

이 유형학은 따로 떨어져 있는 요소들로부터 구축된 것이 아니며, 특정 용도나 이데올로기 또는 기술적인 특성들에 따라 분류된 대상으로부터 조합되는 것도 아니다. 그것은 완전한 형태로 정립되어 있으며 단편들로 분해되기를 기다리고 있는 유형학이다. 그 단편들은 세 가지 방식으로 선택되고 재조합되는데, 그것은 첫째, 형태의 과거 존재에 기인하는 방법들로부터 전해진 것, 둘째, 특정한 단편과 그 경계들로부터 도출되고 종종 그 이전의 유형들과도 교환이 일어나는 것, 셋째, 이 단편들을 새로운 맥락에서 재구성하는 방법이다.[6]

예를 들어, 베를린과 같은 대도시의 경우 가구(街區)의 한 블록을 차지하는 형태의 집합주택 개념은 오늘날 새로운 가치를 부여받고 있다. 유형주의적 접근의 초기 사례로 1970년대 이후 다시 시도된 중정형 집합주택을 들 수 있다. 이러한 형태의 주거단지는 높은 용적률의 고밀도 주거를 구성할 수 있다. 이때 역사적 가치가 있는 도심의 주거환경 개선에 있어서 새로운 컨텍스트를 만들거나, 혹은 기존 컨텍스트와 연계하면서 도시 유형을 보존하는 방식으로 건축된다. 도심에 이러한 블록형 단위 주거지를 만들 경우 보통 저층부에 편의시설 및 상업공간을 배치한다. 가로에 면한 부분은 활기찬 어반 라이프(urban life)에 접하는 적극적 공간으로,

안쪽의 중정은 외부의 방해가 없는 사적 외부공간으로 규정된다.

요젭 파울 클라이휘스(Josep Paul Kleihues) 설계의 베를린 베딩(Berlin-Wedding)의 비네타플라츠(Vinetaplatz) 블록 270(1977)은 그 형태의 프로토타입을 역사적 유형에서 찾았으며, 배치와 공간구성을 도시의 맥락과 연계함으로써 명확한 공적·사적 영역을 구축했다. 기본적으로 옛 주거지 가구를 그대로 복원했는데, 그 규모는 전통적 작은 가구의 규모인 54m×108m이다.[7] 그렇지만 베를린의 과거 블록형 주거가 필지마다 각각 다른 개별 건축물과 장식으로 채워지면서 전체를 이루었다면, 이 블록은 처음부터 하나의 완결된 집합주택으로서의 블록을 형성했다는 점이 그것과 차이라 할 수 있다.

클라이휘스가 블록 270에서 역사성을 재발견하고자 하는 태도는 유형과 맥락뿐만 아니라, 오히려 지각할 수 있는 외형적 실체에서 더욱 잘 드러난다고 볼 수 있다. 예외적인 토속적·자연주의적 작품들을 제외하고 그동안의 독일 주거건축은 고도로 발선된 공업화 주택의 아이디어로부터 도출된, 매우 기계적인 이미지가 지배적이었다. 그러나 이 작품은 주거라는 건축이 본질적으로 갖고 있었던 감각적 측면을 고려했다. 그것은 결과적으로 친밀한 소재인 벽돌 마감의 외관으로 드러나며, 국제주의 건축가들의 활약이 지배하기 이전 20세기 초반의 독일 전통지향적 주거단지를 거의 그대로 재현한 듯하다.

수공예적 감성이 돋보이는 세밀한 파사드의 디테일, 그리고 국제주의 건축의 중요 원칙과는 매우 다른 작은 창문과 분절된 창문의 프레임은 역사적 도시의 전통과 닮아 있다. 또한 단순한 매스임에도 입면이 적절히 분절되었고, 발코니와 옥상정원 등이 파사드에서 셋백되어 배치됨으로써 건물에 음영과 입체감이 형성되었다. 그리고 깊은 음영감을 주는 로지아와 수직 요소인 계단실 등을 전면에 배치하여 지루하지 않은 입면을 형성했다.

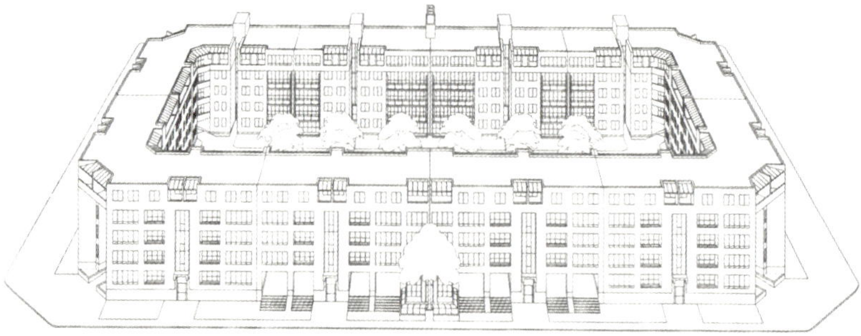

출처: Andrea Mesecke & Thorsten Scheer(Ed.), *Josef Paul Kleihues*, Basel: Birkhäuser, 1996, p.101.

©전남일

클라이휘스 설계의 비네타플라츠 블록 270 정투상도 및 전경 입면에서는 전통건축의 특징 중 하나인 3분할 원칙, 즉 기단을 형성하고, 중간부의 건축적 요소를 반복하며, 상부층을 마무리하는 원칙을 지켜 구축의(tectonic) 미를 살렸다. 또한 블록의 가장자리를 45도 사선으로 절단하는 것은 베를린 전통 주거지 블록의 전형적인 모서리 처리방식이다.

이 건물의 미학적 특징은 내적 공간구성을 외부에서 명확히 읽을 수 있다는 점으로, 계단실을 중심으로 한 2호 조합의 블록플랜은 입면의 구성과 일치한다. 한편, 평면과 형태가 한 블록 안에서 꽉 짜 맞추어져 있는 질서감을 보이며 블록 공동체의 속성을 표현하는데, 이것은 결과적으로 하나의 형태적 완결성으로 나타난다.[8]

주목할 만한 점은, 근대 국제주의 건축에서 배제되었던 대칭성의 원칙이 여기서 부활했다는 것이다. 블록의 모서리가 열린 것은 평면상 채광의 불리함을 극복하기 위한 기능상의 해법이었지만, 여기에는 '대칭성을 갖는 입구성의 부여'라는 또 다른 의미가 부여되었다. 이러한 대칭의 미적 구성 원칙은 이후 등장할 포스트모던에서 애용하게 될 고전적 건축 어휘에서도 발견된다. 또한 동일 요소를 연속적으로 배치함으로써 반복의 메커니즘을 통해 전체를 완성하고자 했다. 이런 측면에서 클라이휘스는 반복적 질서를 중요시하는 근대건축과 총체적 미적 구성을 꾀하는 고전건축 사이에 위치하는 건축가라 할 수 있다.

베를린 IBA 국제건축전시회와 쉥켈 광장

베를린의 IBA(Internationale Baususstellung) 지구(1979~1987)는 대규모 도시계획 프로젝트로, 1977년 롭 크리어(Rob Krier)의 도시계획에 대한 스터디를 시작으로 추진되었다.

IBA 지구는 베를린 도심의 블록형 주거지 구조를 역사적 맥락에서 영감을 얻어 재건하는 프로그램으로부터 출발했다. 도시계획의 콘셉트는 기본적으로 맥락주의와 유형주의를 근간으로 하고 있다. 새로 짓더라도 '도시복구(Stadtreparatur)', 그리고 '비판적 도시재건(kritische Rekonstruktion der Stadt)'의 개념[9]을 적용하여 파괴된 도심을 재건하고자 했다. 그 목표를 단적으로 요약하면 '거주지역으로서의 도시의 재발견', 그리고 '다양한 종류와 방법으로 미를 추구하는 것'이다.[10]

대상 지역은 베를린 곳곳의 시범지역이었다. 역사적 도시 평면, 역사적 건물 평면을 기본으로 이에 덧대어 새로운 도시주거의 형태를 모색하였는데, 이는 옛 것과 새로운 것의 조화를 단위건물의 차원이 아니라 거주지 차원에서 해결고자 한 것이다. 새로운 건물 유형의 창출, 에너지 절감형 주택, 주민참여 건축, 생태주의의 실현 등 지역에 따라 각각의 목표 설정이 달랐지만, '신중한 접근을 통한 점진적 도시재생'이라는 목적은 동일했다.[11] 이로써 인간적이면서 예술적으로 풍부한 건축을 복원하고 인간과 건축의 괴리를 극복하고자 했다.[12]

IBA의 마스터플랜 건축가였던 클라이휘스의 전략은 첫째, 과거 상태로의 복구, 둘째, 역사적 구조를 발전시킬 때 콜라주(collage) 기법과 같은 덧붙임의 활용, 셋째, 과거를 의식하여 새 건축을 의도적으로 위축시키는 것이었다. 또한 단순한 하모니보다는 각각 다른 모델들이 생동감 있게 서로 공존하는 것을 지향했다. 그는 포스트모던의 도시 개념을 따랐지만, 그것을 단순한 양식으로 해석한 것이 아니라 다원성을 확보하고 패러다임들간의 경쟁을 유도하며 역사적 자료들을 영구적으로 반영하고자 하는 것을 목표로 삼았다.[13]

도시 차원의 계획 역시 예술적 원칙에 토대를 둔 것이었다. 그림 같이 굽은 가로를 조직했고, 초점을 이루는 주요 건물들이 계획되었다. 또한 작은 스케일이 강조되었으며, 다양한 용도의 혼합, 공적·반(半)공적·

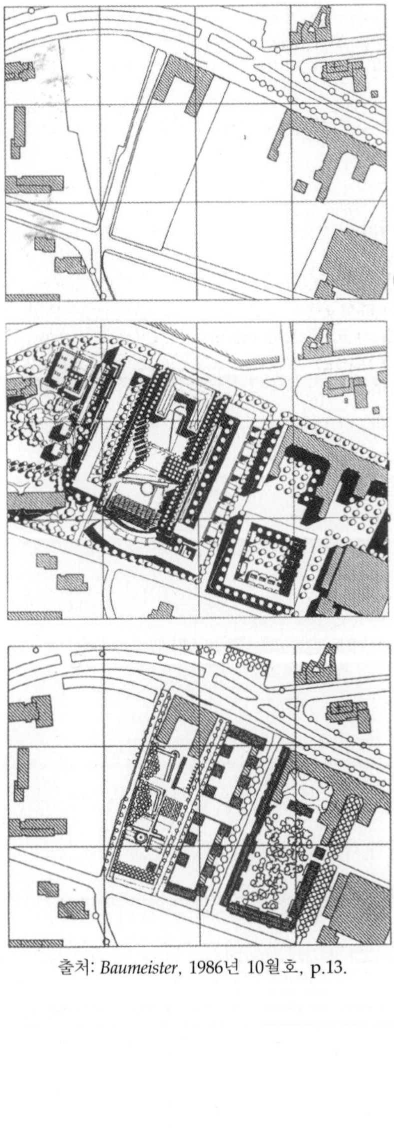

출처: *Baumeister*, 1986년 10월호, p.13.

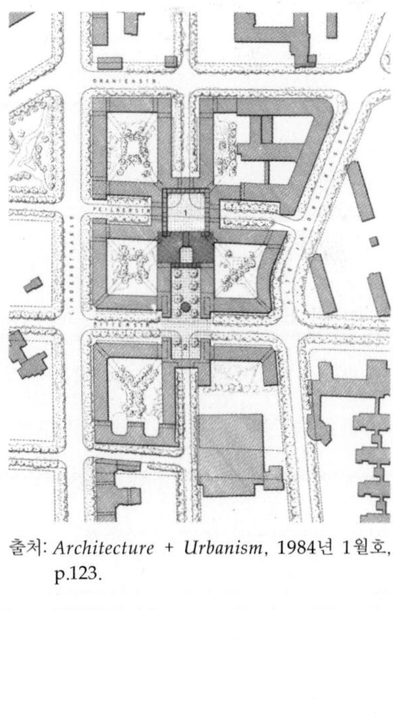

출처: *Architecture + Urbanism*, 1984년 1월호, p.123.

도심 주거지 복원을 위한 IBA 프로젝트, 암 베를린 무제움(왼쪽)과 쉰켈 광장(오른쪽) 주변

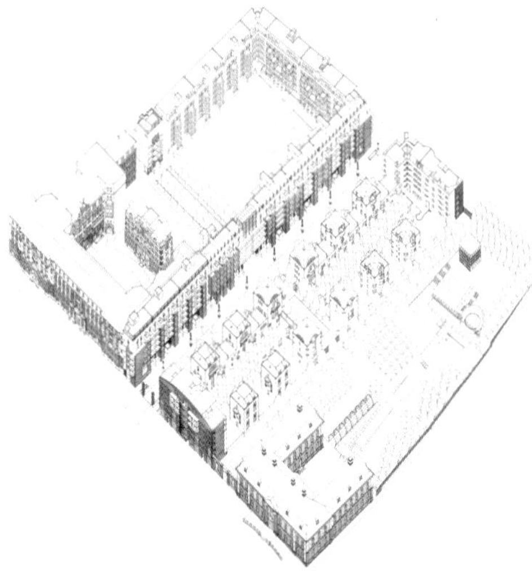

출처: *Architecture + Urbanism*, 1984년 1월호, p.17.

암 베를린 무제움 주변 주거지 블록

사적 영역의 분명한 구별 등을 계획 개념으로 삼았다. 스케일과 디자인 면에서 심하게 불연속적이지 않으면서도 적절하게 불규칙한 건물들을 배치하는 것이 주요 전략이었다.[14]

주거건축에 있어서 가장 주목할 만한 변화는 그동안의 철칙과도 같았던 표준화의 원칙을 버리고 평면에 있어서 다양한 유형을 모색했다는 점이다. 개발의 단위는 소규모였으며, 거대 블록을 대상으로 했더라도 이를 분할하여 여러 건축가들이 함께 참여하여 건축했다.

이러한 접근방식은 IBA의 원칙 중 하나였던 '형태로의 회귀(Rückkehr zur Gestaltung)'[15]라는 명제에 가장 합당한 것이었고, 이것이 결국 다양한 유형을 만들어낼 수 있는 초석이 되었다. 또한 블록은 종종 작은 단위로 잘게 쪼개어져 서로 다른 주체에 의해 시공됨으로써 다양성이 확보되었다. 건물 사이사이에는 작은 단위의 정원과 반사적 외부공간을 배치

©전남일

암 베를린 무제움 지역의 주거지 블록과 도시형 빌라

했으며, 다채로운 도시기능이 혼재된 주거지를 조성하고자 했다.[16]

설계 진행에 있어서 여러 건축가가 합동으로 설계에 참여하도록 했는데, 이때 서로 조화되는 디자인은 필수적이었다. 역사성을 인식하며 통합적인 개념하에 다양성을 추구한 것이다. 이와 같은 도시조직 구축 방법은 독일에서 전통적으로 행해져 온 연속 건축방식(geschlossene Zeile)를 재현했다는 데 더욱 큰 의미가 있다. 특징적인 것은 국제주의 건축양식에서 사라졌던 전통적 주택의 구성 요소인 지붕, 또는 지붕의 모티브를 형성화한 디자인 요소들이 부활했다는 점이다. 또한 발코니와 같은 구성 요소를 적절히 활용하고, 주거공간의 기능에 따라 다양한 형태와 크기를 갖는 창이 디자인됨으로써 입면이 더욱 풍부해지게 되었다.

크리어의 도시설계 개념의 가장 중심이 되는 곳은 그 자신이 설계한 슁켈(Schinkel) 광장과 그를 중심으로 하는 리터가 및 린덴가(Ritterstr./Lindenstr.) 주거블록(1980)이다. 이곳은 크리어의 도시설계 콘셉트에 의해 주거단지가 여러 블록의 조합 형태로 계획된 것이다. 그중 리터가 블록의 남측 입면은 크리어의 포스트모던적 미학의 이상이 주거를 통해 가장 극적으로 나타난 사례라 할 수 있다.

우선 개구부의 변화는 있지만 건물 전체가 대칭 형태를 띠고 있으며, 블록 내부로 통하는 건물 하부의 개구부 역시 아치 형태이다. 그보다 더 엄격한 고전적 요소는 입면 분할의 원칙이 된 정확한 비례 산정이다. 창과 벽의 관계, 창과 창의 거리, 분절된 매스와 높이의 관계 등을 정하는 데 기하학적인 비례를 적용하여 디자인한 것이다.[17] 또한 변화감 있는 입면을 위해서 종종 내부의 기능이 훼손되는 경우가 있는데, 이 사례에서는 오히려 다양한 입면 요소가 다양한 내부공간의 결과물이 됨으로써 내용과 형태의 조화를 이루었다. 아치, 고전적 기둥 또는 반기둥 장식이 부가되었고, 강렬한 색상과 대칭성은 대표적인 포스트모던 건축의 어휘들이다.[18]

치밀하게 짜여진 주동과 오픈 스페이스의 관계는 다양한 건물의 유형을 만들어낸다. 리터가의 사례는 현상설계의 지침에 의해 지루하지 않은 매스와 풍부한 입면을 구성했다. 이때 5층으로 제한된 층고 내에서 지층과 지붕층은 외관상 분절되어 있는데, 이는 주택의 입면 디자인에 있어서 기단부·중층부·최상층을 구분하는 전통적 방식과 같다.

크리어의 블록의 경우 단위세대 계획에 있어서 같은 평면의 반복은 극히 제한적이며, 차별화된 평면 계획, 다양한 주호 규모가 특징이다. 수

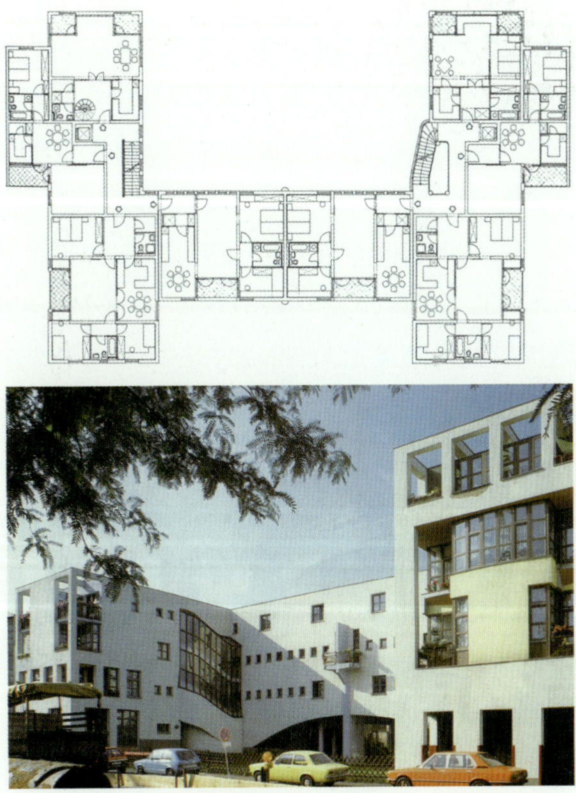

출처: *Architecture + Urbanism*, 1984년 1월호, p.110(아래), p.114(위).

크리어 설계의 리터가 주거블록

직·수평의 분절이 매스의 요철을 구성한다면, 적극적으로 도입된 메조넷형 평면과 계단실의 분절로 생기는 스플릿 레벨은 바닥면의 요철을 구성하고 있다.

리터가 주거블록에서는 포스트모던적인 하이브리드 기법을 볼 수 있다. 즉 1920년대 르 코르뷔지에의 백색건축과 대칭적 기법을 사용한 르네상스적 원칙이 교묘하게 복합적으로 나타난다. 엄격한 입면의 비례를 계산한 기하학적 원칙은 알베르티(Alberti) 계통의 질서를 보여주는 동시에, 한편으로는 백색의 표면에 재료와 색채로 변화감을 주고 있다. 아치 중앙부에는 기둥이, 그 상부에는 장식물로서의 조각물이 배치되어 있다. 조각상은 하부에 배치된 중앙 기둥과 함께 정면성과 입구성에 대한 바로크적 상징성을 내포한다.[19] 또한 이 블록에서는 층수가 높지 않음에도 불구하고 대칭과 축적(axial) 구성을 통해 모뉴멘털 역할을 부여하고자 하는 크리어의 신고전주의적 의식을 엿볼 수 있다.

그렇지만 국제주의 건축의 원칙을 적절히 수용하고, 과거 타우트의 베를린 후프아이젠 주거단지 등 1920~1930년대 대규모 주거단지에서 볼 수 있었던 디자인의 몇몇 요소들을 활용함으로써 근대건축의 유산을 여전히 포함하고 있음을 알 수 있다. 또한 내부의 평면과 달리 프레임 등을 사용한 이중 외피로 박스 형태를 유지하고자 하는 수법을 볼 수 있다. 이로써 근대건축과 고전주의 건축 사이의 가교 역할을 하고자 한 것이다. 이와 같은 복합성이 후일의 진정한 포스트모던 시대를 여는 대표적인 상징적 주거 건축물로서의 역할을 대변한다.

크리어는 이 블록에서 르 코르뷔지에의 주거건축에서의 기법을 일부 차용했다. 예를 들어 곡면형의 계단실, 보이드 공간이 있는 거실, 그리고 부분적으로 적용된 강렬한 색채감 등이 그것이다. 그렇지만 블록 내부의 중정으로 통하는 건물 하부의 아치는 순전히 미적인 목적으로 만들어진 것으로서, 장식을 거부하는 근대건축에 저항하고 있음을 상징적

©전남일

크리어 설계의 리터가 주거블록 부분

으로 보여준다. 또한 의도적으로 계단실 유리 프레임을 불규칙하게 구성했다. 이렇듯 이 건물에서 크리어는 다양한 요소들이 혼합된 퓨전풍의 미학을 완성했다.[20]

쉥켈 광장을 중심으로 하는 다섯 개의 중정형 블록은 베를린의 전통적 블록형 주거지 구조에서 그 원형(Archetype)을 찾은 것이다. 블록으로 인해 생기는 다섯 개의 중정 중 가장 중심부의 중정이 공적인 성격의 쉥켈 광장이며, 나머지 것은 반사적인 외부공간으로 이용된다. 폐쇄된 주거블록이 연속된 형태의 이 블록은 고전적인 도시형태가 성공적으로 부활했다는 평가를 받았다. 한편, 이곳 주거의 3분의 1은 자녀가 있는 전형적인 가족을 위해 설계되었다.[21]

마스터플랜은 도시조직에 연계되고 각각의 건축물은 마스터플랜상 블록플랜에 연계되는 구조를 가짐으로써 단위필지의 건축물, 단위평면, 외부공간은 도시조직의 세포 역할을 하게 된다. 예를 들어 광장, 마당, 가로, 건물을 관통하는 하부 통로 등 다양하게 전개되는 외부공간은 각 단위세대와 연결된 출입공간, 정원, 발코니, 로지아 등의 요소와 적절히 연계되면서 분절된 도시조직을 만들어낸다.

또한 시각적 통일감과 함께 완만하게 휘어진 건축선이 만들어내는 경관, 그리고 개개 건물들의 처마선이 연결된 형태는 인상적인 도시경관을 만들어내었다. 마치 원래부터 다양한 건축물들이 서로 조화를 이루며 세워져 있는 것과 같은 효과를 보여주는데, 이것은 기본적으로 부분적으로 나누어 진행되는 개발방식으로 가능한 것이었다.

블록 중 가운데 중정을 둘러싼 부분의 평면과 블록플랜은 크리어 자신이 설계했다. 크리어의 예술적 감성이 최대한 발휘되어 디자인된 쉥켈 광장은 고전건축에서의 기둥, 아치와 같은 구성 요소에서 영감을 얻었다. 또한 입면에는 벽돌과 같은 전통적 재료가 사용되었고, 디테일 역시 다양한 창과 재료의 면분할로 고전적 주거의 전형적인 디자인 특성을 보

출처: Thomas Hafner et al., *Wohnsiedlungen*, Basel: Birkhäuser, 1997, p.156.

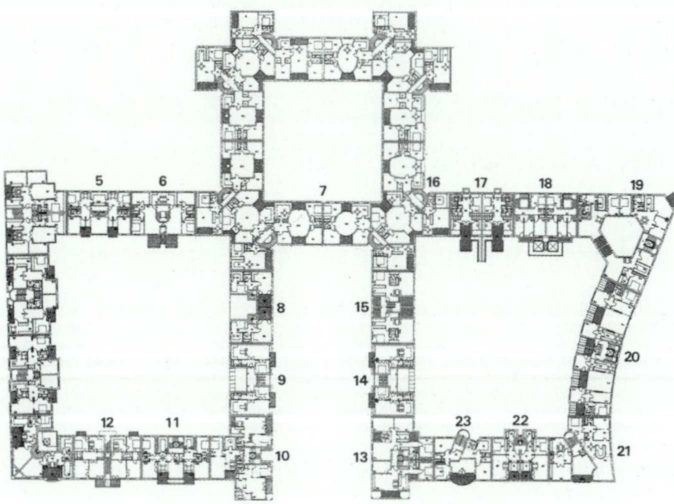

출처: *Architecture + Urbanism*, 1984년 1월호, p.127.

쉉켈 광장과 그 주변의 마스터플랜

©Rob Krier

쉰켈 광장의 블록플랜과 입면 디자인

여준다. 평면은 그동안의 통상적인 독일 집합주택 평면과는 매우 다르게 설계되었는데, 이는 크리어가 심취했던 포스트모던적 원칙이 평면에도 적용된 것으로서 강한 중심성을 갖는 거실이 중앙에 배치되어 있다.

거실은 주거공간의 중심에 하나의 핵으로 구성되어 다른 공간들과 사방으로 연결된다. 중심 공간의 구성원리는 같으나, 원형·타원형·팔각형 등 모두 다른 형태로 디자인되었다. 각 평면은 같은 콘셉트하에서 다양한 변화를 추구하고 있으나, 동일한 단위평면의 반복은 나타나지 않는다. 여기서 포스트모던의 기하학적 도형 적용방식을 볼 수 있다. 이는 일련의 정해진 평면구성 원리에 기하학적으로 서로 다른 요소를 적용함으로써 '다양성의 추구'라는 원칙에도 부합되는 것이다.

집합주택에 있어서 내용의 다양성은 매스의 다양성과 풍부한 입면 디자인으로 자연스럽게 나타나고 있다. 즉 다양한 건축 어휘가 구사되고

©전남일

쉥켈 광장의 포스트모던적 입면 디자인

장식적 요소들이 부가된 것을 공통적으로 찾아볼 수 있다. 크리어의 입면구성의 특징 중 하나는 중심공간에 붙여진 로지아가 외부공간임에도 불구하고 외피의 후면에 존재하여 마치 내부공간에 흡수된 듯 숨겨져 있다는 점이다.[22] 이에 따라 입면은 순수한 고전적 매스의 묵직함만이 드러난다.

IBA 주택전시회에서는 기존의 맥락과 조화를 이루는 대안들도 많이 선보였지만, 한편으로는 새로운 주거건축 유형들을 재발견하거나 재창조하는 작업들이 함께 이루어졌다. 일자형 판상형 아파트나 고층 아파트는 가급적 배제하고 테라스하우스, 도시형 빌라, 연립주택, 블록형 등 다양한 형식의 집합주택이 선보였다. 이들은 바이센호프 주택전시회의 아파트 블록 이후 수십 년간 이어져 내려왔던 저층 판상형 아파트 주거의 내용과 형식을 깼다는 점뿐만 아니라, 그 이전과는 확연히 다른 집합주택의 새로운 미학을 창조했다는 데서 또 하나의 큰 의의를 찾을 수 있다. 유형으로부터 창출된 새로운 건물 형태는 새로운 비례감과 미를 선사했다.

도시의 조각과 파편

세포와 같은 각각의 주거 개체가 모여 이루어지는 주거군이 도시의 자락들을 형성한다는 점이 맥락주의 건축의 골자다. '도시의 맥락(urban context)'은 홀로서기보다는 맞물려 서기, 그리고 주변 상황에의 순응으로 완성된다.

클라이휘스의 마스터플랜으로 완성된 베를린 뤼초프가(Lützowstr.) 일대 주거지역, 그리고 간츠와 롤프(Ganz & Rolf)의 안이 당선된 69블록의 설계경기는 이러한 원칙을 잘 보여주고 있다. 이들은 클라이휘스의 주거블록 개념을 확장하여, 주거블록을 독립 개체가 아니라 도시조직에 보다 유연하게 대응할 수 있는 도시 차원에서의 조직적인 시스템의 일부로 인식했다. 동시에 도시맥락을 보존하면서 한편으로는 새로운 유형의 창조를 모색한다.

또한 '다양한 전체(vielfäitige Ganzheit)'를 지향한다. 이 블록은 당선안을 토대로 여러 건축가가 공동으로 수정작업을 한 끝에 완성되었다. 하나의 블록을 건물과 외부공간이라는 요소를 통해 분할할 때 수많은 대안이 가능하다는 것을 다시 한 번 확인시켜 주는 작업이었다. 또한 재조직된 도시적 콘셉트하에서 건물 역시 조각조각 나뉘어져 마치 '계획되지 않은 것과 같은' 다양함을 모색하였다.

륏초프가의 설계경기에서는 새로운 유형을 도시맥락에 적절히 접목시키고자 한 다양한 계획안들을 볼 수 있다. 그중에서 비토리오 그레고티(Vittorio Gregotti)의 안이 여러 번의 수정작업을 거쳐 1985년 실제 건축되었다. 그에게는 이 단지 전면부에 해당하는 부분의 설계가 맡겨졌으며, 후면부의 일자형 연립주택 네 동의 계획에는 다른 여러 건축가들이 공동으로 참여하였다. 일자형 · 직각형의 단지 계획이지만, 전반적으로 뚫림과 막힘이 적절히 분배되어 지루하지 않은 공간을 형성하고 있다.

전면부에서 브리지형으로 가로지르는 매스는 여기에 결정적 역할을 하는데, 뚜렷한 전면성을 강조하고 모뉴멘털한 효과를 주면서 뒤편에는 아늑한 외부공간을 만들어 준다. 이 외부공간의 성격과 건물의 관계는 서로 유기적이다. 단위세대의 출입은 대칭형으로 마주보는 형식을 취하고, 반대편은 조용한 사적인 정원으로 사용하도록 되어 있다. 또한 블록 내부의 건물 배치로 인해 외부공간이 분절되면서 각각의 장소성이 명확해졌다. 건물의 매스는 단순하나 다양한 재료와 색채의 사용(노란색 경질 벽돌의 사용, 전변부의 부분적 커튼월 처리 등)으로 풍부한 매력을 지니게 되었다. 이 주거블록은 경직된 단순미에서 탈피하여 경쾌하고 명랑한 감성적

©문은미

©전남일

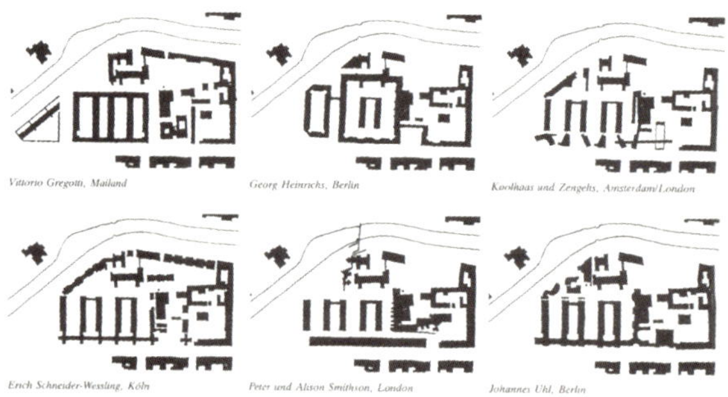

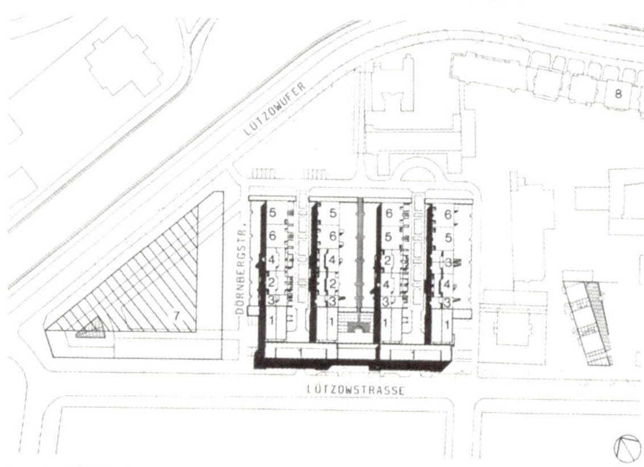

출처: *Baumeister*, 1986년 10월호, p.21(아래), p.22(가운데).

(위) 그레고티 설계의 주거블록
(가운데, 아래) 륏초프가 현상설계에서의 다양한 도시적 콘셉트와 최종안

디자인을 추구한다.

한편, 69블록의 설계경기는 각 개별 단위세대의 설계보다는 도시설계적 아이디어에 주안점을 두었다. 주거지 설계에 있어서 도시맥락적 콘셉트의 실현 문제와 외부공간의 거주성 향상 문제가 가장 중요시되었다. 건물의 안과 밖은 똑같은 무게중심을 갖고 균형을 이루도록 계획되었다. 하나의 주거지 또는 주거단지는 외형상이나 내용적으로도 도시에 녹아들고 거리, 광장, 가로와 섞인다. 또한 옛 것이 새로운 창조물을 포용하도록 했다. 이는 결과적으로 다채로운 건축적·조형적 어휘를 창조하는 역할을 한다.

주거의 범위는 각 단위세대뿐 아니라 이를 둘러싼 영역 모두를 포괄하며, 내·외부가 안팎으로 균등하게 짜 맞추어져 어느 한쪽의 질이 희생되는 경우가 발생하지 않는다. 이때 기본적으로 매스의 꺾임, 분절, 연결, 셋백, 절개 등의 수단을 통해 건물 형태가 결정되면서 이것이 유형 생성의 수단이 되었다.

이러한 접근방식은 도시 전체를 하나의 파편으로 보고 곳곳에 산발적으로 다채로운 건축물들을 삽입하는 방식으로 확장되었다. 베를린 도

출처: *Baumeister*, 1986년 10월호, p.26(왼쪽), p.28(오른쪽).

여러 건축가의 협업으로 수정된 69블록의 최종 모델과 배치도

심에 산재한 부지에 도심재생이라는 개념으로 계속 작업이 진행되면서 세계 각국의 건축가가 초빙되어 많은 작품을 남겼고, IBA 개발사업은 1989년에 최종 완성되었다.

다양한 개별 건축물들에 대해 각각 살펴보자. 우선 웅어스 설계의 륏초프가 주거블록은 도로변에 역속된 파사드와 벽면을 구성하여 포스트모던 도시주거의 원칙에 잘 따르고 있다. 이처럼 가로에 면하는 배치방식은 기능주의 단지에서 가로와 직각을 취하는 자일렌바우의 배치방식과 대비된다. 그러면서도 국제주의 건축에서 보는 듯한 흰 건축에 고전적 요소를 명료한 절제감으로 가미하여 조화를 이루고 있다.

여기서 중요한 요소는 첫째, 건물의 입면을 지붕·중앙부·기단부로 3분할하여 전통적 주거건축의 입면구성 원칙을 따른 것이고, 둘째, 지붕의 페디먼트 박공을 전면에 면하게 하는 것이다. 가로에 면한 독일 전통의 '전면 박공식' 건축을 재현하고 공적 공간에 면해 벽면의 연속을 이루고 있다. 이 박공은 상징성을 극대화하기 위해 장식을 배제하고 단순화하여 형태 어휘만을 채용했다. 기단부는 약간 셋백되어 입구성을 강조했으며, 여기에 현관 입구까지 스툽(stoop)을 두어 정면성을 부여하고 사적 공간까지의 전이공간을 구성했다.

이 외에도 피터 아이젠만(Peter Eisenman)의 코흐가(Kochstr.) 집합주택, 한스 홀라인(Hans Hollein)을 비롯한 여러 건축가의 라우흐가(Rauch-str.) 주거단지, 렘 콜하스(Rem Koolhaas)의 체크포인트 찰리(Checkpoint Charlre) 집합주택, 웅어스와 마리오 보타(Mario Botta) 등이 참여한 륏초프 광장 주변지역, 알도 로시(Aldo Rossi)의 빌헬름가(Wilhelmstr.) 주거블록, 한스 콜호프와 오바스카(Hans Kollhoff & Obaska)의 암 베를린 무제움(Am Berlin Museum) 블록 등이 모두 IBA 건축전시회의 프로젝트로 지어진 작품들이다.

이러한 분할 계획은 도시 전체를 각각의 건물 조각들이 모여 있는

©문은미

©전남일

웅어스 설계의 륏초프가 주거블록

총체로 간주하는 데서부터 시작된 것이다. 역으로 말하면 개개의 건물들은 도시 곳곳에 분산되어 도시조직의 일부로서 그 장소에 맞는 디자인과 규모로 전체 중 일부의 역할을 한다.

IBA 프로젝트가 처음 추진되었을 때, 독일 건축가들은 이질적인 정서를 갖는 외국 건축가들이 베를린에서 자신의 작품을 단순히 재생산할지도 모른다는 점에 대해 우려를 표명했다. 실제로 IBA 지구에는 OMA, 아이젠만, 헤르츠베르허, 알바로 시자(Alvaro Siza) 등 세계적인 건축가의 작품들이 곳곳에 산재해 있다. 그들이 모두 역사주의 양식이나 포스트모던을 추구한 것은 아니며, 때로는 해체주의 성향이나 모더니즘 형식의 양식을 보이기도 하는 등 양식적 특성은 매우 다양한 갈래로 나누어졌다. 그리고 한편으로는 로시와 같이 이 지역의 전통을 재해석하고 다른 곳의 전통과 융합시키기도 했는데, 이러한 시도들은 결국 역사적으로 건축 언어와 도시환경을 풍부하게 하는 수단이 되었다.[23]

즉 IBA는 다양한 양식에 대해 열려 있었는데, 이로써 '융합'이라는 대전제하에서 도시재생의 패러다임을 확산시키고자 했던 시대의 요구에 부합했다고 볼 수 있다. 또한 IBA라는 하나의 프로젝트로서의 통일성과 정체성 안에서, 각각의 건물이 도시건축의 하나의 조각으로서 개별성을 확보할 수 있도록 하였다.

IBA 외의 다른 프로젝트들에서도 도시조직의 재해석 작업은 종종 관찰된다. 아헨(Aachen)의 카이저바트(Kaiserbad) 프로젝트는 에른스트 카스퍼(Ernst Kasper)와 클라우스 클레버(Klaus Klever)의 설계로 1995년 완성되었다. 전시·숙박·주거 등 복합적 용도로 계획된 이 구역은 잘게 파편화된 작은 건물들이 철저히 도시 조직 안에 녹아들어 있는데, 기존의 맥락을 존중하면서도 새로운 맥락으로 조성되었다. 건물들로 둘러싸인 중앙 마당은 폐쇄적이지 않아서 열린 틈새들 사이로 어떤 방향으로도 도시의 다른 장소로 연계된다. 다양한 형태와 낮은 지붕의 디자인은 주변의

©전남일

©문은미

보타, OMA, 헤르츠베르허의 IBA 주거지 블록

©전남일

출처: *Bauwelt*, 1995년 3월호, p.472(위), p.473(아래).

카이저바트 복합건물 전경 및 불규칙하고 분산적인 배치

역사적 경관을 눈높이에서 가리지 않도록 계획된 것이다. 예를 들어 전면 매스의 꺾인 경사는 도시의 역사적 건물인 성당을 가리지 않도록 의도된 것이었다.

또한 유리·금속판·사암과 같은 다채로운 질감과 색채를 갖는 재료들이 적용되었다. 이때 건물 각각에 독자적인 재료와 색상이 적용된 것이 아니라, 하나의 건물이라도 내부 입면의 재료는 안마당의 분위기에 맞추어, 그리고 외곽의 입면은 주변 건물의 분위기에 맞추어 달리 선택되었다. 또한 도심 쪽의 창 없는 회색 징크(zink) 입면은 도시에 남아 있는 로마 시대의 열주를 돋보이게 하는 무대장치, 즉 배경이 되도록 의도된 것이다. 이 사례에서는 단지 건물만을 파편화한 것이 아니라, 입면까지도 파편화하여 다루었다.

볼레스와 윌슨(Bolles & Wilson) 설계의 뮌스터(Münster) 소재 베른하르트(Bernhardt) 주거블록(1997) 역시 도시맥락을 조형의 일부로 해석한 사례다. 후면은 중정으로 이루어져 있고, 전면은 기존 주거지 조직에 삽입된 연속 건축방식을 유지한다.

이 건축물의 의도는 처음부터 거창한 건축적 수사(修辭)를 내세우지 않는 것이었다. 그보다는 공적 영역과 사적 영역 사이의 경계면을 세심하게 연결하고자 하는 데 역점을 두었다. 가로에 면하는 정면에는 어두운 색감의 타일과 북부 독일 전통의 벽돌로 이루어진 서로 다른 비례감의 두 매스가 양편에 배치되고, 그 사이에 필로티로 받쳐진 백색 플라스터의 벽면이 자리한다. 이는 재료의 변화와 기하학적 추상을 통해 벽돌이 주는 중압감을 해소하고자 하는 의도였다. 후면에는 하부와 상부의 두 레이어(layer)가 셋백되어 구성됨으로써 상부층에 자연스럽게 발코니를 제공한다.[24] 이때 매스의 비례는 일반적인 주거 건축물의 비례를 따른다기보다는 새로운 미적 구성 원리로 디자인되었다.

상부층과 하부층의 비례, 창과 벽면의 형태 및 비례, 그리고 색채의

©전남일

볼레스와 윌슨 설계의 뮌스터 베른하르트 주거블록

대비는 주거지 블록의 전면을 콜라주한 것과 같은 효과를 준다. 하나의 프로젝트이면서 마치 여러 단계, 여러 건축가의 설계로 조성된 것과 같이 연출함으로써 시간의 축적성을 조작적으로 표현했다.

포스트모던 양식

포스트모던 양식은 근대의 대안으로 등장한 문화 및 사회 전반에 걸친 운동이다. 포스트모던 양식은 건축을 사회와 기술, 시대정신의 산물로 보기보다는 그 시대와 지역의 고유한 문화적 산물로 간주한다. 또한 만인에게 동등하게 적용 가능한 보편적인 건축적 해결보다는 개별적인 상황에 상응하는 특수해를 추구한다. 따라서 올바른 하나의 원리와 방법이 있는 것이 아니라, 얼마든지 다양하고 상이한 접근이 허용된다는 상대주의적 입장을 취한다.

포스트모던에 대한 정의와 견해는 관찰자의 눈에 따라 약간씩 다르게 나타난다. 장 프랑수아 리오타르(Jean Francois Lyotard)는 "포스트모던이란 모던에 의해 표상될 수 없는 것을 표상 그 자체로 나타내는 것이다"[25]라고 정의했고, 이합 하산(Ihab Hassan)은 포스트모던의 '불확정성과 보편 내재성'을 주장한다. 즉 '불확정성'은 애매모호성 · 이단 · 다원론 · 임의성 · 반역 · 곡해 · 변형 등의 개념을, '보편적 내재성'은 율동 · 상호작용 · 의사소통 · 상호의존의 개념을 내포한다는 것이다.[26]

건축 분야로 좁혀서 살펴보면 포스트모던에 대한 해석은 다양하다.

레즈니코프스키(Wojeciech G. Lesnikowski)는 포스트모던 양식을 "건전한 지역적 독창성을 증진시키기 위해 국제주의 양식이나 보편주의의 무미건조성에 대항하기 위한 다원론"[27]이라고 설명한다. 파올로 포토게시(Paolo Portoghesi)는 포스트모던 양식이 역사적 기억과 새로운 전통 사

이에서 상호 반응해야 한다는 당위성을 주장한다.[28]

또한 찰스 젠크스(Charles Jencks)는 포스트모던 건축의 이중 코드화를 대중과 소수의 건축가가 의사소통을 하는 창구로 인식하였다. 그는 포스트모던 양식을 '자유 양식의 고전주의'라 규정하고, 여러 양식과 철학을 내포하는 다원주의(pluralism) 자체가 그 기본이라 했다. 그는 건축가, 공예가, 의뢰인, 시공자 등이 조금씩 만들어 낸 요소들이 조화로운 결과물을 만들어내는 것이 포스트모던 양식의 근원이라는 점을 강조했다.[29]

건축에 있어서는 다양한 양극화된 양식들이 혼재하는 양상 자체를 포스트모던적 현상으로 해석한다. 이러한 포스트모던의 의미 추구는 다원주의와 민중주의(populism)에 관한 것이었다. 이는 곧 고급문화와 대중문화 사이의 구분에 대한 철폐를 의미한다. 일례로 포스트모던에서는 프로그램에 대한 관심보다는 형태적인 면에 더욱 관심을 두는데, 이는 모더니즘에서 추구했던 유토피아적인 소명으로부터의 탈피를 의미한다.[30]

포스트모던이 등장한 사회적 배경으로는 개인화, 새로운 가족구조의 탄생, 그리고 소비패턴 및 생활양식의 다변화로부터 기인한 '가치관의 변화'를 들 수 있다. 1980년대의 흐름은 근대건축의 경직된 고정관념으로부터 탈피하는 것이었다. 독일의 경우 주택의 양적 공급이 어느 정도 충족되었기 때문에 전후 시기와 같은 주택의 대량건설은 더 이상 필요 없게 되었다. 주택시장은 급격히 위축되었고, 주거건축에 대한 새로운 접근방식이 요구되었다.

한편에서는 사회적 상황에 불가피하게 맞추어진 기능주의 및 산업화된 대량생산을 부정하는 경향도 나타났다. 시리즈화된 생산을 위해 일정한 프로토타입을 만드는 방식을 조형의 상상력을 억압하는 요인으로 여기기 시작했다. 포스트모던은 단순히 양식만의 문제는 아니며, 과거 전 세계적으로 건축계를 휩쓸었던 기능주의의 획일성과 평균적이고 중립적인 가치관에 대한 총체적 반감이었다.[31]

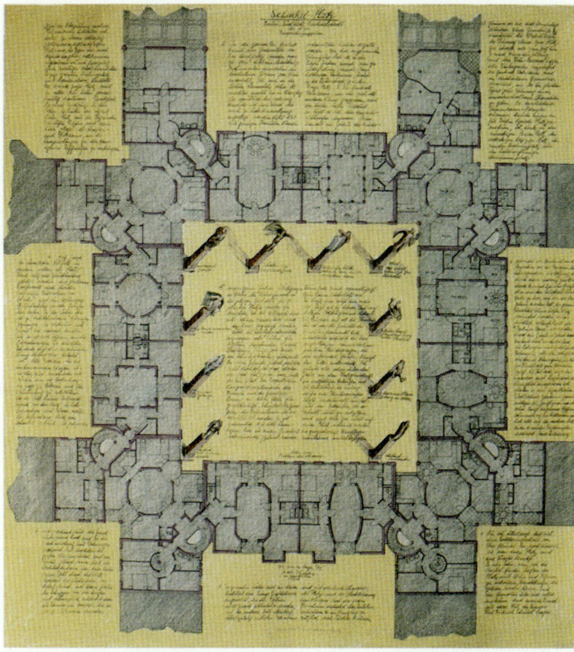

©Rob Krier

크리어의 쉥켈 광장 평면 계획

특히 주거건축에서 포스트모던의 고전적 형태는 '상업화된, 모방으로서의 고전적 요소'와 '고급 건축에서의 순수한, 미학적으로 완성된 고전적 요소' 사이에서 교묘한 균형을 찾고자 했다. 따라서 포스트모던 건축은 기능이나 구조 등의 실용적 측면보다는 근대건축이 간과해 온 형태와 감수성, 지역문화와의 연속성 등을 재발견하는 데 역점을 두었다. 포스트모더니스트들의 공통된 관점은 건축에서 논의되어야 할 본질이 형태를 결정하기 위한 추상적·과학적 요인이 아니라 건축형태 그 자체라는 것이다. 따라서 미학과 시각적 형태들에 관한 관심이 부활하였고, 바우하우스에서 추방되었던 건축의 선례들, 때로는 고전주의와 같은 특정 건축형태 언어들을 다시 교육시키고 학습했다.[32]

즉 포스트모던은 근대건축, 특히 국제주의 양식에서 금기로 되어 왔던 역사와 전통을 참조하여 새로운 방향을 모색하는 하나의 역사적 과정이며 운동이라 할 수 있다. 그것은 반근대적이거나 탈근대적인 전위양식이 아니라, 모더니즘이 이루어 놓은 현재의 진보된 기술적 과정을 이용하면서, 동시에 고전과 토착 형태 속에 내재하는 지역적 근원과 현대건축을 재통합하려는 시도인 것이다.

이처럼 포스트모던 양식은 그 속성상 접근방식과 표현방식 면에서 매우 다양한 스펙트럼을 보인다. 이와 같은 포스트모던 양식의 다양한 쟁점을 대별하면 건축적 측면과 도시적 측면으로 분류할 수 있다. 건축적 측면으로는 형태의 상징성, 형태와 공간의 복합성과 대립성, 전통과 역사성 등이며, 도시적 측면에서는 도시적 맥락으로 압축될 수 있다.[33]

특히 집합주택에서의 포스트모던적 개념은 다음과 같이 설명할 수 있다.

첫째, 포스트모던 양식의 집합주택 건축은 대량생산 시대의 기능주의와 국제주의 건축의 조류에서 획일적으로 변해가는 도시에서 그 역사성을 회복하고, 과거의 도시조직을 회복하고자 하는 목표를 우선적으로 갖고 있다. 단일건물의 경우와 달리 집합주택은 부분과 부분이 모여 전체를 이루면서 도시조직의 편린을 이루기 때문에 광장·가로·주거동 등의 도시적 요소를 다양한 구성방식으로 재생할 수 있다. 특히 광장은 역사적 도시조직과의 조화를 위해 중요한 요소이며, 실제로 거주자의 이용도를 높이는 데 기여한다. 이는 특히 유럽 건축가들에게는 더욱 중요한 포스트모던적 사고방식이다.[34]

둘째, 주거의 정서적 이미지는 건축물의 외형으로부터 지각되는데, 예를 들어 무의식적으로 각인된 '집'에 대한 고전적 표상들은 포스트모던 건축에서 디자인으로 승화되어 상징적으로 표출된다. 즉 뾰족 지붕, 붉은 벽돌벽 등이 디자인의 기본 요소로 활용되어 정서적 감흥을 유발한

©문은미

©전남일

©전남일

IBA에서 유행했던 포스트모던 성향의 디자인

다. 또한 건물의 매스와 오픈 스페이스의 구성에서는 인간적이고 친근한 스케일을 적용한다.

셋째, '세심함'과 '감성(sensibility)'은 포스트모던 건축에서 가장 중요한 키워드이다. 건축가의 예술적 영감이 다양한 과정을 통해 구체화될 때, 건축물의 매스와 입면은 회화적 묘사 대상이 된다. 회화적 감성은 다양한 재료와 패턴, 색채의 사용으로 이어지며 섬세한 디테일이 창조된다. 한편, 수작업 설계 관습을 고수한다는 것은, 특히 집합주택의 경우 공업화 시대의 기계적인 반복 설계와 생산에 대한 반대 개념이다. 따라서 여기서 동일한 입면 디자인과 동일한 매스의 구성은 배제된다.

넷째, 고전적 디테일, 다양한 형태, 절제된 기하학 등은 포스트모던 양식의 집합주택에서 일관적으로 나타나는 주요 계획 요소이다. 이때 사용된 건축적 어휘는 아치, 아케이드, 기둥, 지붕 등 다양한 고전적 어휘다. 고전적 요소의 불변의 가치에 대한 인식은 이러한 요소들로 하여금 과거와 현재를 이어주는 매개체 역할을 하도록 한다.

다섯째, 블록형 및 도시형 빌라와 같은 다양한 유형의 창출은 과거 획일적인 일자형 주동에서의 탈피를 의미한다. 또한 과거의 역사적 흔적에 순응하는 배치 및 블록플랜은 직선적이며 규칙적일 수 없고 필연적으로 불규칙한 형상을 만들어내는데, 이는 결국 서로 다른 평면형으로 채워진다. 입면에 있어서도 공업화를 위한 모듈의 사용과 이로 인한 반복적 요소의 표현은 감소한다.

포스트모던 양식의 집합주택은 유형과 형태, 건축 어휘, 입면, 그리고 재료에 이르기까지 총체적 다양성을 추구하며, 균질(homogeneous)이 아닌 불균질(heterogeneous)을 추구한다. 예를 들어 IBA 지구 라우흐가(Rauchstr.) 도시형 빌라 단지는 포스트모던 주거건축의 총체적 집합체로서, 앞서 기술한 모든 요소들이 집약되어 있다.

암 베를린 무제움 지역의 경우도 공원과 같은 단지를 형성하고자 도

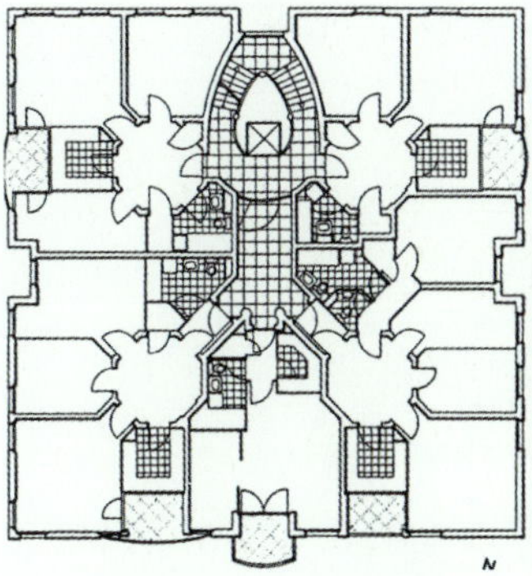

출처: Peter Faller, *Der Wohngrundriß*, Stuttgart: DAV, 2002, p.132.

©전남일

라우흐가 도시형 빌라 단지 중 크리어 설계의 도시형 빌라 평면과 전경

시형 빌라를 배치했다. 입면은 가로·세로로 분절되었고, 곡면이 적절히 사용되었다. 무엇보다도 주거동 매스의 요철은 변화감 있는 입면을 형성한다. 암 베를린 무제움에서는 지붕층 상부의 디자인에서 전통적 지붕창인 도머(domer)에서 유추한 창을, 건물의 중앙 입면과 하부에서 기둥 및 박공 장식이 첨가된 출입구를 볼 수 있다.

포스트모던적 사고방식을 주거건축에 실현하고자 하는 동력은 미국 건축가 찰스 무어(Charls Moor)를 초빙하여 복고주의적 디자인을 통해 역사성을 복구하려는 시도로까지 이어졌다. 이처럼 포스트모던 건축양식은 모든 형태, 모든 재료에 대한 관용을 전제로 했다. 그리하여 과거의 역사로부터 유래한 모든 건축 어휘와 요소들이 마치 콜라주와 같이 조합되었다.[35]

비슷한 사례는 미국 건축가 무어, 러블과 유델(Moor, Rubell & Yudell)이 국제 현상설계에서 당선되어 지은 베를린 테겔하펜(Tegeler Haven) 주거단지라 할 수 있다. 호수 및 운하 주변에 5층 내지 8층 규모로 지어진 사회주택 단지는 세련되고 유쾌한 단지를 짓고자 한 시도였는데, 베를린

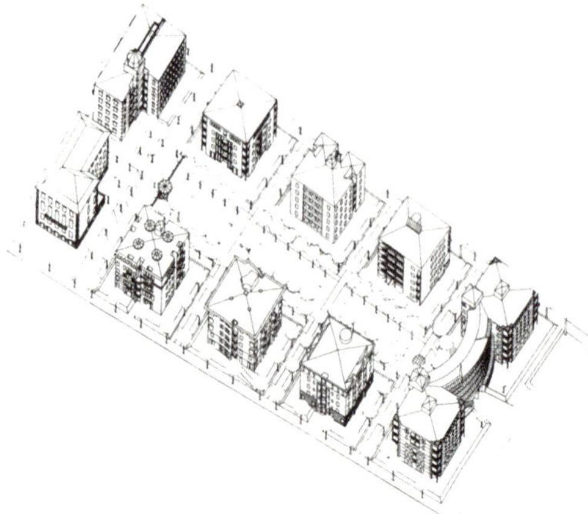

출처: Maria Berning, *Berliner Wohnquatiere*, Berlin: Dietrich Reimer Verlag, 2003, p.249.

©전남일

라우흐가 도시형 빌라 단지 정투상도와 도시형 빌라

©전남일

라우흐가 도시형 빌라 단지 입구의 곡면형 주거동 전면과 후면

의 가장 인기 있는 주거지역 중 하나라는 평이 그 대중적 취향을 대변한다.[36]

스터코 마감의 벽, 미리 제작된 벽기둥, 지붕창 등 과거의 향수를 불러일으키는 요소들은 다분히 직설적인 포스트모던적 형식미를 보여준다. 이것이 독일 건축가가 아닌 미국 건축가에 의해 지어진 것이라는 사실은 지역을 초월한 '보편적 혼종성'에 가치를 두는 이 양식의 본질을 말해준다.

신고전주의 양식의 계승

고전, 즉 클래식(classic)이란 표현은 고대 로마로부터 '탁월한', '최고급의'라는 뜻과 동일하게 사용되었다. '고전적'이라는 표현은 '탁월하고', '겨룰 만한 가치가 있으며', '널리 인정된다는 말'과 같은 의미이다. 또한 '고대의'와 같은 의미이며, 이런 측면에서 그리스 혹은 로마를 지칭하는 것이다. 따라서 고전은 어떤 한 시기의 예술가 및 사상가를 가리키는 것으로서 역사적인 개념인 것이다.

건축에 있어서 고전적인 것은 '도릭 · 이오닉 · 코린트식'으로 대표되는 양식이 기원이다. 모리시 모크나키(Maurycy Mochnacki)는 "고전예술의 태양은 단 한번 빛났을 뿐이다"라고 했는데, 그것은 곧 그리스 · 로마를 일컫는 것이었다. 고전은 유일무이한 것으로서 다시 반복될 수 없는 것이며, 다만 후대에는 그것을 재현(revival)할 수 있을 뿐이다. 그래서 '고전적(classical)'이라는 것은 고대의 모델을 모방해서 그것을 닮는다는 것을 뜻한다.

고전적인 시대는 역사적으로 몇 번이고 되풀이되어 왔는데, 그것은 고전 자체가 아니라 고전을 모방한 시기가 반복적으로 나타났나는 것을 의미한다.[37] 건축에 있어서 복고주의, 신고전주의, 클래식 리바이벌 등의 조류는 양식의 역사적 진행 과정에서 파토스(pathos)적 감성의 분출구로서 고전을 택한 경우다.

전후 독일의 근대건축에서 기능주의에 입각한 국제주의 양식이 오랜 기간 동안 휩쓰는 가운데 고전과의 연결은 단절되었다. 고전을 새로운 양식으로 재현하는 전통은 19세기 말 신고전주의 건축가 카를 프리드리히 슁켈(Karl Friedrich Schinkel) 이후 그 맥이 한동안 끊겼었다고 해도 과언이 아니었다. 그러다가 슁켈의 계보를 잇는 경향으로 차가운 근대건축에 대한 반발이 1970년대부터 간헐적으로 시도되었다.

그 대표적 건축가가 고트프리트 뵘(Gottfried Böhm)으로, 그는 고전주의적·낭만주의적 원칙을 고수하는 성향을 보였다. 뵘의 집합주택이 등장했을 당시에는 고전적 경향이 대세가 아니었지만, 이는 1990년대 이후 다양성의 시대까지 이어지는 고전주의의 명맥을 유지하는 사례로서 중요한 의미를 갖는다.

뵘의 초기 작품인 쾰른 포르츠(Köln-Porz)의 연립주택 단지(1982)는 소박한 '집'에 대한 향수를 불러일으킨다. 아치와 박공지붕이 채택되었고, 고전적 주거건축의 요소로 각인된 작은 창과 덧창이 설치되었다.

또한 베를린의 파사넨플라츠(Fasanenplatz) 주거블록(1985)을 보면, 기존 건물에 덧붙여진 매스가 고전건축의 오더를 배열한 것과 같은 분위기를 주고 있다. 이는 평면의 풍부한 공간성이 외부로 표출된 것이다. 풍요로운 개별 공간으로 이루어진 단위세대는 반복, 복제, 그리고 여기에 더해진 변형으로 이루어져 균형잡힌 블록플랜을 구성한다. 이 집합주택에서는 고전적 성향이 장식으로 흐르지 않고 공간의 요소로 활용되었으며, 이것이 모뉴멘털한 상징성을 표현하고 있다.

또한 근대건축에서의 지루함과 무미건조함에서 탈피한 풍부한 입면의 분절이 고전의 품위를 드러낸다. 이 또한 슁켈로부터 내려오는 독일

©전남일

뵘의 초기 작품인 쾰른 포르츠의 연립주택 단지

적 신고전의 전통이라 할 수 있다. 고전에서의 정신을 디테일한 장식으로 재현한 것이 아니라, 핵심적 공간 요소로서 재구성한 것이다.

입면에서는 원형의 큐폴라(cupola)를 재현함으로써 상층부의 상징성을 부각시켰다. 그리고 중심부, 기단부의 분할을 기본으로 한 고전 주거건축의 입면구성 원칙을 따르고 있다.

또한 평범한 도심 내 주거지에서 블록의 특별한 부분을 완성하거나, 혹은 블록의 연장으로 건축할 때 집합주택이 표현하고자 하는 미적·양

©전남일

뵘 설계의 파사넨플라츠 주거블록

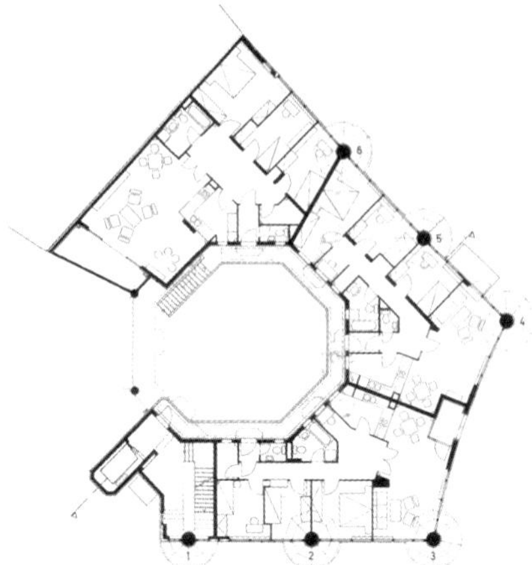

출처: *Baumeister*, 1986년 10월호, p.37.

뵘 설계의 파사넨플라츠 주거블록

식적 구성 요소를 중요시했다. 여기에 상징성을 부여하는 등 도시성에 대한 보다 깊은 배려가 이루어졌다. 이는 이전의 주거지에서 개별 단위세대의 반복, 그리고 고립된 주거동의 반복이 주요 구성 원칙이었던 점과 크게 다른 것이다.

한스 콜호프(Hans Kollhof) 설계의 베를린 말코버가(Malchor Weg) 주거단지(1994)도 건물 유형은 다르지만 그가 가치를 두는 미적 요소가 상당히 고전적으로 처리되었음을 알 수 있다. 똑같은 여덟 개의 입방체가 중앙 정원을 사이에 두고 네 동씩 배치되어 있다. 한 층은 계단실을 중심으로 한 2호 조합의 플랫 단위세대로 이루어져 있다. 정면의 입면에는 다섯 개의 창으로 이루어진 베이가 대칭으로 구성되었는데, 이는 내부에서는 중앙 계단실을 중심으로 하는 대칭적 단위세대 배치를 반영한다. 후면 역시 동일한 입면이지만 한 단위세대에 2베이가, 또 다른 단위세대에 3베이가 배분되었다.

©전남일

콜호프 설계의 말코버가 주거단지

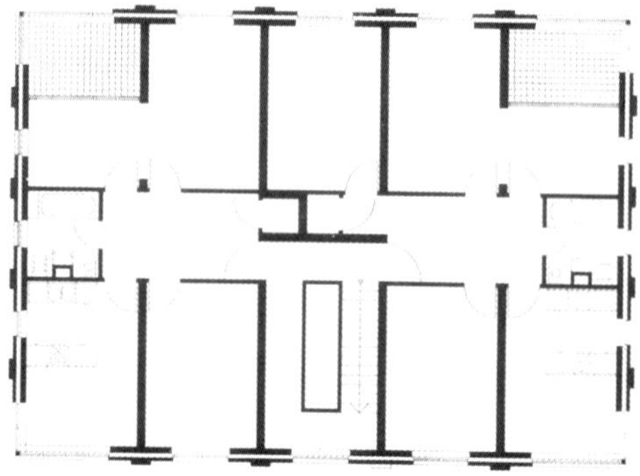

출처: Arian Mostaedi, *Apartment Buildings*, Barcelona: Links, 2001, p.204.

말코버가 주거단지의 주거동 블록플랜

국제주의 건축에 반항하듯이 여기서는 콜호프의 세로창에 대한 애착이 잘 나타나 있다. 창들은 목재의 세로 프레임과 결합하여 질서정연하게 배치되었다. 또한 층과 층 사이에 콘크리트 띠를 부가하여 수평적 요소를 강조했다. 붉은 타일로 마감된 입면은 정교한 시공과 디테일로 질적 완성도를 높였다. 지붕은 완만한 우진각 경사지붕으로 되어 있으며, 깊은 처마가 매스 상부에 음영을 드리워 입체감을 부여한다.[38] 국제주의에 대한 반대 입장은 재료 사용에서도 드러난다. 벽돌, 나무 등 자연소재를 사용하여 부드럽고 온화한 느낌을 주고자 했다.

이러한 여러 요소들은 건축가가 최초로 관여한 주거건축의 선례인 르네상스 시대의 팔라초(Palazzo)를 연상케 한다. 즉 근대 대중주의 건축 이전, 건축가의 주거에 대한 장인정신을 향한 경외심이 표현되었다고 할 수 있다. 그러나 콜호프는 고전을 모방하는 차원을 넘어 이를 현대적으로 다시 재현했다. 예를 들어 모서리를 투명하게 처리하여 조적조(組積造) 느낌의 입방체의 무거운 부담감을 해소해 주었다. 또한 상부층도 유리 파사드로 가볍게 처리하여 변화감을 주면서 차별화했다.

©전남일

콜호프 설계의 라이프니츠 콜로나덴

고전적 요소를 중시하는 콜호프의 이러한 태도는 베를린의 라이프니츠 콜로나덴(Leibnizkolonaden) 주거블록(2000)에서 더욱 극명하게 나타난다. 여기서 중요한 것은 광장이라는 오픈 스페이스와 건물의 대등한 병치관계이다. 이에 더해 건물과 광장을 결합해 주는 요소로 콜로네이드(colonnade, 회랑)가 채택되었다.

기존 주거지 블록의 중간 부분을 관통하는 너른 광장을 가운데 두고, 그 양편으로 후면에 중정을 형성하는 ㄷ자의 두 주거동이 대칭적으로 마주보고 있다. 건물은 매우 모뉴멘털하여 광장의 정돈된 형태와 공간감을 더욱 강조한다. 불변의 고전적 건축 요소인 기둥은 2층 높이를 차지하는 과감한 콜로네이드 형식으로 강조되었고, 여기에는 주거복합 건물로서의 주요 기능인 상가 부분이 배치되었다.

이 블록에는 주거 및 상가뿐만 아니라 호텔, 주민편의시설 등 다양한 용도의 공간이 들어 있다. 이러한 공간적 내용을 수용하는 건물의 그리드와 구조는 입면에 그대로 표현되었다. 매스 자체는 밋밋하지만 그 표면은 각각 다른 격자를 구성하는 다양한 패턴들이 모자이크처럼 짜 맞추어져 있다. 부분부분 달라지는 표면의 리듬감은 단순함 속의 다양성을 표현한다. 회색의 사암이 사용된 입면은 말코버가 주거단지와 마찬가지로 치밀한 시공성과 그로부터 오는 질 높은 디테일을 보여줌과 동시에, 표면에 섬세한 질감을 부여한다. 이를 통해 콜호프가 중시하는 고전의 중후한 무게감이 배가되었다.

고전의 화려한 재현

1990년대 후반에 주목할 만한 경향이 도래했는데, 보다 적극적인 고전의 부흥 경향이 그것이다. 베를린 외곽의 주거지를 재생한 헤케쉐 회페

(Häckesche Höfe, 1998)는 1980년대의 포스트모더니즘 이후 다시 등장한 고전 리바이벌 성향의 주거지 블록이다. 빔의 신고전주의 전통을 잇는다기보다는 19세기 말의 유겐트슈틸(Jugendstil)과 아르 누보(Art Nouveau)에 대한 향수를 직설적으로 표현한다.

하나의 블록 전체를 디자인하는 데 있어서 입면을 적절히 분할하여 큰 스케일을 작은 규모로 분할했고, 하나의 분할된 단위 안에서도 건물 파사드에는 다양한 디자인 요소가 적용되었다. 각각의 건물은 서로 다르게 디자인되었지만 인접 건물과 서로 연계됨으로써 새로운 도시적 맥락을 창조하고, '가로에서 보았을 때 하나의 연속된 벽면을 형성하는' 맥락주의적 원칙을 계승하고 있다.

그렇지만 건물의 파사드에서는 색상과 디테일에서 다양한 복고적 양식을 리바이벌하여 포스트모던에서의 고전적 양식보다 더 직접적이고 과감하게 양식을 표현한다. 이는 포스트모던 건축에서는 드물었던 상층부 2개 층에 걸친 만사드 지붕에서도 확인한 수 있는데, 이는 바로크적인 느낌을 확연히 풍기는 것으로서 19세기 말의 양식을 재현하고자 한 의도를 엿볼 수 있다.

입면은 세밀하게 분절되고 의도적으로 요철을 형성하여 음영을 만든다. 다양한 재료와 색상의 사용으로 장인적인 미학을 표현하며, 부분적으로 활용된 곡면은 아르 누보의 유기적 디자인을 연상케 한다. 블록 내부는 여러 개의 중정이 연속된 내밀한 외부공간들로 구성되었고, 불규칙한 내부공간이 유기적으로 연속됨으로써 다양한 공간감을 형성했다. 입면은 상층부·중층부·기단부의 수직적 분절뿐만 아니라 수평적으로도 다양한 요소들을 조합하여 분절시키고 있다.

로시 설계의 베를린 쉬첸가(Schüzenstr.) 주거블록(1998) 역시 기존의 오픈된 건물군을 감싸안으며 가로의 경계면에 블록을 형성함으로써 과거 블록형 도시조직으로의 회귀를 의도했다. 다양한 크기와 형상의 중정

©전남일

헤케쉬 회페 전경과 부분

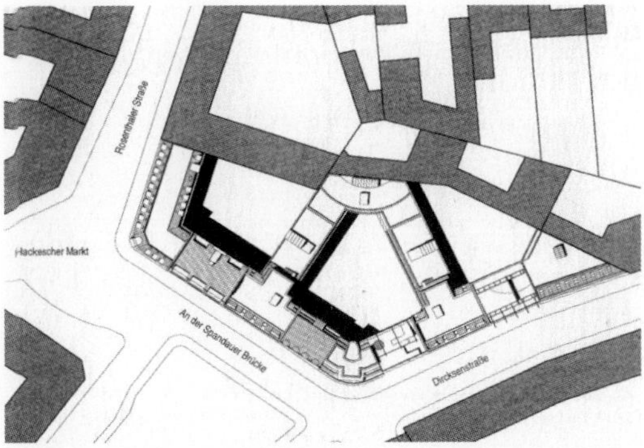

출처: Daniel Fuhrhop(Ed.), *Neuer Hackescher Markt Berlin*, Berlin: Stadtwandel Verlag, 1999, p.20.

헤케쉐 회페 배치도

을 포함한 연속적인 건물 블록이 전체를 이루고 있으며, 화려한 색감과 다양한 고전적 디자인 요소가 특징이다. 이 주거블록은 과거 서양건축사에 존재했던 양식의 총 집합체라 할 수 있다. 다분히 절충주의적 입장에서 화려한 장식으로서 고전적 요소를 활용하기도 했고, 또 한편으로는 미켈란젤로의 팔라초 파르네세(Palazzo Farnese)에서의 디테일을 매우 정교하고 정확하게 모방하기도 했다.[39]

로시가 이탈리아 건축가이지만 여기에는 서양의 보편적·역사적 양식이 총망라되었다는 점에서 포스트모던 이후의 주거건축이 추구하는 양 갈래 중 하나를 명확하게 보여준다. 즉 하나의 갈래가 포스트모던의 다양성에 싫증을 느낀 후 등장한, 간결함을 추구하는 것이라면, 또 하나의 갈래는 이와 같이 고전 양식을 더욱 심화하여 재해석하는 경향이다. 이때 차용하는 역사적 대상은 고딕, 르네상스 및 네오 모던(neo-modern)에 이르기까지 다양하지만, 로시는 르네상스에 더욱 심취한 경향을 보인다. 이와 같은 맥락에서 복고주의 성향이 직설적으로 나타나는 작품으로는 빌헬름가(Wilhelmstr.) 주거블록(1997)이 있다. 이 사례에서 창문의 디

©전남일

로시 설계의 쉬첸가 주거블록

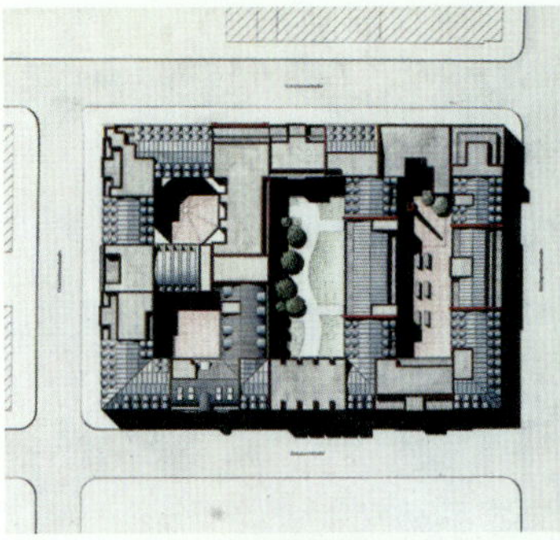

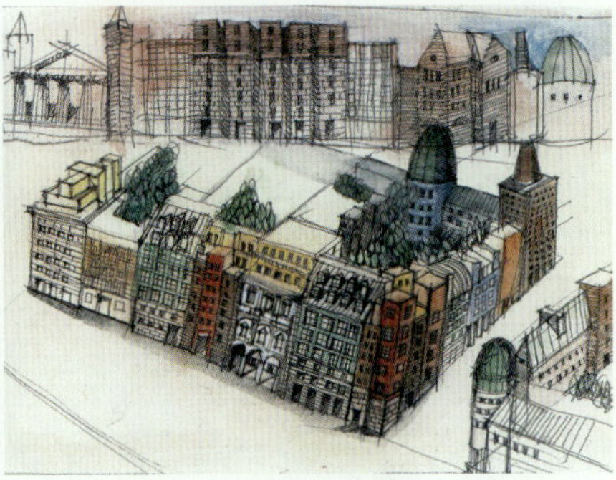

출처: Matteo Siro Baborsky, *20 Century Architecture*, West Sussex: Wiley-Academy, 2003, p.245.

로시 설계의 쉬첸가 주거블록

테일, 입면의 가로 요소, 아치 등 역시 이탈리아의 팔라초를 연상케 한다. 그렇지만 지붕 디자인에서는 독일 르네상스적 요소가 강하게 드러난다. 뾰족한 경사 지붕과 분절된 기하학적 요소들이 바로 그것이다. 여기에 화려한 원색을 활용하여 현대의 키치적 요소를 더함으로써 독일적 양식을 현대적으로 부활시키고자 했다.

로시가 IBA 프로그램으로 설계한 빌헬름가 주거블록에서는 석재 및 회반죽을 바르지 않은 벽돌을 활용한 입면이 특징이다. 그는 단순한 블록 형태의 벽돌 건물을 베를린 전통건축의 특징으로 보았다. 즉 전통 재료를 신중히 현대적으로 각색함으로써 지역적 특성을 존중하는 태도를 보인 것이다.[40]

콜호프가 설계한, 프랑크푸르트 마인(Main) 광장에 위치한 레지던스 타워(2002)는 도심 내 단일 동으로 구성된 탑상형 주거복합 아파트로, 붉은 벽돌의 고전적 이미지와 현대성을 적절히 조화시킨 작품이다. 미스가 에스터 주택 등 초기 단독주택에서 애용하였던 재료가 고층건물에 사용되었고, 조적조의 고전적 디테일을 강조하였다.

파사드의 요철로 인한 음영 효과와 함께 골드 재질의 장식이 풍요로

©전남일

로시 설계의 빌헬름가 주거블록

운 표정을 부여하며, 다양성의 시대에 복고와 현대 표현주의가 공존하고 있는 양상이다. 또한 이 건물은 탑상형이 주는 기념비성에 더해 최상층의 섬세한 장식성이 상징성을 갖고 있어, 한편으로는 포스트모던의 원리를 따르고 있음을 알 수 있다. 하지만 전형적 포스트모던 건축과 다른 점은 보다 직접적으로 재료와 장식의 풍부함을 표현한다는 것이다. 즉 장식이나 고전적 양식을 기하학적으로 변형시키거나 단순화시키지 않고, 작가만의 디자인 어휘로 새로이 해석하고 있다.

콜호프는 20세기 이후 그동안 잊고 있었던 과거의 유럽 전통건축에 대한 경외심을 현대적으로 표현하고자 노력했다. 특히 그는 근대건축의 실험 대상이 주거건축이었던 점에 대해서 매우 우려했다. 그는 그동안의 기술적 혁신을 인정하면서도, 유럽의 전통 주거문화가 지녔던 가치를 재발견하면서 생활의 감성과 정서를 고려해야 한다는 주장을 펼쳤다.

특히 주거 건축물의 외관에 대해서는 국제주의 건축의 백색건축에 대항하는 반대 입장을 취하여 건물의 비례, 합리적인 벽과 개구부의 관계 설정 등을 중요시했다. 그리고 신중한 재료의 선택과 세심한 시공, 색과 빛의 조절 등을 고려해야 한다는 태도를 보임으로써 건축가의 아이디어 혁신을 중요시하는 근대건축의 오만함에 반기를 들었다.

또한 시공의 디테일과 적절한 장식의 사용 역시 결국은 거주자의 소소한 요구를 충족시켜 주는 차원에서 중요시되어야 한다고 주장했다. 거주자에 대한 배려가 필요하다는 것은 국제주의 건축의 '가로로 긴 창'에 대한 반감도 포함한다. 그는 사용자에 입장에서는 작은 여닫이 창이 더 가치 있는 것이라고 믿었다.[41] 그렇지만 건물은 어디까지나 경제적이어야 하고 지속 가능해야 한다는 점 역시 간과하지 않았다.

이러한 의식은 현대사회에서 주거건축의 존재 의미, 그리고 현대사회에서 추구해야 할 가치에 대한 고민으로 이어졌고, 그것을 상징적으로 실현한 대표적 사례가 프랑크푸르트 레지던스 타워이다.

©전남일

콜호프 설계의 프랑크푸르트 레지던스 타워

주

1 Hafner, Thomas et al., *Wohnsiedlungen* (Basel: Birkhäuser, 1997), p.97, 155.

2 Flagge, Ingeborg(Ed.), *Geschichte des Wohnens* vol.5 (Stuttgart: DVA, 1999), p.904.

3 Schneider, Friederike, *Grundrißatlas — Floor Plan Atlas* (Basel: Birkhäuser, 1997), p.25.

4 Berning, Maria, *Berliner Wohnquatiere* (Berlin: Dietrich Reimer Verlag, 2003), pp.190-193.

5 Hays, K. Michael, 봉일범 역, 『1968년 이후의 건축이론』 (스페이스타임, 2003), pp.384-396.

6 Hays, K. Michael, 봉일범 역, 『1968년 이후의 건축이론』 (스페이스타임, 2003), p.391.

7 Faller, Peter, *Der Wohngrundriß* (Stuttgart: DAV, 2002), p.105.

8 Mesecke, Andrea & Thorsten Scheer(Ed.), *Josef Paul Kleihues* (Basel: Birkhäuser, 1996), p.32, 84.

9 Flagge, Ingeborg(Ed.), *Geschichte des Wohnens* vol.5 (Stuttgart: DVA, 1999), p.341.

10 Flagge, Ingeborg(Ed.), *Geschichte des Wohnens* vol.5 (Stuttgart: DVA, 1999), p.904

11 Hafner, Thomas et al., *Wohnsiedlungen* (Basel: Birkhäuser, 1997), p.155.

12 Architekten und Ingenieur Verein Berlin(Ed.), *Berlin und seine Bauten*, Teil IV, Reihenhäuser (Berlin: Ernst & Sohn, 2002), p.199.

13 Mesecke, Andrea & Thorsten Scheer(Ed.), *Josef Paul Kleihues* (Basel: Birk-

häuser, 1996), pp.43-44.

14 Ghirardo, Diane, 최왕돈 역, 『모더니즘 이후의 현대건축』(시공사, 2002), p.116.

15 Architekten und Ingenieur Verein Berlin(Ed.), *Berlin und seine Bauten*, Teil IV, Reihenhäuser (Berlin: Ernst & Sohn, 2002), p.199.

16 Mesecke, Andrea & Thorsten Scheer(Ed.), *Josef Paul Kleihues* (Basel: Birkhäuser, 1996), p.44.

17 Flagge, Ingeborg(Ed.), *Geschichte des Wohnens* vol.5 (Stuttgart: DVA, 1999), pp.904-905

18 Flagge, Ingeborg(Ed.), *Geschichte des Wohnens* vol.5 (Stuttgart: DVA, 1999), p.343.

19 Jencks, Charles, *Free-Style Classicism* (London: Architectural Design Profile, 1982), p.21.

20 또한 평면에서는 글로벌 시대 거주자의 변화를 고려한 글로벌-지역주의의 성향을 볼 수 있다. 이 지역의 거주자 80%가 터키인이라는 점을 고려하여 T자형 거실공간 및 그에 부가된 베란다를 설치했는데, 이러한 형식은 전형적인 터키식이라고 설계자는 설명한다. Jencks, Charles, *Free-Style Classicism* (London: Architectural Design Profile, 1982), pp.62-67.

21 Schoenauer, Nobert, 김연홍 역, 『집, 6,000년 인류주거의 역사』(다우, 2004), p.529.

22 Faller, Peter, *Der Wohngrundriß* (Stuttgart: DAV, 2002), p.119.

23 Ghirardo, Diane, 최왕돈 역, 『모더니즘 이후의 현대건축』(시공사, 2002), p.122.

24 www.bolles-wilson.com

25 Lyotard, Jean Francois, 한인선 역, 『포스트모더니즘이란 무엇인가』, 현대비술비평 30선 (중앙일보사, 1987), p.177.

26 Hassan, Ihab, 정정호 역, 『포스트모더니즘』(종로서적, 1985), pp.249-250.

27 Lesnikowski, Wojeciech G. 박순관·이기민 역, 『합리주의와 낭만주의 건축』(국제출판공사, 1986), p.372.

28 Portogesi, Paolo, *After Modern Architecture* (New York: Rizzoli, 1980), pp.28-29.

29 Jencks, Charles, 백석종 외 역, 『현대포스트모던건축의 언어』(태림문화사, 1987); Jencks, Charles, *Free-Style Classicism* (London: Architectural Design Profile, 1982), p.20.

30 Hays, K. Michael, 봉일범 역, 『1968년 이후의 건축이론』(스페이스타임, 2003), p.325.

31 Flagge, Ingeborg(Ed.), *Geschichte des Wohnens* vol.5 (Stuttgart: DVA, 1999),

p.377, 657, 891.

32 Gelernter, Mark, 최아사 역, 『보이는 건축 보이지 않는 생각 — 건축디자인의 비판적 역사』 (한길사, 2007), p.327.

33 김문덕, 「다원화 사회의 표상으로서의 포스트모던 건축」, 『플러스』 88. 05 (1988), pp.112-117.

34 포스트모던은 유럽파와 미국파로 크게 구분할 수 있다. 로버트 벤추리와 스코트 브라운과 같은 미국파가 건축의 상징적인 차원에서 이를 해석하여 이미지 또는 아카데믹한 접근방법으로 포스트모던을 구현했다면, 알도 로시나 롭 크리어를 비롯한 유럽파는 형태학(typology), 유형학(morphology), 그리고 도시조직의 구조와 건축물과의 관계를 해석하는 것에 그 초점을 맞추었다. 이러한 사실은 유럽의 경우 포스트모던적 성향이 집합주택을 통해 더욱 잘 대변될 수 있었다는 것을 말해준다(Ibelings Hans, "Anti-Modernist Megastructures" in Rob Krier, *Town Spaces* (Basel: Birkhäuser, 2003), p.241).

35 Flagge, Ingeborg(Ed.), *Geschichte des Wohnens* vol.5 (Stuttgart: DVA, 1999), p.918.

36 Schoenauer, Nobert, 김연홍 역, 『집, 6,000년 인류주거의 역사』 (다우, 2004), p.529.

37 Tatarkiewicz, Wladyslaw, 손효주 역, 『미학의 기본개념사』 (미술문화, 2001), pp. 220-224.

38 Broto, Carles(Ed.), *New Housing Concepts, Adrian Mostaede* (Barcelona: Publishing Year unknown), p.334.

39 Pahl, Jürgen, *Architekturtheorie des 20. Jahrhunderts* (München: Prestel, 1999), p.173.

40 Ghirardo, Diane, 최왕돈 역, 『모더니즘 이후의 현대건축』 (시공사, 2002), p.121.

41 Lampugnani, Vittorio Magnago & Wolfgang Nagel(Ed.), *Deutsche Architektur im 20. Jahrhundert* (Berlin: Jovis, 2000), p.48, 54.

양식과 유형의 다변화:
1990년대 초반~현재

현대 생활방식과 미니멀리즘

1980~1990년대의 포스트모던과 복고주의의 복잡함, 그리고 기교적 표현은 지나친 감성주의적 표현으로 흐르는 경향이 있었고, 이는 오히려 단순하고 이성적인 디자인으로 회귀하고자 하는 욕구를 불러일으켰다. 불필요하게 산만한 디자인에 대한 반감으로 보다 검소하고 절제된 형태를 추구하는 방향으로 흐르기 시작했다. 단순함에 대한 추구는 그것이 원천적인 미의 근본이 된다는 인식[1]으로부터 출발했으며, 이는 새로운 미학적 욕구가 되었다.

이러한 단순함의 극단적 경우는 1990년대 이후 고개를 든 미니멀리즘(minimalism) 사조이다. 미니멀리즘은 현대적 추상(contemporary abstraction)과 형이상학적 기하학(metaphysical geometries) 사이의 균형 상태로 이루어진다고 이해할 수 있다.[2] 형태적 수단을 극단적으로 절제하고(radikale Zurücknahme der formalen Mittel) 표현에 최대한 집중한(maximale Konzentration des Ausdrucks) 결과가 미니멀리즘인 것이다.[3]

건축에 있어서는 단순 기하 형태를 선호하면서 물리적인 물성만 외부로 드러나도록 콘크리트나 유리를 주로 사용하고, 빛에 의한 투명성과 모호성으로 건물의 존재감 자체를 극대화시키는 것 등이 공통된 미니멀적 특성이다.[4] 건물의 형태 및 유형에서는 요철 없는 가장 단순한 입방체가 선택된다. 파사드 역시 분절 없는 밋밋한 표면으로 디자인되고, 외피의 재료와 패턴 형성에 있어서도 매우 절제된 경향을 보인다.

1950년대의 미니멀리즘이 모더니즘의 극단화된 표현이라면, 1990년대의 미니멀리즘은 포스트모던 건축의 다소 지나친 풍부함과 비정형적인 경향에 대한 반작용적 측면이 강하다고 할 수 있다. 1990년대 이후의 이러한 미니멀리즘 역시 근본적으로 모더니즘의 전통을 계승한 것으로, '모던 리바이벌(modern revival)' 혹은 '네오 모더니즘(neo-modernism)'

이라 불리기도 한다.[5]

집합주택은 단위세대의 반복이라는 본질적 특성으로 외관에 반복성·통일성을 부여할 수 있는 개연성이 많다. 즉 기본적인 단위 모듈(module)이 반복되고 규칙성을 띠는 양상은 즉물적 표현을 극대화할 수 있는 조건이 된다. 이러한 속성은 "다른 어떤 구성방식보다도 더 단순하고 확장적이며, 그리드는 전체성과 기본 단위의 형태적 일관성을 유지한다."[6]

이때 그리드 시스템하에서 부분과 전체가 정합(coordinate)하는 원칙은 어느 정도 정해진 층고와 단위세대의 규모가 입면상에서 반복되어 나타나는 집합주택의 기본 특성에 잘 부합하는 것이다. 주거 건축물의 표피를 구성하는 재료와 요소들은 개인과 세계의 관계를 표현하는 수단이 된다. 예를 들어 현대 미니멀 집합주택에서는 밋밋한 표면을 다양한 텍스처로 감싸면서 그 안의 내용을 감지하기 어렵도록 디자인하는 경향을 볼 수 있는데, 기본적으로 거주공간의 익명성을 확보하고자 하는 현대주거의 요구를 반영한 것이라 할 수 있다. 또한 경우에 따라 입면 요소를 경직된 요소로 간주하지 않고 변화 가능한, 조절 가능한 요소로 다루는데, 이 역시 거주자가 그때그때의 요구에 따라 외부와 선택적으로 소통할 수 있도록 해주는 장치가 된다.[7]

집합주택의 경우, 그 선례를 보여 주는 사례는 메카누(Mecanoo) 설계의 고층 타워(1993)이다. 이 건물은 1993년 슈투트가르트 국제정원박람회(IGA)의 한 부지에 '2000년을 위한 실험주거'라는 부제로 건설된 주거블록 중 끝단에 위치한다. 이 건물에서는 현대사회의 생활양식이 반영되어 있으며, 프로젝트의 부제에서 짐작되듯이 (당시의 시점으로) 미래 주거의 혁신성을 미리 보여준다.

서로 다른 높이의 세 타워는 개방적인 브리지로 서로 연결되어 있으며, 타워는 메조넷 형식의 단위세대 하나씩을 층층이 쌓은 구성이다. 이

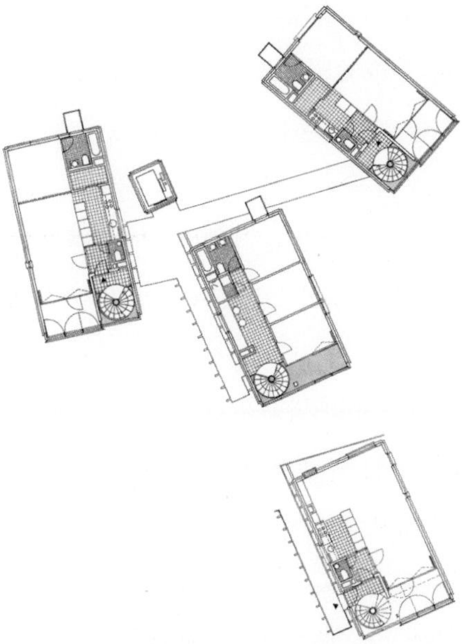

출처: Friederike Schneider, *Grundrißatlas - Floor Plans Manual - Housing*, Basel: Birkhäuser, 2004, p.181.

©전남일

메카누 설계의 IGA 프로젝트 집합주택

복층형의 단위세대 평면은 서비스 존(zone)과 거주 존으로 단순히 나누어진 형태이지만, 상부층의 벽체를 어떻게 설치하는가에 따라 독신자용, 2인 가구용, 또는 여러 명이 공간을 나누어 쓰는 셰어하우스(share house) 등으로 변경하여 사용할 수 있다.[8]

하나의 단위세대를 수직으로 적층하여 하나의 타워를 구성하는 방식은 현대 거주자들이 개인공간을 외부 세계로부터 분리하고 완벽한 독립성을 갖고자 하는 성향을 반영한다. 건물의 형태나 외관에 나타나는 미학은 한 단위세대를 콘테이너의 적층과 같이 해석한 솔직함이다. 개인공간을 외부로부터 식별하는 것은 오로지 세대마다 하나씩 돌출된 발코니뿐인데, 무작위적으로 배치된 이 발코니들은 내부공간과 분리된 또 하나의 다른 세계를 표현한다.

미니멀리즘은 건축물과 조형을 형이상학적 영역으로 보고 정신적·심리적 영역에 대한 물질적 개입을 가장 최소화하는 태도를 취하는데, 이는 '형태의 원형(archetype)으로의 회귀'로 나타난다. 즉 형태와 재료에 의도적으로 집중하게 된 결과다.

우선, 집합주택의 경우 건축물을 인지하는 가장 원초적 요소는 형태이고, 이는 즉 주거동이라 할 수 있다. 즉 주거동 형태의 단순화를 곧 '형태의 미니멀리즘'이라 할 수 있다. 이 주거동이 대지에 놓일 때 건물과 외부공간의 관계가 미약해지면 해질수록 미니멀리즘의 효과는 극대화된다. 형태가 단순해진 만큼 미니멀리즘에서는 재료의 텍스처를 활용하여 삭막함을 보완하고자 하는 경향이 강하다.

건물 표면의 질감 표현으로는 첫째, 재료 자체의 질감을 활용하는 방법, 둘째, 잘게 쪼개진 입면구성 요소를 무한 반복하여 마치 하나의 텍스처와 같은 착시 효과를 얻는 방법이 보통 활용된다. 때로는 작은 창과 벽이 반복되면서 텍스처와 같은 효과를 내기도 한다. 이것을 윌리엄 커티스(William. J. R. Curtis)는 촉각의 미니멀리즘(tactile minimalism)이라 규정했고,[9] 집합주택에서도 흔히 입면구성 요소의 무한한 분할과 반복이 나타난다.

베를린의 외교관 주거단지(1998~2001)에서도 1990년대 말 이후 새로이 등장한 절제된 미학을 엿볼 수 있다. 비슷한 규모와 형태의 주거동은 이전의 포스트모던 주거단지와는 상반된 분위기의 간결하고 정돈된 외관을 갖고 있다. 또한 중간색의 밋밋한 파사드가 단순 조형미를 보여준다. 이 외교관 단지의 건물들이 1920년대 백색 박스형 건축과 가장 대비되는 점은, 모더니즘의 상징적 표상이었던 가로로 긴 창 대신 좁고 긴 창을 채택했다는 점이다. 구조의 임계를 시험해 보고자 했던 국제주의 건축에서의 과시성에 앞서 기술의 한계가 이미 극복된 현대 주거건축에서는 기능을 충족하는 것이 우선시된 것으로 볼 수 있다.

또한 모든 장식과 디테일을 배제한 단순함을 추구한다기보다, 디테일과 장식을 보다 섬세하게 활용하고 선별적으로 취한 것을 볼 수 있다. 예를 들어 중정에서 보았을 때 단순한 박스형의 입면에 선적 요소를 도입하여 변화를 주거나 입면을 세밀하게 분절하는 경향을 보인다. 종종 액센트를 주는 다채로운 색채도 볼 수 있다.

한편, 외부에서 보았을 때 내부의 기능을 전혀 감지할 수 없으며, 주거 건물로서의 통상적인 외관 구성 원칙 또한 찾아볼 수 없다. 즉 오피스 등 일반 건축물과 외관의 차별성이 없다. 다시 말해, 건물은 '주거'라는 용도와는 별개로 도시를 구성하는 하나의 요소로서 존재한다. 또한 배치 계획에서는 단지를 고수하면서도 이전과는 전혀 다른 건물 유형과 외부공간들이 조합을 이룬다. 여기서는 중앙의 공동 중정과 함께 ㄷ자의 개별 건물이 만들어내는 후면의 작은 개별 중정이 복합적으로 연계되어 있다.

미니멀리즘 주거건축은 거주자의 입장에서 지나치게 지루하고 재미없는 건물로 인식되기도 했지만, 2000년대 이후 새로이 등장한 사례들

©문은미

©전남일

베를린 외교관 주거단지 전경

출처: Maria Berning, *Berliner Wohnquatiere*, Berlin: Dietrich Reimer Verlag, 2003, p.323.

베를린 외교관 주거단지 배치 모형

은 단순함이 '고급스러움'으로 포장되었음을 알 수 있다. 이것은 큰 스케일에서는 보이지 않지만 가까이 확대하면 인식하게 되는 꼼꼼한 디테일 처리와 다양한 재료의 사용으로 가능했다.

예를 들어 재료를 잘게 분해하여 섬세하게 가공하고 이를 건물의 매스 전체를 감싸는 요소로 활용했다. 여기에는 세심한 기술적 가공력이 동원되는데, 재료 자체를 신중히 선택하고 그것을 외피로 사용함에 있어서 보다 중후한 표면 효과를 노린다. 이는 스터코를 사용한 1920~1930년대의 밋밋한 '백색건축'의 입면 구성방식과는 대조적인 것이다.

베를린 중심 프리드리히가(Friedrichstr.)의 여러 사례[10]들은 현대 도시사회에서의 주거 건축물의 내용과 형식을 보여준다. 중심가라는 입지의 특성은 고밀의 환경을 만들어내는 중요한 배경이다. 베를린 중심가의 경우 오픈 스페이스가 배치되는 단지를 형성하는 것이 아니라, 건물이 공공의 가로에 직접 면하는 방식을 보이며, 주로 상업시설과 결합한 주거복합의 형식을 갖고 있다.

이때 주거건물 자체의 속성을 드러낸다기보다는 인접한 다른 건물

©전남일

프리드리히가의 린덴코르소

들과의 조화를 고려하여, 그 안의 내용을 숨기면서 입지적 상황과 도시성을 제일 우선시하는 계획 원칙을 보여준다. 또한 그때그때의 상황에 따라 필요한 변형을 가하였다. 예를 들어 블록 모퉁이에 위치하는 주거복합 건물은 도시 블록의 특성을 반영하고 그 상징성을 나타내고자 건물의 모서리 부분을 탑과 같은 형태로 층수를 높여 디자인한 사례가 많다.[11] 린덴코르소(Lindencorso) 블록(1996)의 경우 주거 부분은 최상층에 위치하는데, 이 부분이 셋백되어 가로에서의 중압감을 상쇄시킨다.

이때 건물 전체로 보면 서로 다른 용도의 공간들이 어떠한 경계에서 나누어지는지, 주거 부분에서도 세대 간의 경계 또는 공간과 공간 사이의 경계가 어떻게 설정되는지 그 구분을 밖에서는 알 수 없다. 한편으로 그것은 전혀 중요하지 않게 여겨지는 듯하며, 외부에서는 마치 주거건물이 아닌 것처럼 보이게 한다. 단위세대, 주거동 공용공간, 주거동 진출입 공간, 그리고 발코니 등 건물의 꺾임과 요철을 만들어내는 공간을 단순한 입방체 속에 모두 함축하여 정형화시켰기 때문이다.

특히 건물과 외부공간의 관계가 분리되면서 반공적·반사적 중간

단계의 외부공간이 삭제되는데, 단지 '가로 대 건물'이라는 직접적 상호 관계만이 존재한다. 이는 주거의 내부공간과 외부공간의 사이, 그리고 공적 공간과 사적 공간 사이에 전이공간을 형성하지 않음으로써 커뮤니티, 혹은 외부와의 소통을 필요로 하지 않는 현대주거의 속성에 부합한다. 이로써 '단지 집과 가로뿐(just houses and streets)'이라는 단순명료한 원칙을 따르고 있다.[12]

이들 주거 건축물들은 1920~1930년대 국제주의 건축에서의 미니멀한 경향과는 많은 부분에서 차이를 보인다. 우선 '가로로 긴 창' 대신 대부분 창들은 좁고 긴 형태이거나 정사각형을 유지한다. 좀 더 넓은 창일 경우 창의 프레임으로 그것을 분절한다. 큰 창 하나보다는 작은 창을 무한 반복시킴으로써 이것이 건축물의 표면을 뒤덮게 했다. 이로써 일정한 패턴을 갖는 균질한 면이 탄생하는 것이다.

건물 표면을 처리하는 데 있어서 국제주의 건축에서 강조했던 매끈한 흰색의 벽체와 달리, 정교한 디테일로 창과 벽체의 경계, 벽면의 요철, 창의 프레임 등을 마감한다. 이때 각 요소들은 매우 작은 스케일로 쪼개지기 때문에 전체적으로는 하나의 면으로 보인다.

또한 건물 표면의 질감이 매우 다양하게 나타나는 것도 특징이다. 다양한 재료를 사용하여 획일적인 백색 스터코 마감의 느낌과는 다른, 새로이 개발된 현대적 재료를 활용한 파사드를 디자인했다. 그리고 차갑기보다는 사암·화강암 등과 같이 온화하고 부드러운 느낌을 주는 재료를 선호한다. 그렇지만 한 건물에는 극히 제한된 종류의, 또는 단일의 재료를 사용함으로써 그 재료의 특성을 더욱 부각시킨다. 즉 '세련된 단순함 속의 다양성'을 추구한다고 할 수 있다.

형태와 표면을 최대한 간결하게 처리하는 것이 미니멀리즘 주거건축의 대표적인 디자인 경향이지만, 한편으로 이러한 건축물은 입면과 매스, 공간에서의 섬세한 구성, 탁월한 재료의 선택, 그리고 세련된 디테일 등을 수반해야 가능한 것이다. 형태와 면이 완결된 후, 물성은 형태의 최소화보다 더 근본적인 마지막 미니멀 요소로 작용함을 알 수 있다.[13]

이러한 경향은 베를린 포츠담 광장(Potsdamer Platz) 주변 재개발 프로젝트의 하나인 디너와 디너(Diener & Diener)의 주거복합 건물(2001)에서도 확인할 수 있다. 여기서 미니멀한 집합주택 디자인의 특성, 즉 물리적인 물성만이 확연히 나타나는, 밋밋한 외피로 형성된 단순한 파사드를 볼 수 있다. 외부에서 보면 주거건축이라는 것을 인지할 수 없도록 그 외관이 단순명료하다. 이때 창의 크기는 모두 똑같아 거실·침실 등의 공간 내용을 드러내지 않는다.[14] 파사드 전체에 동일한 요소를 최대한 반복 구성하고, 이를 수평적·수직적으로 확산시킨다. 이는 한편으로 공간 구축에 있어서 새로운 구조 시스템에 부응하는, 규칙성과 반복성 위주의 새로운 근대적 합리성을 표현한다.

미니멀 성향의 집합주택에 있어서는 유닛의 반복이 규칙성과 통일감을 부여하는 주요 수단이 된다. 하지만 단위세대의 단순 반복은 내부공간의 획일성이라는 단점을 가져오게 되므로, 이러한 반복성은 단위세대 차원이 아니라 블록플랜 전체에 걸쳐 설정된 모듈(module)화된 공간의 베이(bay) 단위로 보다 합리적으로 이루어진다. 이로써 표면적으로는 여러 베이가 반복되지만, 내부의 각 단위세대에서 사용하는 베이의 수는 다양해질 수 있는 것이다.

이렇게 단위세대 내부공간을 모듈화하여 구성하려면 침실과 거실의 베이, 즉 전면 폭을 같게 해야 하는데, 이는 결국 내부공간의 용도와 무관하게 베이의 폭이 결정된다는 것을 의미한다. 즉 거실의 폭은 넓게, 침실의 폭은 그보다 좁게 구성하는 통상적인 전면 폭 구성방식에서 탈피해야 가능하다. 즉 내부공간의 용도를 알 수 없게 하거나 각 실의 기능을 정해 주지 않은 계획방식을 보여준다.

또한 고전적 개념에서의 집합주거에서 볼 수 있는 입면의 베이 수를

©전남일

디너와 디너의 주거복합 건물

결정짓는 요소를 찾아보기 어렵다. 예를 들어 집합주택에서 보통 전면의 공간은 일반적으로 한 베이를 사용할 경우 거실을, 두 베이를 사용할 경우 거실+침실을, 세 베이를 사용할 경우 거실+침실+침실로 구성된다. 이때 공간의 크기가 다르므로 당연히 베이의 크기도 다르게 나타나지만, 이러한 식별이 더 이상은 의미가 없어진 것이다.

이러한 특징은 현대주거에 있어서 달라지는 거주자의 특성을 고려한 평면 계획의 결과다. 예컨대, 전통적 의미에서 단위세대의 내부는 공적·사적 영역을 적절히 배분하고 분할하는 것을 기본으로 했다. 하지만 소수의 가족 구성원만이 거주하고 특히 개인화에 대한 요구가 더욱 증대되는 최근의 주거는 이러한 규범에서 탈피하여 공적·사적 영역의 경계를 해체하는 경향이 두드러진다. 때문에 고정적인 침실 및 거실의 폭에 대한 관념도 흐려진다.[15]

미니멀리즘 건축은 언뜻 보면 근대 국제주의 및 기능주의 건축의 유산을 물려받은 것처럼 보이지만, 내적으로 다양성을 내포하고 있다. 근대 기능주의 집합주택에서 단위세대의 경계는 기본적으로 고정적이었고, 그 틀 안에서 융통성을 발휘할 수 있는 여지가 있었다. 그렇지만 현대 미니멀리즘 집합주택에서의 내부공간은 단위세대의 경계를 넘어서 구성할 수 있는 무한한 다양성과 확장성을 내포하고 있다. 이러한 다양성을 냉철하고 이성적이며 합리적인 구축의 논리 안에서 해결하는 것이다.

절충지향적 클래식 모던

미니멀한 주거건축과 내적 구성 원칙은 유사하나, 외형에 있어서 지나친 간결함에서 벗어나 다소 고전적인 변화감을 주는 경향을 클래식 모던(classic modern)이라 규정할 수 있다.

이를 포스트모던적 관점에서 보면 장식과 양식을 보다 단순화시켜 표현하는 경향으로 볼 수 있다. 즉 포스트모던과 미니멀리즘의 중간 정도의 미적 구성 기법을 보이는 것이다. 구체적인 예로, 모더니즘과 역사 사이의 가교 역할을 하고자 한 클라이휘스와 같은 클래식 모던주의자들이 대표적이다. 그는 기능주의와 보자르(Beaux-Arts)식의 프렌치 합리주의, 아방가르드적 이상주의와 역사에 기반한 유형학, 기술적 완벽성과 예술적 요구, 새로운 건축의 상징적 세계와 시적인 재료 및 형태를 상호 연계시키고자 했다.[16]

한편, 웅어스는 포스트모던적 해석 방식을 주거건축에서도 그대로 적용하고 있는 것처럼 보이지만, 색상의 대비, 재료의 대비를 통해 기하학적 특성을 보다 강조하고 있다. 또한 대칭성을 강조하여 정식적(orthodox) 질서, 즉 고전의 엄격함을 추구한다. 그의 포스트모던은 작가만의 독특한 해석 방식을 취하여 다른 건축가들의 성향과 차이를 보이는데, 입면의 분절과 요철이 적고, 예술적 장식성이 없으며, 다양한 요소를 적용하기보다는 핵심 강조 요소들을 더욱 중요하게 다루는 것이 특징이다.

예를 들어 IBA 지구 뤗초프가 집합주택에서 밋밋한 요소를 상쇄시키는 디자인 요소로 박공지붕, 정사각형의 창문, 그리고 계단실의 긴 창 등을 활용했던 사례를 상기해 보면, 다분히 절제된 상징성을 가장 중요한 디자인 모티브로 삼고 있음을 알 수 있다. 특히 정형화된 고전적 요소를 강조한다.

이보다 좀 더 정형화된 건축 어휘를 적극적으로 구사한 사례는 쾰른(Köln) 벤로어가(Venloerstr.)의 갤러리 겸 아파트(1988)에서 볼 수 있다. 이 건물에서 웅어스는 그가 즐겨 사용하는 정사각형의 분절 요소들을 반복 사용하면서 일부 붉은 십자형의 강조 부분을 만들어 대칭적이고 엄격한 성격을 더욱 강조하였다.

©전남일

웅어스 설계의 벤로어가 갤러리 겸 아파트

웅어스 설계의 프랑크푸르트 에셔하이머가(Eschermeinerstr.)의 주거 복합 건물(1990)을 보자.

업무와 상업, 그리고 주거공간이 결합된 이 건물은 6층의 낮은 타워형 건물과 4층의 박스형 건물이 유리 통로로 연결된 형태이다. 두 건물의 하부층은 진한 갈색의 자연석으로, 타워의 중간 부분은 벽돌로, 최상부 2개층은 백색 타일로 마감되어 각각 구분되었고, 주거 부분은 타워의 상부층에 배치되었다.[17] 기단 역할을 하는 하부층을 보면, 어느 정도 고

©전남일

웅어스 설계의 에셔하이머가 주거복합 건물

전적인 입면의 3분할 원칙을 지킨 것을 볼 수 있다. 또한 시각적으로는 잘 인식할 수 없지만 완만한 경사지붕을 채택한 점, 그리고 타워의 모서리를 절삭하여 팔각형의 평면을 구성한 것 등은 포스트모던에서 애용되던 수법들이다. 그러면서도 미니멀리즘 건축의 파사드에서와 같이 용도 구분 없이 창을 배치하는 방식을 따르고 있다.

베를린에 있는 쿼터 205(1995) 역시 전체적으로 단순한 매스의 조합을 보이지만, 모서리를 강조하고 상부층을 상징적으로 디자인하여 변화감을 부여한다. 주로 1~3층은 상업공간으로, 중간층은 업무공간으로, 상부층은 주거용으로 사용하게 되어 있는 이 건물에서는 같은 패턴이 반복되면서 건물에 텍스처 효과를 부여함으로써 건물 전체의 매스의 스케일이 더욱 강조된다.

이런 점에서 미니멀 디자인의 원칙이 엿보이지만, 한편으로는 정사각형 패턴 속에서 벽면의 사암 마감으로 변화를 주었고 대칭성을 강하게 살리는 등 포스트모던 건축에서의 어휘들이 다소 남아 있음을 알 수 있다. 이러한 굵직한 입면구성 요소들, 즉 건물 매스를 가로지르는 가로·세로의 격자 요소는 건물의 구조 시스템을 보여주는 것이다. 정사각형의 창들은 규칙적이고 균일한 하나의 패턴과 같이 배열되기 때문에 전체적으로 일관된, 큰 스케일의 텍스처와 같은 느낌을 부여한다.

독일 통일 이후 베를린 포츠담 광장 재개발은 클라이휘스의 마스터플랜하에 설정된 도시조직 위에 여러 건축가들이 분할하여 패치워크(patchwork)와 같은 입면을 세우는 작업이었다. 벽면을 연속하여 세우는 작업은 고전적 도시 형상에 대한 존중으로서, 바로크적 유산을 현대 도시 주거지에 적용했다.

이 지역의 구심점이 되는 라이프치히 광장(Leipziger Platz)에 바로 면한 주거복합 블록(2004)은 힐머와 자틀러(Hilmer & Sattler)의 마스터플랜으로 여러 건축가가 참여하여 완성되었다. 과거 베를린의 도시 유산이었던

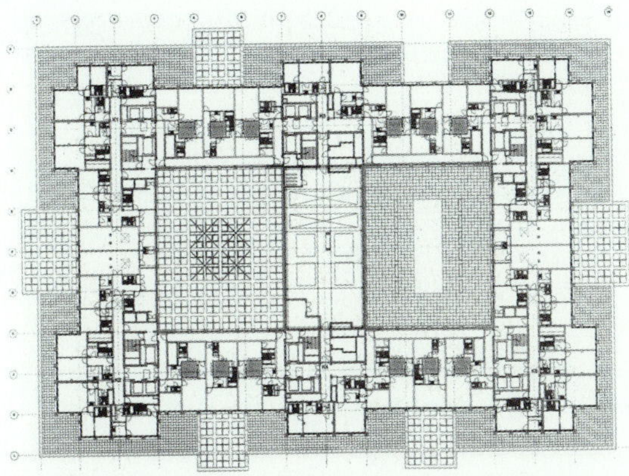

출처: Giovanna Crespi(Ed.), *Oswald Mathias Ungers*, Milano: Electa-architecture, 1998, p.245.

쿼터 205의 블록플랜과 전경

팔각형 광장의 원래 모습을 복원하는 데 가장 주안점을 두어 디자인되었다. 건물들은 광장을 둘러싸며 같은 규모와 높이를 유지하는데, 이때 다채로운 입면의 패턴이 조화를 이룬다. 다양성은 장식을 배제한 다양성으로서, 벽체와 창을 이루는 가로·세로 패턴과 재질의 다양성만이 표현되며, 그 안에서 개개의 부분 입면은 균질한 특성을 보인다.

베를린 잔다멘마크트(Gendarmenmarkt)의 주거·상업·업무 복합건물

©전남일

재건 중인 라이프치히 광장(위)과 완성된 모습(가운데, 아래)

(1996) 역시 한 블럭을 힐머와 자틀러(Hilmer & Sattler), 막스 두들러(Max Dudler) 그리고 클라이휘스가 분할하여 설계한 건물이다. 외부에서 볼 때 주거라는 기능과 내용이 그 안에 있는지 전혀 감지할 수 없고, 다만 건물이라는 하드웨어가 도시적 상황에 맞추어 존재할 뿐이다.

이처럼 현대 주거복합 건물의 여러 사례에서는 다양한 용도의 전환이 이루어질 수 있다는 가능성을 염두에 두기 때문에 공간의 크기를 용도에 맞추어 규정하지 않는 경향이 나타난다. 각 개별 공간의 용도에 맞춘 고정적인 전면 폭의 치수가 적용되지 않는 중립적인 공간구성 원칙을 적용하고 있으며, 그것은 입면의 규칙성으로 잘 드러난다.

건물 일부에서 미니멀한 특성을 볼 수 있지만, 이 건물은 다음과 같은 포스트모던적 디자인 요소를 포함하고 있다.

첫째, 한 블록을 나누어 디자인하는 데 세 건축가가 하나의 도시적 컨텍스트를 완성했다는 점이다. 두들러가 담당한 가운데 부분은 상부층에서 인접 건물과 셋백되는 부분의 라인을 맞추어 계획함으로써 차별화된 입면 속에서 하나의 건물과 같은 연결성을 보여준다. 이는 1980년대 포스트모던 건축에서 연속된 벽면을 형성하면서 그렇지만 입면은 분절하는 방식과 유사하다.

둘째, 입면을 구성하는 데 있어서 전통적인 3분할 원칙이 적용되었다는 점이다.[18] 층고가 높은 하부층은 기단으로서의 역할을, 공간의 적층(積層)으로 형성된 긴 중간층은 중심부로서의 역할을, 상부층은 셋백되어 하부와 차별화된 마무리 역할을 한다.

셋째, 클라이휘스가 설계한 모퉁이 건물에서는 1980년대 유행했던 양식들을 재현한 듯한 원형의 모서리가 디자인되었다. 이로써 매스의 분절은 더욱 뚜렷해졌으며, 기념비적이고 상징적인 요소를 도입한 점은 포스트모던 건축을 닮아 있다고 볼 수 있다.

©전남일

잔다멘마크트 주거블록

기계미학을 통한 첨단의 지향

카셀(Kassel)에 지어진 칼렌스베르거 에스플란데(Calensberger Esplande) 집합주택(1999)은 GMP(von Gerkan, Marg & Patners) 설계로, 신즉물주의와 결합한 맥락적 접근방식을 볼 수 있다. 기존 도시조직에 새로운 건물의 유형을 앉힘으로써 새로운 맥락을 형성했다. 모서리에는 원통형 매스를 부가하여 상징성을 부여했고, 후면에는 중정을 형성했다. 일자형 주거동에 여러 동의 주거동 윙(wing)을 결합하여 사이사이 다양한 오픈 스페이스가 구성되도록 했고, 층수를 달리한 건물의 높이 차이를 이용하여 부분적으로 옥상정원을 배치했다.

이 단지 역시 주거 · 업무 · 상업 용도의 건물들이 복합적으로 연계되어 있다. 오픈 스페이스와 건물의 공적 · 사적 영역이 새로운 유형을 창출하는 데 결정적 역할을 한다. 건물은 매끈한 백색 표면으로 마감되었고, 여기에 다양하게 분절된 규칙적인 창들이 설치되었다. 창의 분할에 따른 프레임은 면밀한 시공으로 완성도를 높였다.

©전남일

GMP 설계의 칼렌스베르거 에스플란데 집합주택

기계미학은 발달된 현대기술의 덕택으로 이루어진다. 기능주의 건축의 시대에 일찍이 '집은 살기 위한 기계'라는 개념이 널리 확산되었지만, 주거건축은 그 본질적인 보수적 속성상 '기계'의 개념이 외적으로 드러나기보다는 공간의 구성이나 기능상의 편리함에 초점이 맞추어져 있었다. 한편으로는 공장생산 및 합리적 대량생산이라는 기계 시대의 이념이 녹아 있었지만, 그것이 실제 '기계'와 같은 이미지로 표출되지는 않았다. 그렇지만 주거건축이 현대사회의 눈부신 기술발달의 혜택을 보는 추세와 함께, 기계 및 기술의 요소를 건물 디자인에 적극적으로 수용하는 경향이 나타나기 시작했다.

우선 '기계'의 개념은 생산의 측면보다는 건물의 성능을 높이는 측면으로 점차 그 적용 범위를 넓혀가고 있다. 특히 현대사회에서 친환경적이고 지속 가능한 건물에 대한 요구가 점차 높아지는데, 가장 대표적인 것은 지속 가능성과 에너지 절감을 지향하는 건축이다. 주거건축에 있어서도 예외가 아니며, 이는 거주자의 거주성과 직결된 문제이기도 하다. 결국 '기계'는 편리하고 쾌적한 생활에 대한 거주자의 높아진 요구를 충족시키는 장치로 활용된다.

2000년대 이후에는 환경에 대한 의식이 더욱 강해졌다. '지속 가능한 건축'에 대한 신념은 외피의 기술적 디자인으로 나타나게 되는데, 여러 사례를 보면 이것이 일종의 미학적 요소가 되는 것이 목격된다.

그렇지만 종종 기계미학적 입장을 취하는 건축가들의 주택작품에서는 생소한 이미지의 장식적 요소에 치중하는 경향도 볼 수 있다. 슈투트가르트 IGA 주거단지의 중앙 블록은 여러 건축가가 부분적으로 나누어 설계를 담당했는데, 대부분 금속과 유리의 첨단 이미지를 입면에 접목시켰다. 이는 에너지 절감을 위한 온실 부착 등 다분히 실용적인 목적으로 이루어진 것이다.

비슷한 사례로 베를린 IBA 주거단지에서의 주거블록도 마찬가지로,

©전남일

슈투트가르트의 IGA 프로젝트

특히 피터 쿡(Peter Cook) 설계의 블록(1987)에서는 통념적인 주거건물의 입면을 뛰어넘는 파격적인 디자인이 선보였다. 금속과 유리의 재질감을 최대한 활용한 과감한 디자인, 사선으로 절개된 날카로운 유리면은 기존 디자인에 대한 반항이며, 파사드의 조작을 통해 '주거가 주거다워야 함'에 대해서 반대 입장을 취한다. 쿡이 초창기 작품활동에서 유토피아적 상상력을 발휘했던 특징들이 이 사례에서도 나타난다고 볼 수 있다. 그는 기계 시대 이후의 미래에 대한 신념을 더욱 대범하게 상징적으로 표현했다.

통일 독일 후 다시 수도가 된 베를린에서는 특히 2000년대 이후 구동독 지역의 재개발 건축이 활발히 진행되었고, 이때 건축가와 첨단 건설기술과 첨단 설비 테크닉들의 각축장이 되었다. 베를린은 독일 부흥의 기치 아래 눈부신 기술발달의 성과를 과시하는 경연장인 동시에, 다양한 건축적 아이디어들이 집결하는 장소가 되었다.

이러한 특성들이 가장 잘 나타나는 사례는 포츠담 광장 주변[19] 재개발 지역에서 찾아볼 수 있다. 건물 설비에 대한 치밀한 디자인은 건물 외

©문은미

쿡 설계의 베를린 IBA 주거블록

관에도 적극적으로 반영되었음을 알 수 있다. 몇몇 사례에서 나타나듯이, 최근 건물의 입면에 채택되는 다양한 차양 및 블라인드 등은 기계적 설비로 조작되는 장치이자, 밋밋한 입면에 다채로운 표정을 선사하는 요소로 적극적으로 디자인되고 있다. 이전의 디자인보다 형태적으로는 절제되었지만 기술적으로는 진보적인 특징이 더욱 강해져 보다 세련된 이미지를 구축하고 있다.

©문은미

©전남일

©문은미

다양한 차양의 표정

©전남일

©문은미

라우버와 뵈어 설계의 집합주택

라우버와 뵈어(Lauber & Wöhr)가 설계한 집합주택(1998)을 보면 외부 차양이 만들어내는 다양한 표정을 볼 수 있다. 거주자가 조작할 수 있는 외부 차양의 열림과 닫힘은 입면에 유동적인 느낌을 부여하며, 세심한 디자인에서 오는 디테일은 기계미학을 완성하는 중요 요소가 된다. 이는 설비를 정확하게 장착할 수 있는 정교한 시공기술을 전제로 한다. 즉 거주자가 편리하게 조작할 수 있고 유지·보수가 수월하게끔 제작할 수 있는 기술이 동원되었다.

'하이테크(high tech)'로 대변되는 기계미학은 설비나 기계적 요소들을 적극적인 표현의 수단으로 활용하고, 기계 시대의 다양한 재료들이 주는 첨단 이미지를 적극 활용한다. 예를 들어 빛나는 금속 재료, 기계 시대를 대표하는 철과 유리, 공장생산된 다양한 가공 재료들, 다채로운 색상의 표피 재료들이 입면 표현 요소가 되는데, 이것들은 때로는 설비 덕트 및 구조체로서의 역할을 하는 것이기도 하다.

하이테크적 건축은 특별하고 경이로우며 모뉴멘털한 감흥과 첨단지향적인 상상력을 불러일으킨다. 리처드 로저스(Richard Rogers) 설계의 링크가(Linkstr.) 집합주택(1998)은 업무·상업·주거 기능을 복합적으로 수용한다. 각각 55m×53m 대지 위에 똑같이 세워진 세 건물은 포츠담 광장 재개발 지구 전체의 외곽에 위치하는데, 광대한 잔디 광장에 면해 있으면서 뚜렷한 랜드마크를 형성한다. 새로운 재료, 매스의 독특한 조합, 건물의 형상은 미래의 첨단주거가 보여줄 모습을 상징적으로 보여준다.

우선 다양한 기능을 가진 복합건물로서 각각의 기능을 분산된 매스에 적절히 배분하여 상업·업무·주거가 하나의 근린 유닛을 이루도록 했으며, 이를 통해 도시적 스케일과 라이프스타일의 완벽한 조화를 이루고자 했다. 뿐만 아니라 각각의 용도를 지닌 건물의 매스를 조형적 요소로 활용했다. 이때 모서리의 원통형 계단실은 조형적 변화감을 더욱 극적으로 완성시킨다.

©전남일

©문은미

로저스 설계의 링크가 집합주택

이 건물에서도 첨단 이미지는 친환경 및 에너지 절약 개념과 접목되어 있다. 주거 부분의 매스는 남쪽으로 열리면서 사선으로 절단되었는데, 여기에 테라스하우스의 개념이 적용되어 채광 방향으로 열린 개인 외부공간이 제공되도록 했다. 에너지에 대한 고려가 디자인의 큰 부분을 차지함을 알 수 있다. 지붕 위의 태양열 집열판은 인텔리전트한 에너지 사용을 위한 것이면서, 동시에 지붕의 조형 요소로 활용된다. 투명하고 차가운 재료와 함께 부분적으로 컬러풀한 타일 벽면을 부가하여 변화를 주었다. 또한 창문과 계단실의 금속 난간 및 돌림띠, 계단실 외벽의 노란 수직 루버 등은 건물의 기능적 요구에 맞추어져 있으며, 건물의 에너지 성능을 높여주는 역할을 한다.

이렇게 첨단 재료와 설비를 과감하게 적용하여 '주거'가 갖는 이미지의 통념을 깨뜨리는 과감한 디자인은 이미 쿡이 실험했듯이 '주거가 주거답게 보여야 함'에 대한 요구가 현대사회의 복합적인 도시적 라이프스타일을 감안했을 때 그다지 중요하지 않을 수 있다는 생각이 반영된 것이다. 예를 들어 산업사회와 달리 현대사회에서는 생활 시간의 구분이

©전남일

로저스 설계의 링크가 집합주택

유연하고 생활의 여러 활동들이 도시공간에서 흡수되기 때문이다. 도시에 위치하는 건물 일부만이 주거 용도로 존재하는 것도 얼마든지 가능한 것이다.

1990년대 이후의 생태주의 및 친환경주의 주거건축은 1980년대 저비용 주택의 빈티지한 이미지를 벗고, 시간이 지나면서 첨단 설비들과 결합하여 보다 정돈된 이미지를 갖게 되었다.

대표적인 사례로는 두이스부르크(Duisburg)의 항만개발 프로젝트인

©전남일

두이스부르크 엠셔 파크의 집합주택

엠셔 파크(Emscher Park)의 집합주택이다. 이곳의 주거건축들은 최근 큰 주목을 받는 '지속 가능한 건축' 개념에 잘 부합된다. 이곳은 과거 공장 지대를 주거·상업·문화·업무 기능이 적절히 공존하는 복합적 장소로 개발하였다. 특히 에너지 및 자원 절감을 위해 다양한 노력들을 경주했는데, 주택을 건설할 때 가능한 컴팩트한 형태로 디자인하고 공업화하여 생산된 부재로 합리적인 건설을 유도했다. 물리학적인 실험 검증을 거쳐 공학적으로 완벽하게 설계된 설비 및 디테일들은 소위 '스마트한' 건물 디자인의 핵심 요소가 되었다.

도시성과 여유로움의 조화, 뉴 어바니즘

1990년대 이후에는 첨단 시대의 신선한 조류 속에서 한편에서는 여유로운 주거지의 모습으로 회귀하고자 하는 시도가 등장했다.

HPP(Hentrich-Petschnigg & Partners)가 설계한 쾰른의 베토벤 공원(Beethoven Park) 주거단지(1995)는 도심에서 멀지 않은 시내에 위치한 전원형 주거단지다. 이때의 전원적인 이미지는 원래의 입지적 특성이라기보다는 주거건물과 조화되도록 인공적으로 만들어진 결과다. 거주자의 경제적 수준이 향상됨에 따라 풍요로운 환경 속에서 생활의 질을 높이고자 하는 요구가 늘어났는데, 이 단지는 여유 있는 독일 중산층이 추구하는 주거 규범을 대표적으로 보여준다.

저층 저밀 주거단지 안에는 아름다운 수공간과 조경이 함께 계획되었고, 여기에 자연과 공생하는 친환경 단지의 이미지가 더해졌다. 건물의 매스와 입면은 고급 빌라를 연상케 한다. 또한 깔끔한 백색의 입면 상부층에는 투명한 유리 마감의 펜트하우스가 계획되어 묵직한 건물의 비례가 주는 부담감을 완화시킨다. 또한 절제되지도 않은 적절한 수준의

©전남일

HPP 설계의 베토벤 공원 주거단지

입면 비례가 우아함의 전형을 보여준다.

한편, 독일 통일 후의 베를린은 폭발적인 주택 수요가 발생한 곳이다. 베를린 남동부 스판다우(Spandau) 강 하구 일대에 조성된 신시가지인 오버하펠(Overhavel) 수변지구(1989~1994)에서는 다양한 조형적 실험들을 볼 수 있다. 이곳에 총 12,000여 세대, 33,000명의 인구를 수용하는 주거지 개발이 이루어졌고, 콜호프의 마스터플랜하에 많은 건축가가 설계에 참여했다.

계획의 주안점은 수변이라는 장소적 특성을 살리고, 여러 건축가의 협동작업을 통해 도시조직 및 경관을 창출하는 데 서로 조화를 이루며, 건물 유형의 다양성과 공공 오픈 스페이스의 다양성을 확보하는 것이었다. 특징적인 것은 IBA 이후 도시형 빌라, 중정형, 플랫형 등 다양한 유형들이 다시 시도되었다는 점이다. IBA 지구와는 달리 교외라는 입지적 특성에 맞게 새로운 단지들이 계획되었고, 그만큼 건축가들에게는 제약이 비교적 적어졌다. 따라서 틀에 박히지 않은 새로운 조합들을 여유 있는 부지 조건하에 모색할 수 있었다.

한편, 2000년대 이후의 이슈인 '다양성'이 가장 중요시되어 개개의 건축물에도 재료와 색채를 다양하게 하고 입면을 변화감 있게 디자인하는 경향을 볼 수 있다.

이 중 하나인 케이스 크리스티안써(KCAP)의 주거블록은 콜호프, 크리스토프 랑(Christoph Lang), 클라우스 칠리히(Klaus Zillich)가 계획한 마스터플랜 중 한 블록을 차지한다. 대지는 하펠스피체(Havelspitze) 강 하구의 곶에 위치하며, 이때 수변공간이라는 입지를 고려하는 동시에 도시생활과 업무기능이 혼재된 지역으로서의 성격을 살리는 계획이 요구되었다. 또한 5~7층 정도의 높이로 도시적 밀도를 달성해야 했다. 수변과 연계된 공공 영역을 활성화하기 위해 프롬나드, 강변 산책길, 광장, 수변으로 시야가 트인 아케이드 등이 함께 계획되었다.

©전남일

스판다우 강 유역 수변지구 개발

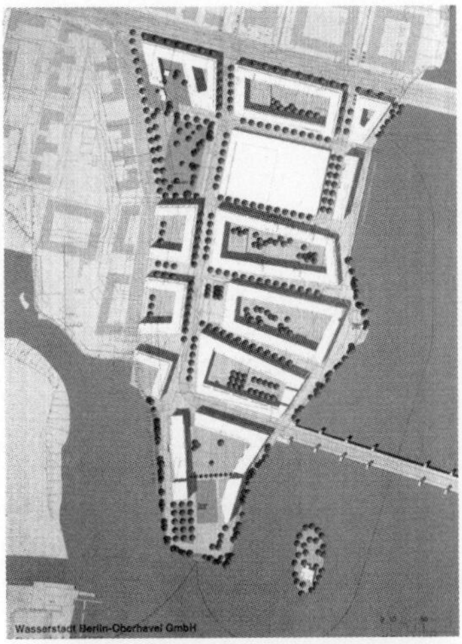

출처: Thomas Hafner et al., *Wohnsiedlungen*,
Basel: Birkhäuser, 1997, p.264.

©문은미

©전남일

오버하펠 수변지구 개발 마스터플랜(위)과 다양한 집합주택(가운데, 아래)

KCAP 설계의 블록은 용적률 240%의 고밀 블록으로 가운데 넓은 중정을 갖고 있다. 블록 모퉁이의 불리함을 해결하는 계획적 수단으로 그는 그 부분을 비워두고 엘리베이터와 브리지로 연결하는 방법을 택했다. 이는 대규모 중정에서 오는 위압감과 단조로움을 상쇄하는 효과와 함께, 강 쪽으로의 전망을 확보하는 데도 매우 유용한 방법이 되었다.

또한 블록의 중간중간에 4개층 높이의 개구부를 두어 중정으로부터 외부로의 시각적 개방감을 확보했다. 개구부와 절단된 모퉁이는 최상층에서 같은 매스로 연결되어 결국은 하나의 블록으로 완성된다. 대규모 매스는 외부에서는 여러 색의 벽돌을 사용하여 분절시켰다. 이와 대조적으로 내부 중정은 밝은색의 재료를 사용하여 시각적으로 더욱 넓어 보이는 효과를 얻고자 했다.

한편, 베를린 알트 스트랄라우(alt Stralau)와 풀버뮐레(Pulvermühle) 지구의 도시형 빌라는 1980년대 IBA 지구의 도시형 빌라를 교외에 재현한 듯하지만, 대지 여건상 보다 여유 있는 배치를 보여준다. 이곳의 블록형 집합주택 및 도시형 빌라에서는 신즉물주의와 현대 미니멀리즘 성향으로 변화하는 경향을 읽을 수 있다. 포스트모던 양식의 빌라에 비해 장식이 없고 파사드에 요철이 없어 박스형의 매스가 더욱 강조된다.

또한 새로운 유형을 적용하는 데 있어 지역적·장소적 특성을 고려했다. 예를 들어 파사드를 이루는 붉은 색상의 재료는 밋밋한 박스형을 감싸면서 차갑지 않은 단순함을 보여 주는데, 이는 전래의 독일적 고유 재료를 응용한 듯 보인다. 이는 미스가 초창기 에스터 주택 등의 작품에서 벽돌 등 친근한 재료를 사용하고 여기에 간결한 매스를 조합하여 근대성을 표현했던 방식과 같은 맥락이다. 이를테면 수공예적 특성을 매스와 장식의 복잡함에서 드러내기보다는, 밋밋한 표면을 채우는 작은 재료들의 섬세한 조화로부터 찾는 방식이다.

©전남일

KCAP 설계의 주거블록

©문은미

©전남일

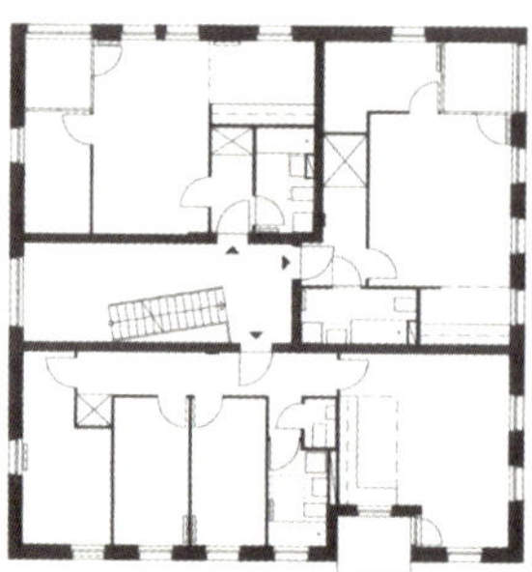

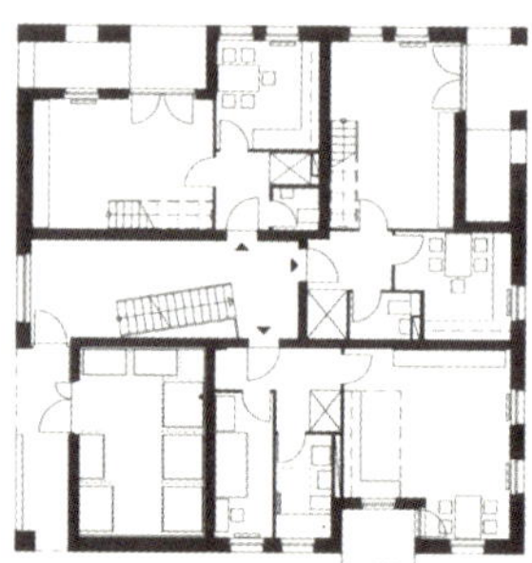

출처: Thomas Hafner et al., *Wohnsiedlungen*, Basel: Birkhäuser, 1997, p.263.

알트 스트랄라우 및 풀버뮐레 지구의 도시형 빌라와 평면 일부

주거건축의 일탈, 해체주의

해체주의 운동은 예술과 문학에서 먼저 시작된 이후 자크 데리다(Jacques Derrida)에 의해 미학에 적용되었고, 그 후 건축으로 전파되었다. 해체주의는 문학비평과 순수예술에서 아무런 대안 없이 기존의 개념들을 급진적으로 와해시키는 것을 의미했다. 해체주의에서는 새로운 감수성이 작용할 토대를 깨끗이 정리하기 위해서 과거의 모든 사고가 파괴되어야 한다고 역설한다.

건축에서의 해체주의는 1920년대 러시아 구성주의의 시각적 이미지와 융합되어 1980년대에 등장했다. 해체주의적 건축은 기존의 고정관념을 완전히 깬 파격의 조형성이 특징이다. 해체주의는 모순되고 의미없다는 은유를 근거로 모든 요소들을 해체할 수 있다는 입장을 취한다. 따라서 해체주의 건축가들은 질서나 논리가 없는 세계를 표현하는 건축형태를 개발했으며, 조화와 질서를 억압적인 요소로 인식한다. 형태의 단편은 다른 것들과 충돌하고, 불완전하고 비틀린 그리드는 조직적인 질서보다는 혼란을 일으킨다.[20]

주거건축 사례에서 해체주의적 성향을 갖고 실현된 것은 그다지 많지 않다. 보수적인 디자인의 속성, 그리고 어느 정도 규범적으로 정해진 내부공간의 프로그램이 그 이유가 된다.

IBA 국제건축전 프로젝트의 일부로 지어진 아이젠만(Peter Eisenman) 설계의 코흐가(Kochstr.) 체크포인트 찰리(Checkpoint Charlie) 집합주택(1986)은 일부 사례 중 하나이다. 이 건물은 동서 분단 베를린의 접경 지역이었던 의미 있는 장소에 위치한다. 주거지 블록의 일부를 차지하는 모서리 부분인 이 건물은 일명 적십자(red cross) 건물이라고도 한다. 평면적·입면적으로 뒤틀리고 해체된 형상은 이 건물의 디자인을 지배하는 요소이다.

©문은미

©전남일

아이젠만 설계의 체크포인트 찰리 집합주택

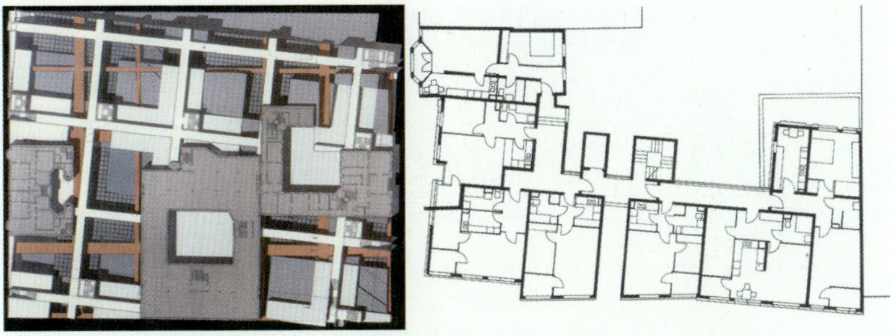

출처: *Architecture + Urbanism*, 1987년 7월호, p.49(왼쪽), p.60(오른쪽).

체크포인트 찰리 집합주택 도시조직에 대한 스터디와 블록플랜

예를 들어 여러 축에 따라 절개된 매스의 절편들이 3차원상에서 조합되었다. 입면에는 여러 비례의 그리드 패턴이 적용되었고, 그리드 중 일부를 떼어낸 부분은 개구부로 대체되었는데, 개구부에는 다시 새로운 비례의 격자가 배치되어 복잡하면서도 통일감 있는 외관을 형성한다. 또한 입면의 표면을 이루는 벽체와 개구부의 면들도 유리면, 가로면, 세로면으로 해체되었고, 이것이 여러 겹으로 중첩됨으로써 입체감 있는 질감 효과를 낸다. 여기에 일부 붉은색의 가로·세로로 교차하는 선적 요소를 액센트로 강조하였고, 이것이 이 건물의 별칭이 되는 계기가 되었다.

해체주의적 성향을 보이는 또 하나의 IBA 프로젝트인 자하 하디드(Zaha Hadid)의 집합주택(1994)은 모퉁이에 위치한 독특한 건물로서, 기울어진 벽체와 빛나는 금속 재료가 적용된 조각적 조형성이 눈에 띈다. 이것은 하디드의 초기 작품으로서 내부 구성은 일반적인 편복도 형식을 보이지만, 외적으로는 형태적 실험의식이 작용하여 기존 유형을 따르거나 건축적 전통 및 재료를 수용하는 것을 거부하였다. 일부 단위세대 끝과 계단실의 끝부분에는 노란색과 빨간색의 색채 요소가 도입되었고, 3층 블록의 끝에는 평행선을 강조하는 금속판을 덧입혔다. 여기에 돌출된 8층

©전남일

하디드 설계의 집합주택

의 쐐기꼴 건물이 덧붙여져 있다.[21]

8층 건물은 사선의 입면을 갖는데, 특히 건물 매스를 수직적으로 관통하는 계단실과 수직의 절개면은 건물을 자르고 나누어 해체한다. 또한 하부 필로티를 구성하는 기둥 역할의 수직 면재들 역시 중력에 반하는 기울어진 형태를 보임으로써 불완전하고 불안한 혼돈스런 양상을 강조한다.

한편, 프랭크 게리(Frank Gehry)를 선두로 하는 해체주의자들은 그동안 주거건축에는 그다지 관여해 오지 않았으나, 주거건축 디자인의 한계가 어디까지인가를 나타내는 몇몇 실험적 작품들을 통해 새로운 가능성을 보여주었다. 독특하고 신선한 조형에 대한 갈망은 눈부시게 발달한 건축설계 및 시공 능력으로 모두 현실화할 수 있게 되었으며, 지루하고 삭막한 도시환경에 활기를 불어넣는 역할을 한다.

이와 같은 해체주의적 성향은 다음과 같이 크게 두 방향으로 나눌 수 있다.

첫째는 생태 및 친환경 주택의 개념과 결합하여 건물의 요소요소를 설비화하고 이를 해체하는 방식이다. 예를 들어 태양열 집열판이나 단열재 등을 설치하면서 이를 통해 하나의 주택이 기계적으로 기능한다는 점을 강조하는 방식이다. 즉 건물의 성능과 기술적 요소들을 이미지화하고, 여기에 다양한 질감의 재료를 더하여 건물의 해체주의적 미학을 완성하는 것이다. 이때 합석판과 같이 저렴하고 거칠면서도 다양한 형태로 가공하기 쉬운 재료는 비균질한 조형을 표현하는 좋은 수단이 된다. 이러한 요소는 발코니 등에 종종 적용되는데, 건물 외피에 불안정하게 부착되어 부유하는 듯한 느낌을 준다.

둘째는 2000년대 이후 나타난 경향으로, 디지털 작동을 통해 건물 표면에 변형을 가하는 방식이다. 컴퓨터를 이용한 설계와 그래픽이 이를 구현하는 기본 바탕이 되었다. 건물의 매스는 비정형적으로 뒤틀리고 변형되어, 수직적 요소와 수평적 요소가 직교하며 그리드상에서 경계를 형성하는 방식을 부정한다. 생태주의와 결합된 해체주의 건축에서 내부공간이 어느 정도 정형적 형태를 유지하는 상태에서 주로 표면 재료의 비정형적·비형식적 부착을 강조하는 것과 달리, 후기 해체주의 주거건축에서는 공간의 내용과 표면 사이에 괴리가 없다. 다시 말해, 외피의 형태가 곧 공간의 형태가 되는 것이다. 주거건축의 경우 단위세대의 반복이라는 제한이 있기 때문에, 최소한 창문처럼 반복적이고 규칙적인 요소는 유지하면서 평면상 변화를 준다.

부드럽고 유연한 외피의 유동성은 형태의 격식을 파괴한다. 또한 내부공간은 일정한 틀에 가두어져 있는 것이 아니라 자유롭게 그 경계를 형성한다. 이는 주로 1~2개의 실로 구성되고 내부공간에서 개방된 평면을 갖는 현대 주거공간의 특성에 기인한다. 이처럼 용도의 구분이 모호하고 벽체 및 경계의 구분이 모호한 공간은 유연한 외피로 둘러싸여진 공간을 형성하기에 무리가 없다.

이 두 가지 특성이 모두 드러나는 사례로는 프랑크푸르트에 위치한 게리 설계의 골드슈타인(Goldstein) 주거단지(1996)를 꼽을 수 있다. 4층 건물들이 중앙 마당을 둘러싸며 배치되어 있는데, 매끈한 외벽의 평범한 형태의 4층 건물 매스에 부가된 비정형적 요소들은 이 단지 전체에 개성을 부여한다. 이때 서로 상이한 성격의 매스들은 건물의 내부 용도를 크게 둘로 구분해 주는 역할을 한다. 즉 밋밋한 부분은 거주자가 사적으로 사용하는 완전한 개인공간을, 그리고 특별한 조형으로 강조된 부분은 주거동 현관, 공용 계단실, 그리고 내·외부 간 소통이 되는 발코니들이다. 이들 강조 부분에는 징크 패널이 사용되었으며, 이 외에 내부공간을 감싸는 매스는 백색·황토색·주황색 등 밝은색으로 채색되었다.

사다리꼴의 매스가 부착된 형태인 발코니에는 육중한 느낌을 부여했고, 계단실 입구와 공유 공간에는 굽이치는 곡면형의 유연한 조형 요

©전남일

게리 설계의 골드슈타인 주거단지

소를 적용하여 표면적인 특성을 강조했다. 또한 현관 입구의 캐노피에는 거친 느낌의 선적 요소를 적용하여 보다 빈티지한 분위기를 부여했다.

이 사례는 요소를 분해하는 해체주의의 속성이 주거건축에서 적용될 때의 한계와 합리성을 동시에 보여준다. 보수적 특성이 강하여 변형의 여지가 상대적으로 적은 사적 공간과 비교적 자유로운 조형이 가능한 반공적 공간 및 개방된 공간을 구분해 준 것이다. 특히 이 주거단지가 사회공공주택이라는 점을 상기한다면 어느 정도 보수성을 유지하고자 한 의도가 충분히 설득력을 갖는다.

신조형주의의 다양성

20세기 후반부터 등장한 반모더니즘은 한편으로 해체주의와 같은 과격한 방향으로 흐르기도 했고, 때로는 순수한 조형성과 심미성을 추구하는 경향으로 나타나기도 했다. 이러한 부류의 건물들은 뛰어난 감각으로 세련된 미의식을 갖고, 외적으로는 재료의 다양한 활용을 통한 조형성, 내적으로는 공간적 풍부함을 모색한다.

이러한 건축의 목표는 특정한 목적으로 조형적 질서를 추구한다기보다는, 조형 자체를 통해 보다 아름다운 세계를 창조하고자 하는 의식에서 출발한 것이다. 도시주거에 비추어보면 삭막한 도시환경에 활기를 불어넣고 시각적 즐거움을 제공하는 역할을 한다. 여기에 금속·유리·석재 등 현대 산업재료의 물성을 활용하여 조형적 상상력을 맘껏 발휘한다.[22]

조형주의적 입장의 건축가들은 주거를 설계하는 데 있어서 외적으로 드러나는 요소인 매스나 개구부, 발코니 등을 적극적인 조형 요소로 인식하고 이들을 독창적 안목을 갖고 조작하고 배열한다.

레온과 볼하게(León & Wohlhage)가 설계한 베를린 크로이츠베르크(Kreutzberg) 주거블록(1993)은 전체 블록의 모서리에 위치하면서 그 입지에서의 색다른 랜드마크 역할을 한다. 이 건물은 한 단씩 뒤쪽으로 후퇴하는 경사진 유리면, 측면의 매시브(massive)한 입면에 존재하는 펀치 개구부 및 개방형 발코니, 그리고 상부층의 강조된 매스로 조형을 완성한다. 유리 부분은 온실 역할을 하는 것으로서 생태적 기능을 담고 있다.

주거블록은 거주 부분, 설비 부분, 주거동 내 공용공간, 그리고 다시 거주 부분이 순서대로 띠 모양으로 조닝(zoning)되어 있으며, 평면상에서 각 존(zone)들의 길이가 축소되면서 매스에서 셋백된 형태로 나타난다. 건물은 단위세대 혹은 하나의 실 단위로 구분되는 것이 아니라, 블록플랜 전체를 관통하는 기능적 조닝에 의해 구분되고, 이것이 건물 전체의 매스와 외관을 결정짓는 배경으로 작용하는 것이다. 따라서 건물의 매스 역시 보다 큰 스케일의 디자인 요소로 분할되었다. 투명성과 불투명성이 교차하고, 직선과 사선이 조화되며, 리드미컬한 매스의 분절로 완성된 조형성은 건물을 구성하는 공간과 설비, 그리고 도시적 고려가 연동한 결과이다.

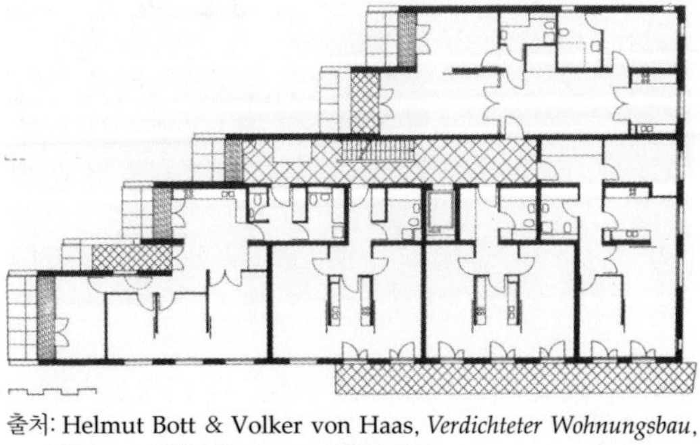

출처: Helmut Bott & Volker von Haas, *Verdichteter Wohnungsbau*, Stuttgart: Kohlhammer, 1996, p.73.

레온과 볼하게 설계의 베를린 크로이츠베르크 주거블록 평면

ⓒ전남일

레온과 볼하게 설계의 베를린 크로이츠베르크 주거블록

©전남일

레온과 볼하게 설계의 뮌스터 집합주택

레온과 볼하게 설계의 뮌스터(Münster) 집합주택(2008)에서는 조형 요소가 더욱 과감하게 돌출되었다. 간결한 주황색의 매스에는 규칙적인 창들이 반복적 요소로 배치되었고, 이 매스에는 굵직한 백색의 선적(線的) 요소들이 부가되었다. 이 선들은 옥상정원의 지붕, 발코니 난간, 세대 간 차단벽 등의 기능을 갖는 요소로서, 이들이 과장된 넓이로 가로·세로로 연결됨으로써 조형성을 극대화한다. 이 기능적 요소들은 외관을 고려하여 철저하게 계산된 위치에 배치된 것이다.

건축가들이 주거건축을 통해 조형의식을 발휘하는 수단은 매우 다양한데, 여기에는 일정한 원칙이 있다기보다는 일반적으로 내·외부 공간의 중간적 위치에 있는 건축적 요소들을 주거로서의 기능을 무리하게 훼손하지 않는 한도 내에서 과하지 않게 활용하는 방식을 택한다.

HPP 설계의 뒤셀도르프 주 파크(Zoo Park) 주거단지(2010)에서는 좀 더 과감한 디자인이 시도되었다. 가장 돋보이는 요소는 에칭으로 그래픽 처리된 투명한 발코니 난간이다. 그리고 단위세대의 경계는 백색의 슬래브와 세대 간 벽으로 구획되어 내부공간의 구성을 짐작케 한다. 이 백색의 띠들은 기능적 역할을 하는 동시에 건물에 비례감 있는 격자 패턴의 효과를 주는 요소이다. 여기에 식물을 형상화한 녹색의 그래픽 요소는 독특하고 경쾌한 효과를 부여하는 동시에 일견 전위적이다. 또한 붉은색을 활용한 주거동 계단실은 녹색과 대비되는 수직적 요소로 배치되었다.

주 파크 집합주택이 딱딱하고 차가운 조형을 추구했다면, 볼레스와 윌슨(Bolles & Wilson) 설계의 뮌스터 슈타인우퍼가(Steinfurterstr.) 집합주택(2004)은 부드럽고 유연한 따뜻한 조형을 추구한다. 다양한 층고를 갖는 이 건물은 저층부터 고층까지의 단차 부분이 완만한 곡선으로 연결되었고, 모서리도 곡면으로 깎아서 부드럽게 처리했다. 이러한 형태의 두 주거동이 마주하며 서 있는 모습은 마치 우주선과 같은 유선형의 미학을 완성한다.

©전남일

HPP 설계의 뒤셀도르프 주 파크 주거단지

©전남일

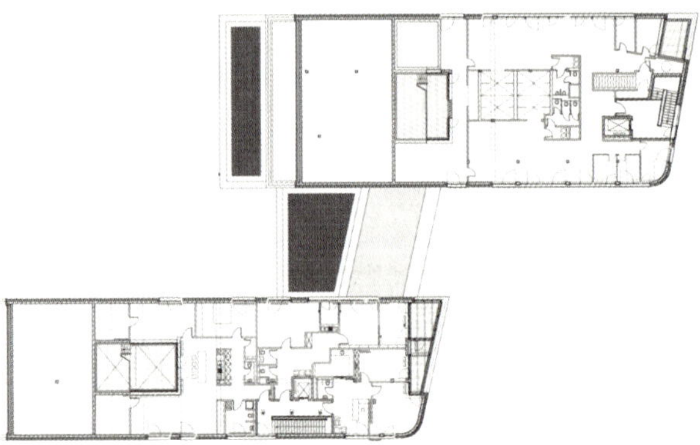

출처: Actar(Ed.), *Total Housing - Alternatives to urban Sprawl*, Barcelona: Actar, 2010, p.138.

볼레스와 윌슨 설계의 뮌스터 슈타인우퍼가 집합주택 전경과 평면도 큰 길가에 면해 있는 이 건물은 이러한 곡면 처리로 인해 매스의 부담감이 상쇄되고, 나아가 역동적인 이미지를 갖게 되었다. 건물의 끝단을 이루는 고층부에는 입면에 활기를 불어넣는 깊이 파인 음영 부분이 디자인되었다. 이 부분을 붉은색의 난간을 배치하여 강조했고, 이 난간 역시 조형적 목적에 의해 부분적으로는 투명하게, 부분적으로는 솔리드하게 처리하여 보기 좋은 비례감을 완성했다.

경계 공간으로서의 주거건축 디자인

1990년대 후반 이후 독일은 인구 및 가구의 구조가 변화했고, 주택산업의 구조가 바뀌었으며, 기존 도시주거의 기능도 재고해야 하는 상황을 맞이하였다. 예를 들어 부부와 자녀로 이루어진 전형적인 핵가족은 약 20%에 지나지 않고, 독신가구, 2인 가구 등이 가구의 대부분을 차지하게 되었다.

이들의 주거에 대한 요구는 과거와는 당연히 달랐으며, 틀에 박힌 형태의 주거가 아닌, 좀 더 특별하고 새로운 주거를 원했다. 작은 주거가 더 이상 가난한 이들의 주거와 동일시되지 않게 되었고, 수준 높으면서도 작은 주거에 대한 요구도 높아졌다. 또한 다양한 삶의 방식에 따라 개인의 개성이 존중되었다. 한편으로는 정보사회로 진행되면서 이동성이 증가하는 등 사회와 개인의 관계 변화도 급격히 진행되었다.

특히 사적 공간에 대한 개념이 과거와 크게 달라졌는데, 이를테면 '외부로부터 폐쇄된 사적 공동체(private gated community)'를 원하거나, 혹은 마음에 맞는 사람끼리 공간을 나누어 사용하는 반공동체적(semi-collective) 거주형태를 원하기도 하였다. 따라서 주거를 공급해야 하는 주택시장은 날로 다변화되어 가는 추세를 보였다.

또한 공간의 가변성이나 융통성에 대한 개념도 달라졌다. 도시 내

이동성이 증가한 현대사회에서는 과거와 같이 한 주택을 선택하여 오래 살면서 그것을 바꾸어 가며 살고자 하는 욕구가 그만큼 줄어들고, 대신 간편한 이사를 택하는 방향으로 변화하였다. 따라서 단위세대 내 공간들의 변화 가능성보다는, 다양한 상품이 제공되어 그것을 원하는 대로 선택할 수 있는 주택시장을 원하게 된 것이다.[23]

이러한 요구는 다양한 주거유형이 등장하는 배경으로 작용했다. 아울러 도시와 주거는 '글로벌한 계획', '시장 상황에 맞는 도시개발', '도시조직', '패치워크 도시(patchwork city)' 그리고 '도시 정체성' 등의 화두를 포용하는 새로운 국면에 접어들었다. 또한 도시의 확장 문제가 새로이 대두되었으며, 사회의 변화에 발맞추어 다양성을 확보할 수 있는 오픈된 구조가 요구되었다.[24]

과거의 주거건축에서는 건축의 행위 주체와 거주자의 행동 범위가 규범적으로 정해져 있었으며, 이에 따라 주거공간을 보편적으로 정의해 주는 것이 근대 모더니즘 및 기능주의의 주요 계획 방식이었다. 예컨대, 전통적 의미에서 단위세대의 내부는 공적·사적 영역을 적절히 배분하고 분할하는 것을 기본으로 했다. 공간의 구획과 단위세대 간 경계는 고정적·항구적이었으며, 공간의 규모와 치수는 규범화된 계산의 결과로 정확하게 계산되었다. 또한 주거공간과 그 사용자의 관계를 평균적 틀 안에서 일률적으로 파악하고, 이를 합리화와 표준화의 개념하에 대량생산했다.

그러나 현대주거에서는 이러한 거주자와 주거단위 사이의 일대일 등식 관계가 성립하지 않고 보다 유연한 대응을 요구한다. 거주자의 구성도 다양하게 나타나기 때문에 거주단위의 규모 또한 정해지지 않는 것이 오히려 합리적이다. 동시에 주거동 차원에서는 단위세대 간의 구획을 가변적으로 하고, 단위세대 차원에서는 공간의 용도를 바꾸어 사용할 수 있는 융통성을 필요로 한다. 결국 세대별로 경계를 나누고 공간별로 적합한 치수를 적용하는 방식보다는, 용도가 정해지지 않은 중립적 공간들을 베이(bay)별로 나누고 이를 다양하게 해체·조합할 수 있는 방식이 더욱 효과적이라 할 수 있다.

이에 부응하는 하나의 사례가 함부르크 팔켄리트(Falkenried) 주거복합 단지(2004)이다. 이곳은 원래 공업단지였던 곳을 주거·문화·상업·업무의 기능이 복합된 지구로 재생하기 위해 개발한 곳이다. 국제 현상설계로 진행되어 볼레스와 윌슨(Bolles & Wilson)의 마스터플랜이 당선되었고, 기존 건물의 보존과 함께 건물의 개조 및 신축 사업이 동시에 진행되었다. 이 중 상징적인 고층건물을 포함한 주거와 업무, 상업용 복합건물을 볼레스와 윌슨이 설계했다.

이 주거지에서는 원래 혼종적인(heterogeneous) 도시의 성격을 복원하고, 여기에 거주자의 사회적 요구를 충족시키고자 했다. 예를 들어 타운하우스 유형의 주거는 전원을 떠나 도심으로 회귀하는 '빈 둥지 가족(empty-nesters)'을 의식해 계획된 것이다. 이들은 교외에서 아이들을 기르고, 아이들이 집을 떠난 후 다양한 매력이 있는 도심에서 새로운 주거생활 주기를 맞이하고자 하는 거주자들이다. 이러한 계층을 대상으로 한 이 지역은 도심주거의 르네상스를 예고한다.[25] 이러한 맥락에서 이 건물들은 일단의 건물군을 이루고 있으나, '단지'라는 경계가 설정되어 있지 않는 '열린 거주지'를 표방한다. 거주·업무·상업의 기능이 도시 내 혼재하여 어우러지며, 동시에 건물들로 인해 자연스럽게 열리고 닫히는 도시공간을 제공한다.

1970년대 이후 독일 주거건축에서 보기 어려웠던 탑상형 주거동이 여기서 다시 등장한 데도 역시 사회의 변화라는 배경이 함께한다. 이 건물은 딩키타워(dinky-tower, double income no kids)라는 별칭에서 보듯이 현재 독일에서 아이를 낳지 않는 젊은 커플을 수요층으로 하여 설계되었다. 단위세대의 규모는 매우 크고 가격도 높게 책정되어 도심에서 활기찬 생활을 즐기고자 하는 여유 있는 계층을 입주자로 설정했다.

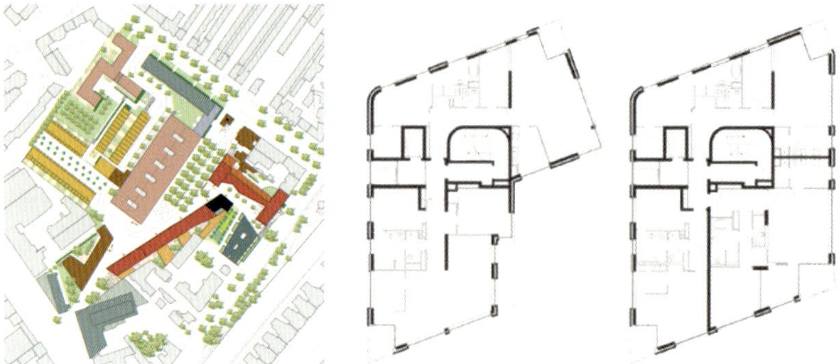

출처: http://www.bolles-wilson.com

함부르크 팔켄리트 주거복합 단지 배치도와 타워 평면도

고층 주거동에는 자녀가 없는 최근 독일 가정의 상황이 고스란히 계획에 반영되었다. 우선 지난 한 세대 동안 독일 주거에서 중요시되어 왔던 '접지성과 마당'이라는 계획 요소가 고려되지 않았다. 마당을 대신하는 개인적 외부공간으로 상부층 일부에 발코니, 테라스, 옥상정원 등이 배치되었다.[26] 이러한 요소들은 건물의 외형에 변화를 주는 요소이나, 공간 자체의 성격을 드러내지 않고 매스에 숨겨져 있으며 부분적인 매스의 변형으로 그 존재를 짐작할 뿐이다. 즉 외부와의 접촉을 적극적으로 원하지 않으며, 노출되고 싶지 않은 사생활 보호 의식을 반영한다.

고층건물에는 함부르크 전통의 그을린 벽돌이 사용되어 '촉각적인' 질감을 부여했고, 저층 주택에는 매끈한 착색 유리가 사용되어 서로 대비를 이룬다. 반외부공간 구성에서 특별한 점은 발코니 난간에 더해 차폐할 수 있는 스크린과 같은 요소를 설치하여 건물 전체의 외피를 구성하는 것이다. 다른 집합주택 사례의 경우에도 스크린 요소는 투명, 반투명, 또는 불투명의 가변적인 것까지 매우 다양하게 나타난다. 이렇게 이동 가능한 덧창과 같은 스크린은 거주자의 의도에 따라 그것을 개방 또

©전남일

함부르크 팔켄리트 주거복합 단지

는 폐쇄함으로써 건물 전면에 변화무쌍하고 유동적인 리듬감을 부여해 준다. 이러한 종류의 로지아나 발코니와 같은 개별적 외부공간은 개방적 발코니와 반대로 그것을 은폐하고, 때로는 내부공간화할 수 있는 여지가 있어 원하는 대로 활용될 수 있으며, 거주자로 하여금 자유로이 선택할 수 있는 여지를 남겨둔다.

슈타이들레 설계의 뮌헨 테레지엔회헤(Theresienhöhe) 집합주택(2003)의 경우, 외관을 구성하는 요소는 밋밋한 벽면과 그에 매달린 캔틸레버 발코니뿐이다. 발코니는 바닥 슬래브 외에는 얇은 철재 또는 투명한 색색의 알루미늄으로 처리되어 건물의 유일한 표현 요소로 역할을 하는 동시에, 사적 외부공간을 외부에 극명하게 노출시키고 있다. 내부에서 한 층에 배치된 단위세대 평면은 모두 동일하다. 그럼에도 불구하고 발코니를 과거의 사례에서처럼 거실 전면에 일정하게 배치하지 않고 대부분 불규칙하게 배치하여 내부공간의 기능과 분리하였다. 일견 건물의 조형을 위해 그 배치가 인위적으로 조작된 경향을 보인다. 따라서 전체 입면에 가볍게 부유하는 드라마틱한 효과를 부여한다.

테레지엔회헤의 탑상형 아파트에서는 주거건축에서 당연시되어 왔던 향(向, orientation)에 대한 고려가 없다. 통상적으로 주거동 평면에서는 방위에 따라 외부에 면하는 공간들의 성격이 다르다. 예를 들어 거실 등 주 생활공간이 면하는 부분과 서비스 공간이 면하는 부분이 구별되며, 특히 탑상형 아파트 블록의 경우에는 향이 불리한 면에는 단위세대를 배치하지 않는 사례가 많다. 그 결과 입면과 매스에서 역시 내부의 차이가 드러나는 것이 보통이다.

그러나 이 아파트의 블록플랜에서는 전면·후면·좌측면·우측면의 입면이 모두 비슷해지도록 사방으로 대칭적인 평면 배치가 이루어졌다. 주거블록에서 외적 상황과의 조정보다는 주거동 형태 구성 자체가 우선시된 것이다. 이는 한편으로는 건물과 외부공간, 또는 건물과 외부적 요

©전남일

슈타이들레 설계의 뮌헨 테레지엔회헤 집합주택

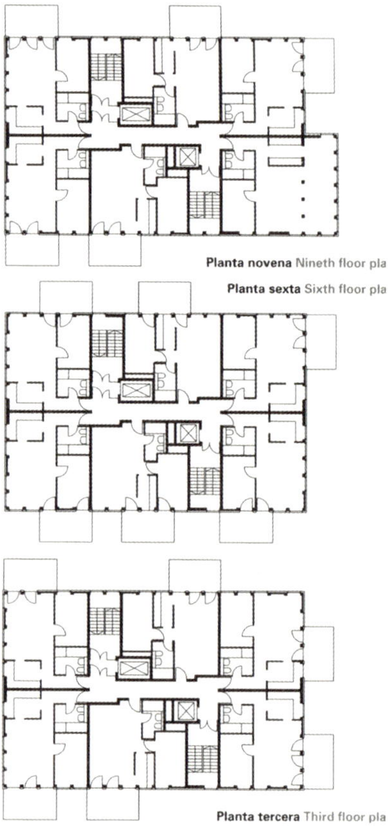

출처: a + t, *Densidad Density* 3, vol.21, 2003/spring, p.35.

©전남일

테레지엔회헤의 탑상형 아파트 블록플랜과 전경

인과의 관계가 이전 시기에 비해 그다지 밀접하지 않으며, 거주자의 요구 역시 단위세대 평면 자체에 더욱 집중되어 있다는 사실을 반증한다.

따라서 외관은 발코니를 제외하고는 하나의 밋밋한 박스형으로 완결되며, 이로써 발코니라는 조형 요소가 더욱 두드러지게 보인다. 또한 일부 층에서 부분적으로 내부공간이 확장된 것을 볼 수 있는데, 이는 인위적으로 변화를 주는 요소가 된다.

한편, 도시 내 주거 및 업무·상업 등의 기능이 점점 복합화되고, 건물의 프로그램에서도 그 기능상의 경계가 점차 희미해지는 현상을 관찰할 수 있다. 외관상 주거와 업무 등이 구분되지 않으며, 단지 도시의 한 부분으로 존재하는 것이다. 이는 어반 라이프(urban life)와 주거생활을 굳이 분리할 필요가 없는 현대사회의 특징과 무관하지 않다. 주거의 전형적 역할 또한 변화되어 가고 있기 때문이다. 예를 들어 1970년대 가족을 위한 마당이 있는 단독주택형 테라스하우스 등이 선호되었던 추세와 매우 대조적인 현상이다.

이처럼 도시 컨텍스트와 무관한 독자적인 디자인과 작가적 성향이 강하게 드러나는 경향은 슈타이들레 설계의 함부르크 미하엘리스(Michaelis) 집합주택(2002)에서도 확인할 수 있다.

현재 독일의 함부르크, 브레멘(Bremen) 등 항구도시의 개발에서는 현대 도시주거가 지향하는 도시성(Urbanität)에 대한 새로운 접근을 볼 수 있다. 즉 주거단지 내에서의 거주성만을 고려하기보다는 도시의 '총체적 거주환경의 질'을 확보하고자 하는 것이다. 이는 과거 가족과 주거 내에서 수행되던 많은 기능들을 도시의 공공영역과 사회적 인프라가 대신하는 현대사회에서의 생활방식의 변화를 반영한다.

따라서 도시주거는 다양한 기능의 건축물들이 복합적으로 혼재된 도시 내에서 정체성을 확보해야 하는 과제도 안게 되었다. 새로운 주거지역으로 개발된 지역들은 이러한 주거건물의 도시 내 기능을 고려하여

©Petra Steiner

슈타이들레 설계의 함부르크 미하엘리스 집합주택

'경계도시(Zwischenstadt)'[27]의 성격을 갖는 장소로 개발된 지역이다.

예를 들어 최근까지도 개발이 한창인 함부르크 하펜시티(Hafen City)는 과거 1970년대 저층 교외 주거지로 선호되었던 지역과 포스트모던 시대에 각광을 받았던 도심지역의 중간 지대에 자리잡은 곳이다. 이 장소에 대한 새로운 해석이 필요해졌는데, 우선 급증하는 도시계층인 독신 가구나 아이가 없는 2인 가구, 소위 딩크(dink) 거주자를 겨냥해 조성되었다.

이러한 거주자들은 지역사회에 그다지 의존하지 않는다는 특성을 지닌다. 그렇기 때문에 보통 이와 같은 거주자들을 위한 주거지는 비싸면서 삭막하기만 한 주거지가 되기 쉬운데, 하펜시티는 주거지가 이러한 방향으로 조성되는 것을 지양하고 오히려 더욱 활기찬 장소로서 기능하도록 '모든 사람을 위한 도시지역'을 목표로 했다. 즉 '주거지역'이 아니

©전남일

브레멘 수변개발 지구의 다양한 집합주택

ⓒ전남일

함부르크 수변개발 지구의 다양한 집합주택

©전남일

함부르크 수변개발 지구의 다양한 집합주택

라 '도시지역'이 되게끔 다양한 기능이 혼재된 지역으로 계획했으며, 건물의 기능들은 수평적·수직적으로 서로 섞이도록 했다. 또한 사회적 혼합, 계층적 혼합을 목표로 하여 이제까지처럼 도시 내에서 주거지가 계층간에 지역적으로 분리되는 현상을 경계했다.[28]

주거와 도시의 경계가 흐려지고 일상과 비일상의 경계가 만나는 극적인 사례를 함부르크 부둣가의 테레지엔스틱(Theresienstieg) 주거복합건물(1996)에서 볼 수 있다. 기존의 상업시설로 이용되던 건물 상부를 알솝과 스퇴르머(William Alsop & Jan Störmer)의 설계로 증축한 이 건물은 대비되는 건물의 매스가 신·구의 경계를 이루면서 만나고, 다시 하나의 새로운 건물로서 완성되었다. 함부르크 전통의 재료인 벽돌을 사용한 하부의 육중함, 첨단 커튼월이 사용된 상부의 가벼움이 서로 대조적이다. 상층부의 주거 부분은 마치 투명한 박스와 같이 올려져 기존 건물과 일체화되었다. 또한 상층부는 매끈하고 단순한 표면으로 마감되어 주거 기능과 비주거 기능 사이의 혼돈을 일으킨다. 이 건물은 통상적인 주거건물로서의 최대한의 깊이(depth)를 초과하는 비례감을 보이는데, 이 역시 이 건물이 주거 기능과 비주거 기능의 경계에 있다는 특성을 말해준다.

여기서도 파사드를 구성하는 요소는 대부분 밋밋한 매스의 표면을 이루는 창과 벽체뿐이다. 그 외의 요소는 모두 생략되었으며, 창은 가장 기본적인 크기와 형태로만 구성되어 있다. 내부공간의 용도는 주거 및 상업공간으로 계획되었지만, 필요에 따라 어떠한 용도로도 사용 가능한 '중립성(neutrality)'의 속성을 갖는다. 근대 이후 주거의 최대 기능이었던 일과 주거의 분리는 현대사회에서 더 이상 유효하지 않으며, 주거는 업무·오락·교육 등 다양한 기능을 복합적으로 수용해야 한다는 사회적 요구를 반영한 것이다. 즉 주거공간은 고정된 기능보다는 그때그때 일어나는 행위에 초점을 맞추어 계획되며, 다양한 기능들을 염두에 둔다. 이것이 파사드의 균질성으로 나타나게 되는 현대주거의 본질적 속성이다.

©전남일

함부르크 테레지엔스틱 주거복합 건물

주

1 Flagge, Ingeborg(Ed.), *Geschichte des Wohnens* vol.5 (Stuttgart: DVA, 1999), p.937.

2 Flagge, Ingeborg(Ed.), *Geschichte des Wohnens* vol.5 (Stuttgart: DVA, 1999), p.679.

3 Pahl, Jürgen, *Architekturtheorie des 20. Jahrhunderts* (München: Prestel, 1999), pp.240-241.

4 전남일·박혜선·문은미, 『네덜란드의 건축가, 네덜란드의 주거』 (발언, 2006), pp. 220-221.

5 임석재, 『미니멀리즘과 상대주의 공간 — 뉴욕5 건축과 공간 운동』 (시공사, 1999), pp. 68-70.

6 Batchelor, David, 정무성 역, 『미니멀리즘』 (열화당, 2003), p.39.

7 전남일, 「유럽 집합주택 디자인의 미니멀 특성으로 본 현대 주거건축의 개념변화」, 『대한건축학회논문집』 27권 11호 (2011).

8 Schneider, Friederike, *Grundrißatlas — Floor Plan Atlas* (Basel: Birkhäuser, 1997), p.181.

9 Curtis, j. r. William, *Modern Architecture since 1900* (New York: Phaidon, 2005).

10 이 지역은 1691년부터 프리드리히 3세의 이름을 따서 형성된 곳으로, 원래는 주거지역 위주였으나 독일 국가가 형성된 1871년 이후 호텔, 레스토랑, 상가들이 들어서기 시작했다. 제2차 세계대전 이후 많이 파괴되었다가 1984년 전면적인 재생을 추진하였고, 독일 통일 이후 베를린의 가장 활기찬 중심가로 오늘날까지 이어지고 있다(Imhof, Michael & Leon Krempel, *Berlin — Neue Architektur, Führer zu den Bauten von 1989 bis heute* (Petersberg: Michael Imhof Verlag, 2004). p.50).

11 Imhof, Michael & Leon Krempel, *Berlin — Neue Architektur, Führer zu den Bauten von 1989 bis heute* (Petersberg: Michael Imhof Verlag, 2004). p.50.

12 전남일·박혜선·문은미, 『네덜란드의 건축가, 네덜란드의 주거』(발언, 2006), pp. 220-221.

13 임석재, 『미니멀리즘과 상대주의 공간 — 뉴욕5 건축과 공간 운동』(시공사, 1999), p.95.

14 전남일·박혜선·문은미, 『네덜란드의 건축가, 네덜란드의 주거』(발언, 2006), p.239.

15 전남일, 「유럽 집합주택 디자인의 미니멀 특성으로 본 현대 주거건축의 개념변화」, 『대한건축학회논문집』 27권 11호 (2011).

16 Mesecke, Andrea & Thorsten Scheer(Ed.), *Josef Paul Kleihues* (Basel: Birkhäuser, 1996), p.12.

17 Crespi, Giovanna(Ed.), *Oswald Mathias Ungers* (Milano: Electaarchitecture, 1998), p.212.

18 Imhof, Michael & Leon Krempel, *Berlin — Neue Architektur, Führer zu den Bauten von 1989 bis heute* (Petersberg: Michael Imhof Verlag, 2004), pp.66-68.

19 이 지역에서의 활발한 건축작업은 통독 후 1991년 세계적 건축가들이 참여한 현상설계로 거슬러 올라간다. 주된 계획의 관건은 상업·업무·문화·산업·주거가 어우러진 복합용도의 개발을 추진하는 것으로서, 베를린의 새로운 중심가의 활기찬 도시생활의 장을 조성하기 위한 것이었다(Imhof, Michael & Leon Krempel, *Berlin — Neue Architektur, Führer zu den Bauten von 1989 bis heute* (Petersberg: Michael Imhof Verlag, 2004), p.80). 따라서 이 지역 대부분의 건축물들은 단일 기능이 아니라 여러 기능들이 혼재된 양상을 띠고 있는데, 이는 최근의 사람들의 삶의 방식이 점점 일과 여가, 그리고 가정의 구분이 모호해지는 경향으로 흐르는 것을 반영한다.

20 Gelernter, Mark, 최아사 역, 『보이는 건축 보이지 않는 생각 — 건축디자인의 비판적 역사』(한길사, 2007), pp.373-374.

21 Ghirardo, Diane, 최왕돈 역, 『모더니즘 이후의 현대건축』(시공사, 2002), p.127.

22 전남일·박혜선·문은미, 『네덜란드의 건축가, 네덜란드의 주거』(발언, 2006), pp. 280-281.

23 Schneider, Friederike, *Grundrißatlas — Floor Plans Manual — Housing* (Basel: Birkhäuser, 2004), pp.31-33.

24 Hafner, Thomas et al., *Wohnsiedlungen* (Basel: Birkhäuser, 1997), p.222.

25 Schubert, Dirk, *Hamburger Wohnquatiere* (Berlin: Dietrich Reimer, 2005), p.343.

26 Schubert, Dirk, *Hamburger Wohnquatiere* (Berlin: Dietrich Reimer, 2005), pp.342-343.

27 Hafner, Thomas et al., *Wohnsiedlungen* (Basel: Birkhäuser, 1997), p.222.

28 Schubert, Dirk, *Hamburger Wohnquatiere* (Berlin: Dietrich Reimer Verlag, 2005), pp.350-351.

3부

독일 근현대 주거건축의 정신적 전통

주거건축에서 양식의 존재 의미

그동안 사회·경제적 측면, 기능과 거주의 문제 등과 밀접히 연계되어 있는 집합주택의 경우 양식(style)의 측면은 상대적으로 큰 관심의 대상이 되지 못하였었다. 하지만 건축가가 적극 개입하는 근현대 주거건축의 경우 양식적 주류가 분명히 존재하며, 그것은 20세기 초반부터 현재까지 다양한 흐름으로 전개되어 왔다.

집합주택에서 나타나는 양식과 미학의 의미는 분명 다른 예술작품에서의 그것과는 다른 양상으로 나타난다고 할 수 있다. 특히 주거라는 것은 사회 변화와 거주자의 시대적 성향 및 요구에 따라 변화하는 실체이기 때문에, 양식의 변화 또한 주거 내면의 속성 변화를 반영하면서 진행되어 왔다. 양식이 드러나는 정도는 시대에 따라 뚜렷하기도 했고 희미하기도 했으며, 때로는 존재 의미가 없기도 하였다. 한 시대의 디자인 양식은 겉으로 표현되는 것이지만, 미 의식과 기술의 진보, 사회적 정서 등에도 많은 영향을 받는 것이기 때문이다.

양식은 건축가에 의해 창조된다. 또한 한 시대를 이끄는 동력으로 작용할 때 그 의미를 갖는다. 예를 들어 토속건축은 고유한 미학은 갖고 있으되, 양식은 없거나 모방에 그치고 만다. 따라서 근현대 주거건축의 양식을 논할 때 그것이 건축가의 작업 대상이 되는가 아닌가 하는 문제는 매우 중요한데, 집합주택의 경우에도 양식의 대상이 되기 시작한 시점은 건축가가 개입하기 시작한 시점과 일치한다.

분명한 것은 양식은 그것이 새로이 출현한 시대에만 존재 의미가 있다는 점이다. 예를 들어 어떤 과거의 양식을 형태적·시각적으로 후대에 재현(revival)하는 것은 얼마든지 가능하다. 그러나 이 경우 대부분은 당시 시대와 동일한 사회적 배경하에서 동일한 기술로 재현하는 것이 아니라, 현재의 새로운 기술로 그것을 더욱 수월하게 재현하곤 한다. 하지만 그 순간 그 양식의 가치는 힘을 잃고, 재현된 양식은 또 다른 양식으로서의 새로운 이름을 얻거나, 하위 또는 아류의 양식으로 분류되어 폄하되거나 하는 것이 일반적이다. 다시 말해, 진정한 양식은 '시대'의 기술과 필요를 담고 있는 것이어야 하는 것이다. 양식은 역사이고 나아가 문화이기 때문이다.

오늘날 건축은 (주거를 포함하여) 기술의 지원으로 무한대의 표현 가능성을 얻었다. 그러나 그 '표현의 가능성'이 과거의 양식을 재현하는 데 쓰이는 것은 결코 의미를 부여받지 못할 것이다. 이러한 맥락에서 보면, 근대 건축가들이 당시대의 요구를 냉철히 파악하고 새로운 건축양식으로의 대전환을 이루어낸 것은 놀랄 만한 성과이다.

독일의 경우 근대 이후 지난 100년간 다양한 주거건축의 양식 변화가 관찰된다. 그런데 그것은 모두 근대양식의 뿌리 위에서 그것을 보다 적극적으로 전개시키거나, 근대양식 위에 그 이전의 양식들을 덧입히거나, 또는 그것을 부정하고 과거의 양식을 재현하는 것이거나 하는 것이었다.

이를테면 건축양식은 역사적으로 감성적인(pathos) 성향과 이성적인(logos) 성향이 항상 정·반·합의 작용을 하면서 시대적으로 교차해 왔다. 또한 사이사이 등장하는 복고 및 고전으로의 회귀 경향으로 인해 진보의 흐름을 거스르는 낭만주의적 입장을 취하기도 했다. 즉 양식의 역사는 진보와 복고를 반복하면서 진행해 왔지만, 그럼에도 불구하고 결국 20세기 초반 근대가 시작된 이래 현재까지 독일 주거건축의 양식은 큰 틀에서 보면 근대주의의 지속이라 할 수 있다.

독일적 근대 합리주의의 계승과 의의

근대건축의 발상지라 할 수 있는 독일의 경우 근대의 정신은 주거로부터 출발한 것이었으며, 또한 그 영향력이 후대까지 매우 막강했다. 평론가들은 1920~1930년대의 국제주의·기능주의 건축이 역사적으로 유례없는 독일만의 창조물이며 건축사를 이끄는 주도적 역할을 한 것이라고 평한다. 그 이전의 고딕, 르네상스와 신고전주의에 이르기까지 독일은 그 양식들을 외부로부터 받아들였으나, 기능주의·국제주의 양식은 독일로부터 전 세계적으로 확산되었다.

발터 그로피우스(Walter Gropius)와 루트비히 미스 반 데어 로에(Ludwig Mies van der Rohe)는 바우하우스(Bauhaus)의 예술운동에 깊이 관여한 건축가이며, 이로부터 출발한 합리적 양식과 근대 미학에 대한 신념이 주거건축에 미친 영향력은 지대했다. 1919년 바이마르에 개교한 바우하우스는 초기에는 공방의 수작업을 중요시했으나, 1923년부터는 새로운 교육 이념인 '예술과 기술 — 새로운 통일'이라는 기치를 내걸고 공업화 사회를 의식한 조형활동에 비중을 두게 되었다.[1] 조형과 기술을 통합하고자 하는 의식에서 출발한 '양식과 미학'이 사회적 요구와 시대정신에 부응하면서 새로운 양식사의 지평을 연 것이다.

이들은 1920~1930년대 많은 주거단지의 설계를 통해 그 건축적 이상을 실현했고, 근대건축에서 소위 국제주의 건축양식(international style) 및 기능주의(functionalism) 건축양식을 확립하는 데 큰 역할을 했다. 이렇게 '양식과 미학'이 '사회와 시대정신'에 연동하는 그로피우스와 미스의 정신 및 전통은 이후 독일 주거건축에서 뚜렷하게 나타나는 주류적 현상이다.

그렇지만 1920~1930년대 초 바우하우스의 정신을 계승한 근대주의는 원래 사회적 책무에 입각한 주거건축의 모델을 제시하고자 했었음에도 불구하고, 그 내용보다는 외형의 혁신성이 더욱 주목을 받았다. 때문에 근대건축의 정신과 기여는 차치하고 그 외견상의 특질로 인해 오히려 후대의 건축가들로부터 근대주의 건축의 차가움과 지루함에 대해 비판 받는 역설적 상황을 초래했다.

그렇지만 외형보다 중요한 것은 그로피우스와 미스를 중심으로 한 근대 건축운동과 그 성과물인 모더니즘 건축은 어디까지나 그것이 지니고 있는 '근대의 정신'이라는 점이다. 근대의 두 건축 거장은 바우하우스에서의 실험과 현장에서의 실천을 통해 대중건축과 고급건축 사이의 가교 역할을 했으며, 이는 건축사적으로 매우 중요한 사건이다. 이때 바우하우스는 건축이 엘리트주의에서 탈피하여 다원주의적 사고로 전환하는 데 결정적 계기를 부여했다. 그들은 주거건축을 '예술'과 '토속건축' 사이에 위치시켰다.

그로피우스와 미스가 주도한 근대 건축운동 이후, 이전의 대표적인 대중의 건축(vernacular architecture)이었던 주거 건축물이 점차 고급 디자인으로서 수준을 높여가고 있다는 점을 또한 간과할 수 없다. 건축가의 주거건축에의 관여는 현대 집합주택에서, 그리고 건축의 첨단을 걷고 있는 지역에서 더욱 뚜렷하게 관찰된다. 이는 제3 세계 등의 주거건축이 여전히 토속건축의 속성을 보이고 있다는 사실을 상기하면 더욱 그러하다.[2]

근대 건축운동이 시작한지 근 한 세기가 지나고 있지만, 모던은 과거의 유물이 아니라 여전히 모던으로 존재하며 현재도 진행 중이다. 그것은 '근대의 정신'을 계승하고자 하는 건축의, 그리고 건축가의 힘 때문일 것이다. 고전 이래 명멸했던 수많은 다양한 양식들은 항상 기존에 있었던 양식의 바탕 위에 이를 계승하고 변형함으로써 진전해 왔다. 하지만 기존 양식으로부터 온전히 탈피하여 무(無)의 바탕 위에서 새로운 차원의 양식을 구축한 것은 근대의 모더니즘이 유일하다. 이는 과거의 형식주의에서의 탈피를 의미한다. 이러한 의미에서 그로피우스와 미스의 근대(modern)라는 개념은 연대기적 시대구분의 의미 이상으로 하나의 상징체계라 할 수 있다. 이를 '양식'이라는 하나의 관점으로 바라본다면, 끊임없이 연속되어 온 양식의 역사는 근대 이후에는 모두 그로피우스와 미스의 근대정신에 그 뿌리를 두고 있다고 해도 과언이 아니다.

근대의 기능주의·국제주의 양식이 전 세계적으로 파급되어 주거건축에 적용되었을 때, 그것이 이후 전개되는 양상은 지역마다 매우 상이한데, 이는 그 양식에 대한 해석의 차이 때문이다.

독일의 주거건축은 다양함 속에서 흔들리지 않는 정체성을 갖고 있다. 그것은 바우하우스로부터 유래한 정신, 즉 산업사회의 산물, 양질의 생산품으로서의 주거건축을 지향했던 정신 때문이다. 실용적 목적을 충족시키면서도 시대정신을 반영하는 미학을 완성함으로써 다수의 공감을 얻었던 것이다. 이는 양적으로 건축물의 다수를 차지하는 주거건축에서 그 수준을 한 단계 끌어올리는 역할을 했고, 결국 전체 건축문화 향상의 동력이 되었다.

특히 집합주택의 사례에서 보면, 대중의 주택에 대해 '공공재'라는 인식이 강하게 작용했고, 건축가들은 건축을 통한 사회적 책무에 늘 관심을 두었다. 이 또한 근대건축의 초창기 바이센호프 주거단지를 통해 그로피우스와 미스가 실현하고자 했던 건축의 중요한 주제였다. 궁극적으로 독일의 주거건축이 지향했던 것은 생활의 장을 풍요롭게 하고자 한 인본주의적 건축이라 요약할 수 있다.

독일의 주거건축은 시대상황에 따라 다양한 모습으로 변화해 왔다. 도시와 주거의 기능에 따라, 그리고 가족의 요구에 따라, 때로는 심미적인 이유로 새로운 양식이 출현하고 또 사라지곤 했다. 그러나 주거건축은 결코 소비주의와 상업주의에 경도되지 않았다는 특징을 보이고 있다. 전쟁 후 주택부족으로 인해 대량생산의 시대가 있었지만, 이는 그 시기의 절박했던 사회적 요청에서 기인한 것으로서 대량생산의 패러다임은 그리 오래가지 못하였다. 주거건축에 있어서 '주택의 생산과 산업' 부문은 중요한 고려 대상이었지만 자본의 논리에 지배되지 않았고, 그것은 오로지 시대정신에 의해서 발달해 왔다. 이는 독일 건축이 갖는 큰 힘이며, 오늘날까지도 변치 않는 전통을 이루고 있다. 결국 양식의 결과로 나타나는 미학적 이상이란 심미주의적 차원을 넘어서 건축을 대하는 태도이며, 본질이 진솔하게 드러나는 철학이라고 할 수 있다.

현대 주거건축의 미학 및 양식

1980년대의 포스트모던 시대 이후 독일 주거건축에 있어서는 매우 다양한 양식이 혼재·공존하는 양상을 보여 왔다. 또한 그 변화의 주기 역시 매우 짧아지고 있다. 현대 건축가들의 디자인 양식을 살펴보면, 과거 포스트모던 시대의 풍부한 감성을 뒤로 하고 매우 단순하고 이성적인 디자인으로 회귀하는 경향을 보이며, 한편으로는 시대적 조류 속에서도 건축가 개인별로 독창성과 다양성을 보이고 있다.

특히 주목할 만한 경향은 1990년대 이후 건축가들이 집합주택의 설계에 더욱 많이 관여하면서 과거와 달리 혁신적인 작품들이 많이 등장하고 있다는 사실이다. 현대사회에서는 한 시대의 건축문화에서 주거건축의 비중이 점차 커지고 있다.

이제 건축가들에게 주거건축은 사회적 요구의 산물로서 그 시대의 삶을 반영하는 가장 본질적인 대상으로 여겨진다. 또한 건축가들의 주요 관심사는 집합주택에서 개별성과 집합성의 관계, 공적·사적 생활영역 간의 관계를 풀어내고 규정하여 독창적인 건축 어휘로 재해석하는 작업일 것이다.

주거건축에서는 행위와 요구, 그리고 형태 및 양식이 시대적 당위성과 합치를 이룰 때 의미 있는 총체를 형성한다. 현대 집합주택의 디자인은 현대주거에 대한 다양한 요구를 반영하며, 과거와는 다른 새로운 주거건축으로의 개념 변화를 요구한다. 독일의 예를 들면, 이러한 경향은 포스트모던과는 반대의 입장을 보이고 있고, 한편으로는 근대 모더니즘의 단순함과 그것이 내포하는 합리성을 일정 부분 계승하는 측면도 보인다. 그러나 내용적으로는 매우 극명한 차이를 나타낸다.

근대주거는 공적인 영역과 사적인 생활이 분리되고, 그에 따라 공·사의 영역이 분리되는 것을 그 특징으로 했다. 산업화 사회에서 일과 주거는 분리되어 주거는 오로지 사생활과 가족생활의 안락을 보장하는 영역으로 설정되었다. 이러한 근대주거의 의미는 오늘날 많은 변화를 겪게 되었다. 현대주거가 궁극적으로 표출하는 공간의 속성은 대립적이고 이원적이었던 근대주거의 속성들로부터의 탈피이다. 우선 공적인 것과 사적인 것은 서로 얽히거나 또는 서로 아무 연계가 없는 듯이 독립변수로 작용하며 그 경계를 넘나든다. 일과 주거 역시 사회 시스템 안에서 규정되는 것이 점차 약화되고, 개인의 의지와 자유로 선택할 가능성이 점점 커지고 있다. 『주거의 사회학(1996)』에서는 이러한 변화를 20세기 주거의 핵심 문제들로 보았고, 이를 주거의 사회적 역할, 주거의 기능, 주거 경험, 주거 취득의 네 가지 키워드로 요약했다.[3]

불특정 다수에게 단위주거를 제공하는 집합주택의 특성상 그 계획에 있어서는 보편성과 다양성 사이의 선택 문제에 봉착하게 된다. 즉 현대주거가 풀어야 할 과제 중 하나는 계획가들이 인위적으로 공간을 규정해 주고 다양하게 공급하느냐, 혹은 공간이 거주자에 의해 설정되도록 중립적인 공간을 공급하느냐 사이의 적절한 균형을 찾는 일이다. 즉 현대주거는 요구 충족을 위한 기술적 해결을 필요로 한다.

특히 현대 정보사회에서 거주 개념은 정주하는 삶의 방식보다는 이동하며 소통할 수 있는 삶의 방식으로 전환되고 있다. 사람들은 직업을 더 자주 바꾸고, 또한 그들의 생활환경을 바꾸며, 더 이상 그들이 살고 있는 장소와 이웃에 대해 밀접한 관계를 필요로 하지 않는다.

현대사회에서 생활은 점점 더 역동적으로 변해가고 있으며, 이동성이 커질수록 한 사람이 일생을 거쳐 거주하게 되는 주거의 종류와 유형은 더욱 다양해지고 있다. 주거에 대한 요구가 다양해질수록 선택의 여지는 넓어지고, 선택된 주거 안에서 변화의 가능성은 더욱 높아지는 방향으로 계획 개념 역시 변화하고 있다. 현대의 유목민과 같은 이동성, 시시때때로 변화하는 요구, 새로운 주거 경험에 대한 욕구, 변동적인 거주 단위는 고정적이고 항구적인 주거의 고유 속성에 대한 의구심을 불러왔다. 또한 주택을 계획할 때 누구를 위한 것인지를 계획가가 짐작하기 어렵기 때문에, 결국은 복합성과 융통성에 대한 개념을 필요로 한다.

근대적 주거가 보급되던 시기의 주택부족이 양적·질적 수준의 미달로 인한 것이었다면, 현대사회에서는 수급의 불균형에 기인한 상대적 주택부족이라는 문제가 대두되고 있다. 과거와 다른 주거를 필요로 하는 새로운 계층이 속속 등장하고 있으며, 새로운 개념의 주택공급이 계속 필요하다. 이는 집합주택의 계획에 경제논리와 생산의 개념이 접목되어야 함을 의미하며, 건축미학 및 디자인에 대한 새로운 접근방식도 요구된다. 즉 이러한 변화들을 간파하는, 근대양식의 뒤를 잇는 새로운 양식의 출현이 필요한 시점이다.

주

1 하즈다 토오루, 김동영 · 조극래 역, 『모방과 창조의 공간사』(보문당, 2003), p.177.

2 Lampugnani, Vittorio Magnago & Wolfgang Nagel(Ed.), *Deutsche Architektur im 20. Jahrhundert* (Beriln: Jovis, 2000), p.84.

3 Häußermann, Hartmut & Walter Siebel, *Soziologie des Wohnens* (Weinheim: Juvena, 1996), p.15.

참고문헌

국내 문헌

가쯔미 마사루(勝見 勝) 외, 박대순 역, 『현대 디자인 이론의 사상가들』, 미진사, 1984.

강현주 외, 『열두 줄의 20세기 디자인사』, 디자인하우스, 2005.

고형래 편역, 『건축의 예언가들』, 현대건축사, 1999.

김광현 외 4인, 「현대주거에 나타나는 사성과 공성의 관계에 대한 연구」, 『대한건축학회논문집』 16권 11호, 2000.

김문덕, 「다원화 사회의 표상으로서의 포스트모던 건축」, 『플러스』 88. 05, 1988.

김웅민 · 김진균, 「주거의 내부화된 외부공간의 특성과 적용가능성에 관한 연구」, 『대한건축학회 학술발표대회논문집』 26권 1호, 2006.

남성택 · 이상진, 「구축적 관점에서의 미니멀 건축에 관한 연구」, 『대한건축학회논문집』 26권 5호, 2010.

문은미, 「네덜란드 도시 집합주택의 공공성과 개별성 표현특성에 관한 연구」, 『한국실내디자인학회논문집』 14권 2호, 2005.

______, 「디지털시대의 집합주택 내외부 경계표현에 관한 연구」, 『한국실내디자인학회논문집』 13권 2호, 2004.

박상현 외, 「근대 시범주거의 시대적 대응성에 관한 비교연구」, 『대한건축학회논문집』 14권 4호, 1998.

손세관, 『도시주거형성의 역사』, 열화당, 1995.

스즈키 히로유키, 우동선 역, 『서양 근 · 현대 건축의 역사: 산업혁명기에서 현재까지』, 시공사, 2003.

신문기, 『테크놀로지와 건축미학』, 발언, 2004.

이선구, 『통일 독일 현대건축』, 시그마프레스, 2004.

이호정, 『주거건축으로 본 근 · 현대건축』, 태림문화사, 2006.

임석재, 『미니멀리즘과 상대주의 공간 — 뉴욕5 건축과 공간 운동』, 시공사, 1999.

임성우 · 김정곤, 「현대건축에 나타나는 물성의 다중적 발현에 관한 연구」, 『대한건축학회논문집』 27권 3호, 2011.

장정제, 『예술로서의 건축, 형태, 공간, 시간 그리고 춤추는 감각과 자유로운 세계』, 스페이스타임, 2009.
전남일, 「유럽의 주택전시회를 통해 본 주거건축 계획의 시대적 쟁점」, 『한국실내디자인학회논문집』 16권 6호, 2007.
______, 「유럽 집합주택 디자인의 미니멀 특성으로 본 현대 주거건축의 개념변화」, 『대한건축학회논문집』 27권 11호, 2011.
______, 「집합주택의 개별적 외부공간의 계획에 대한 연구」, 『대한건축학회논문집』 24권 6호, 2008.
전남일 · 김준래, 「집합주택의 입면디자인 요소에 관한 연구」, 『한국주거학회논문집』 21권 5호. 2010.
전남일 · 박혜선 · 문은미, 『네덜란드의 건축가, 네덜란드의 주거』, 발언, 2006.
전남일 · 유우상, 「집합주택 건축에 있어서 포스트모던 양식의 특징과 의미」, 『대한건축학회지회연합회 논문집』 9권 1호, 2007.
정성훈, 「건축박람회를 통한 주거건축 유형의 변천에 관한 연구」, 『대한건축학회논문집』 16권 10호, 2000.
최윤경, 『사회와 건축공간』, 시공문화사, 2003.
하즈다 토오루, 김동영 · 조극래 역, 『모방과 창조의 공간사』, 보문당, 2003.

Avermaete, Tom, Klaske Havik, and Hans Teerds(Ed.), 권영민 역, 「건축」, 『근대성과 공공영역에 대한 36인의 건축적 입장들』, 스페이스타임, 2011.
Batchelor, David, 정무성 역, 『미니멀리즘』, 열화당, 2003.
Behr, Shulamith, 김숙 역, 『표현주의』, 열화당, 2003.
French, Hillery, 이현수 역, 『명품 거장들의 명품 공동주택』, 도서출판 선, 2008.
Gelernter, Mark, 최아사 역, 『보이는 건축 보이지 않는 생각 — 건축디자인의 비판적 역사』, 한길사, 2007.
Ghirardo, Diane, 최왕돈 역, 『모더니즘 이후의 현대건축』, 시공사, 2002.
Hammermeister, Kai, 신혜경 역, 『독일 미학 전통』, 이학사, 2013.
Hassan, Ihab, 정정호 역, 『포스트모더니즘』, 종로서적, 1985.
Hays, K. Michael, 봉일범 역, 『1968년 이후의 건축이론』, 스페이스타임, 2003.
Heynen, Hilde, 이경창 · 김동현 역, 『건축과 모더니티』, 스페이스타임, 2013.
Hilberseimer, Ludwig, 윤재희 · 지연순 역, 『근대건축의 역사』, 세진사, 2000.
Jencks, Charles, 백종석 외 역, 『현대포스트모던건축의 언어』, 태림문화사, 1987.
Lesnikowski, Wojeciech G. 박순관 · 이기민 역, 『합리주의와 낭만주의 건축』, 국제출판공사, 1986.

Leupen, Bernard 외, 김영애 · 문은미 역, 『건축디자인과 분석』, 도서출판 국제, 2000.
Lyotard, Jean Francois, 한인선 역, 『포스트모더니즘이란 무엇인가』, 현대미술비평 30선, 중앙일보사, 1987.
Michelis, Panayotis A., 김진현 역, 『건축미학』, 까치, 2007.
Mumford, Lewis, 김문환 역, 『예술과 기술』, 민음사, 1999.
______, 박홍규 역, 『인간의 전환』, 텍스트, 2011.
Pallasma, Juhani, 김훈 역, 『건축과 감각』, 시공문화사, 2013.
Read, Herbert, 김기주 역, 『예술의 뿌리』, 현대미학사, 1998.
Risebero, Bill, 박인석 역, 『건축의 사회사 — 산업혁명에서 포스트모던까지』, 열화당, 2008.
Rossi, Aldo, 오경근 역, 『도시의 건축』, 동녘, 1982.
Schoenauer, Nobert, 김연홍 역, 『집, 6,000년 인류주거의 역사』, 다우, 2004.
Tatarkiewicz, Wladyslaw, 손효주 역, 『미학의 기본개념사』, 미술문화, 2001.

국외 문헌

Actar(Ed.), *Total Housing — Alternatives to urban Sprawl*, Barcelona: Actar, 2010.
Architekten und Ingenieur Verein Berlin(Ed.), *Berlin und seine Bauten, Teil IV, Reihenhäuser*, Berlin: Ernst & Sohn, 2002.
Architektur Kammer Berlin(Ed.), *Architektur in Berlin -Jahrbuch 2003-*, Hamburg: Junius, 2003.
Baborsky, Matteo Siro, *20 Century Architecture*, West Sussex: Wiley-Academy, 2003.
Benevolo, Leonardo, *Die Geschichte der Stadt*, Frankfurt: Campus, 2000.
Berning, Maria, *Berliner Wohnquatiere*, Berlin: Dietrich Reimer Verlag, 2003.
Biermann, Veronica, *Architektur Theorie von der Renaissance bis Gegenwart*, Köln: Taschen, 2003.
Bott, Helmut & Volker von Haas, *Verdichteter Wohnungsbau*, Stuttgart: Kohlhammer, 1996.
Brenner, Klaus Theo & Helmut Geisert, *Das Stätische Reihenhaus; Geschichte und Typologie*, Stuttgart: Karl Krämer, 2004.
Broto, Carles(Ed.), *New Housing Concepts*, Barcelona: Adrian Mostaede, Publishing Year unknown.
Crespi, Giovanna(Ed.), *Oswald Mathias Ungers*, Milano: Electaarchitecture, 1998.
Curdes, Gerhard, *Entwicklung des Städtebaus*, Aachen: RWTH Aachen, 1996.
Curtis, j. r. William, *Modern Architecture since 1900*, New York: Phaidon, 2005.

Deutscher Werkbund(Ed.), *Bau und Wohnung*, Stuttgart: Karl Krämer, 1992.

Deutsches Architekturmuseum, *Vision der Moderne — Das Prinzip Konstruktion*, München: Prestel, 1986.

Dreysse, D. W., *May Siedlungen — Architekturführer durch acht Siedlungen des neuen Frankfurt 1926-1930*, Köln: Walter König, 2001.

Droste, Magdalena, *Bauhaus*, Köln: Taschen, 1990.

ETH Wohnforum(Ed.), *Für wen bauen? Innovative Strategien im internationalen Vergleich*, Zürich, 2006.

Faller, Peter, *Der Wohngrundriß*, Stuttgart: DAV, 2002.

Flagge, Ingeborg(Ed.), *Geschichte des Wohnens* vol.5, Stuttgart: DVA, 1999.

Framton, Kenneth, *Modern Architecture — A critical History*, London: Thames & Hudson, 2007.

______, *Modern Architecture and the critical Presents*, London: Architectural Design Profile, 1980.

French, Hillery, *New Urban Housing*, London: Laurence King, 2006.

Fuhrhop, Daniel(Ed.), *Neuer Hackescher Markt Berlin*, Berlin: Stadtwandel Verlag, 1999.

Geisendorf, Ch. Edouard et al., *Dichte individuelle Wohnformen*, Niederteufen: Verlag Arthur Niggli, 1983.

Glancey, Jonathan, *The Story of Architecture*, London: Dorling Kindersley Book, 2000.

Gympel, Jan, *The Story of Architecture*, Köln: Könemann, 1996.

Hafner, Thomas et al., *Wohnsiedlungen*, Basel: Birkhäuser, 1997.

Häußermann, Hartmut & Walter Siebel, *Soziologie des Wohnens*, Weinheim: Juvena, 1996.

Häußermann, Hartmut et al., *Neue Wohnformen*, Stuttgart: Wüstenrotstiftung, 1999.

Ibelings, Hans et al., *Rob Krier — Town Spaces*, Basel: Birkhäuser, 2003.

Imhof, Michael & Leon Krempel, *Berlin — Neue Architektur, Führer zu den Bauten von 1989 bis heute*, Petersberg: Michael Imhof Verlag, 2004.

Jencks, Charles, *Free-Style Classicism*, London: Architectural Design Profile, 1982.

Kähler, Gert(Ed.), *Geschichte des Wohnens* vol.4, Stuttgart: DVA, 1996.

Khan, Hasan-Uddin, *International Style — Modernist Architecture from 1925 to 1965*, Köln: Taschen, 2001.

Lampugnani, Vittorio Magnago(Ed.), *Die Architektur, die Tradition und der Ort:*

Regionalismen in der europäischen Stadt, Stuttgart: Wüstenrot Stiftung, 2000.

Lampugnani, Vittorio Magnago & Wolfgang Nagel(Ed.), *Deutsche Architektur im 20. Jahrhundert*, Berlin: Jovis, 2000.

Lupfer, Gilbert & Paul Sigel, *Gropius*, Köln: Taschen, 2004.

Manuel, Gausa & Salazar Jaime, *Housing + Single Family Housing*, Basel: Birkhäuser, Barcelona, Actar, 1999.

Mehlhorn, Dieter-J, *Grundrissatlas Wohnungsbau Spezial*, Berlin: Bauwerk, 2000.

Mesecke, Andrea & Thorsten Scheer(Ed.), *Josef Paul Kleihues*, Basel: Birkhäuser, 1996.

Meyer-Bohe, Walter, *Wohngruppen*, Stuttgart: Alexalder Koch, 1979.

Mozas, Javier & Auroa Fernández, *Densidad Density — New Collective Housing*, Amsterdam: a+t, 2004.

Mostaedi, Arian, *Apartment Buildings*, Barcelona: Links, 2001.

Pahl, Jürgen, *Architekturtheorie des 20. Jahrhunderts*, München: Prestel, 1999.

Peterek, Michael, *Wohnung, Siedlung, Stadt*, Berlin: Gebr. Mann Verlag, 2000.

Portogesi, Paolo, *After Modern Architecture*, New York: Rizzoli, 1980.

Quantum Immobilien AG(Ed.), *Das Michaelis — Quartier*, Hamburg: Junius, 2002.

Riley, Terence & Barry Bergdoll, *Mies in Berlin*, New York: The Museum of Modern Art, 2001.

Risselada, Max et al., *Funktionalismus 1927-1961, Hans Scharoun versus die Opbouw*, Sulgen: Niggli, 1999.

Roth, Alfred, *Zwei Wohnhäuser*, Stuttgart: Akademischer Verlag, 1991.

RWTH Aachen(ed.), *Anordnungsformen im Städtischen Wohnungsbau*, Aachen: 1985.

Schneider, Friederike, *Grundrißatlas — Floor Plan Atlas*, Basel: Birkhäuser, 1997.

______, *Grundrißatlas — Floor Plans Manual — Housing*, Basel: Birkhäuser, 2004.

Schneider, Tatjana & Jeremy Till, *Flexible Housing*, Amsterdam: Architectural Press, 2007.

Schramm, Helmut, *Low Rise-High-Density*, Wien: Springer Verlag, 2005.

Schröder, Ulrich, *Variabel nutzbare Häuser und Wohnungen. Grundrißlösungen, anpaßbar an Familiengröße und Lebensform*, Wiesbaden: Bauverlag, 1979.

Schtiftung Denkmalschutz Berlin(ed.), *Hundert Jahre Architektur in Berlin*, Berlin: Jovis, 2003.

Schubert, Dirk, *Hamburger Wohnquatiere*, Berlin: Dietrich Reimer Verlag, 2005.

Simon, Christina & Thomas Hafner, *Wohnorte*, Stuttgart: Karl Krämer, 2002.

Stam-Taske, Walter, *Preiswerter Wohnungsbau 1990-1996*, Düsseldorf: Beton Verlag, 1996.

Stiftung Denkmalschutz Berlin(Ed.), *Hundert Jahre Architektur in Berlin*, Berlin: Jovis. 2003.

Sudjik, Deyan & Tulga Beyerle, *Wohnhausarchitektur*, Stuttgart: Kohlhammer, 1999.

Templ, Stephan, *Die Werkbundsiedlung*, Basel: Birkhäuser, 1999.

Thöner, Wolfgang, *Das Bauhaus Wohnt*, Berlin: Bauhaus-Archive Berlin, 2002.

Ulmer, Manfred & Jörg Kurz, *Die Weißenhofsiedlung — Geschichte und Gegenwart*, Stuttgart: Hampp Verlag, 2009.

Ungers, Lieselotte, *Über Architekten, Leben, Werk & Theorie*, Köln: DuMont, 2002.

Vitra Design Museum(Ed.), *Mies van der Rohe*, Weil am Rhein: Skira, 1998.

Werner, Frank. R., *Räume und Freiräume — Wohnsiedlung Küpperbuschgelände Gelsenkirchen*, Graz: HDA-Baudokumentationen, 1999.

Weston, Richard, *Modernism*, New York: Phaidon, 1996.

외국 잡지

Architecture + Urbanism, 1984년 1 · 11월호, 1987년 7월호.

Architektur und Wettbewerb, vol.74, 1973.

a + t, Densidad Density2, vol.20, 2002/autum.

a + t, Densidad Density3, vol.21, 2003/spring.

Baumeister, 1986년 10월호.

Bauwelt, 1995년 3월호.

찾아보기

용어

인명

ㅅ

ㅇ

ㅈ

ㅊ

ㅋ

ㅌ

ㅍ

Modern and Contemporary Housing Architecture in Germany since Walter Gropius and Ludwig Mies van der Rohe

Nam-Il Jun

Over the last century, housing development in Germany has undergone many significant changes. The change from the modern to the contemporary era represents a shift in architectural ideas for housing in Germany, which has progressed with the capable architects who have had a tremendous effect on the paradigm of modern housing worldwide. The principles of functionalism and internationalism associated with Walter Gropius and Ludwig Mies van der Rohe have become the fundamental root of this progression.

Thus, this book aims to explore housing cases in Germany which, with the modernization that began after the World War I, has adopted new concepts that might be termed "Zeitgeist". Germany has contributed significantly to the various housing solutions that have been developed in the past three generations, starting with the Bauhaus and Weissenhof estate in the 1920s, which set a new standard for large-scale housing, adopting high-rise buildings after World War II, and ending up with the IBA architecture, which provided new hybrid solutions that widened the perspectives and ranges of contemporary urban housing design.

This research will also trace the diverse aspects of typological transformations caused by advances in lifestyles. Based on the research, the objective is to discuss why a specific urban housing type was selected as an ideal housing standard and how it spread at that time. For the purposes of this research, case studies will be conducted at sites in Germany such as housing complexes, urban blocks, individual buildings, and other areas that have significant meaning in the history of housing development.

Changes in housing solutions may be summed up as a process whereby housing architecture absorbed social demands during modernization and urbanization, and sought urban and architectural alternatives. This study will identify the essential elements in the transformation of housing architecture into its modern and contemporary incarnation. This book will also attempt to rediscover the idea that the typical manner of composition of German housing architecture reflects a combination of technology, ideology, aesthetic, and society.

저자약력

전남일

1962년생. 연세대학교 건축공학과를 졸업했고, 독일 아헨공과대학교에서 건축학으로 디플롬과 공학박사 학위를 받았다. 공간건축에서의 실무를 거쳐 현재 가톨릭대학교 소비자주거학 전공 교수로 재직 중이다. 주거계획, 주거의 역사, 주거의 사회학이 주요 연구 분야이다. '한국 근현대 주거의 역사' 시리즈로 펴낸 『한국주거의 사회사(공저)』, 『한국주거의 미시사(공저)』, 『한국주거의 공간사』가 대표 저작이다. 근대 이후 주거의 변화 및 현대 주거의 건축적·공간적·사회적 속성에 관심을 두고 탐구한 다수의 논문이 있다.